U0210140

普通高等教育土建学科专业『十一五』规划教材

全国高职高专教育土建类专业教学指导委员会规划推荐教材

（建筑设计技术专业适用）

建筑结构选型

本教材编审委员会组织编写　戚　豹　主编

张建勋　主审

中国建筑工业出版社

图书在版编目（CIP）数据

建筑结构选型/本教材编审委员会组织编写，戚豹主编 —北京：中国建筑工业
出版社，2007（2022.2重印）
普通高等教育土建学科专业"十一五"规划教材. 全国高职高专教育
土建类专业教学指导委员会规划推荐教材. 建筑设计技术专业适用
ISBN 978 – 7 – 112 – 09051 – 8

Ⅰ.建... Ⅱ.①本...②戚... Ⅲ.建筑结构–结构形式–高等学校：
技术学校–教材 Ⅳ. TU3

中国版本图书馆 CIP 数据核字（2007）第 014920号

普通高等教育土建学科专业"十一五"规划教材
全国高职高专教育土建类专业教学指导委员会规划推荐教材

建筑结构选型

（建筑设计技术专业适用）

本教材编审委员会组织编写

戚　豹　主编

张建勋　主审

*

中国建筑工业出版社出版、发行（北京西郊百万庄）

各地新华书店、建筑书店经销

北 京 嘉 泰 利 德 公 司 制 版

廊坊市海涛印刷有限公司印刷

*

开本：787×1092毫米　1/16　印张：18　字数：380 千字
2008 年 1 月第一版　2022 年 2 月第十六次印刷
定价：32.00 元
ISBN 978-7-112-09051-8
（21046）

本书简洁地叙述了各种常见结构体系设计的基本理论以及原理，全面系统地介绍了建筑结构的形式，包括：桁架、刚架、拱、薄壳、网架、网壳、悬索、薄膜结构、混合空间结构、多层建筑结构、高层建筑结构、楼盖结构等，对上述结构选型分别介绍结构组成、受力特点、布置方式、适用范围、构造要点等。

本书适用于高职高专建筑设计技术专业的学生，同时也可以作为土木、建筑类专业大、中专教育教学的教材，也可以作为有关工程技术人员的参考书。

*　　*　　*

责任编辑：朱首明　杨　虹
责任设计：董建平
责任校对：王雪竹　安　东

序

全国高职高专教育土建类专业教学指导委员会建筑类专业指导分委员会是建设部受教育部委托，由建设部聘任和管理的专家机构。其主要工作任务是，研究如何适应建设事业发展的需要设置高等职业教育专业，明确建设类高等职业教育人才的培养标准和规格，构建理论与实践紧密结合的教学内容体系，构筑"校企合作、产学结合"的人才培养模式，为我国建设事业的健康发展提供智力支持。

在建设部人事教育司和全国高职高专教育土建类专业教学指导委员会的领导下，自成立以来，全国高职高专教育土建类专业教学指导委员会建筑类专业指导分委员会的工作取得了多项成果，编制了建筑类高职高专教育指导性专业目录；在重点专业的专业定位、人才培养方案、教学内容体系、主干课程内容等方面取得了共识；制定了"建筑装饰技术"等专业的教育标准、人才培养方案、主干课程教学大纲；制定了教材编审原则；启动了建设类高等职业教育建筑类专业人才培养模式的研究工作。

全国高职高专教育土建类专业教学指导委员会建筑类专业指导分委员会指导的专业有建筑设计技术、室内设计技术、建筑装饰工程技术、园林工程技术、中国古建筑工程技术、环境艺术设计等6个专业。为了满足上述专业的教学需要，我们在调查研究的基础上制定了这些专业的教育标准和培养方案，根据培养方案认真组织了教学与实践经验较丰富的教授和专家编制了主干课程的教学大纲，然后根据教学大纲编审了本套教材。

本套教材是在高等职业教育有关改革精神指导下，以社会需求为导向，以培养实用为主、技能为本的应用型人才为出发点，根据目前各专业毕业生的岗位走向、生源状况等实际情况，由理论知识扎实、实践能力强的双师型教师和专家编写的。因此，本套教材体现了高等职业教育适应性、实用性强的特点，具有内容新、通俗易懂、紧密结合实际、符合高职学生学习规律的特色。我们希望通过这套教材的使用，进一步提高教学质量，更好地为社会培养具有解决工作中实际问题的有用人才打下基础。也为今后推出更多更好的具有高职教育特色的教材探索一条新的路子，使我国的高职教育办的更加规范和有效。

全国高职高专教育土建类专业教学指导委员会建筑类专业指导分委员会

2007 年 6 月

前　言

　　结构工程师对具体选定的结构体系，一般都能进行静、动力学的力学分析、构件设计和整体设计。但在初步设计阶段，对于建筑设计人员来说，在多种结构体系中决定采用何种结构体系是十分棘手的，却是非常重要的实际问题。设计者必须在对各类结构体系特点、适用范围和构造要求进行深入了解和掌握的基础上，才能作出合理的选择。

　　本书较全面系统地介绍了常用的建筑结构型式，包括桁架、刚架、拱、薄壳、网架、网壳、悬索、薄膜结构、混合空间结构、多层建筑结构、高层建筑结构、楼盖结构等。对上述各种结构型式分别介绍其结构组成、受力特点、布置方式、适用范围、构造要点等。编写时力求对各种结构型式的系统归纳，给学生一个完整的结构体系的概念，同时又注意介绍国内外各种结构体系的实例，巩固和加深对这些概念的认识，开拓学生的设计思路。

　　本教材着重培养学生对各类常见建筑结构体系的认识能力和分析能力。教材内容覆盖面广且有一定深度，涵盖了大多数新颖建筑结构体系，并且对建筑、结构、构造、经济等诸方面及其相互关系都进行了分析。特别对结构在建筑设计中的重要地位进行了深入分析，这对结构、建筑设计等专业的学生来说是非常有意义的。书中既有理论知识，又有很多新近的工程实例，能开拓学生的视野。教材的内容也很有新意，大跨度空间结构、高层建筑新体系及新概念等一些章节对相关内容都作了很好的扩展和归纳。对一些新型结构体系和最近的结构理念已收录在教材中。

　　目前，适合建筑设计专业学生学习"建筑结构选型"课程的教材尚不多见。本书完全能满足建筑设计专业教学大纲的要求。它既具有教材的系统性，又对本专业中有关课程中重复的内容进行了提炼，并且反映了一些最新的科技成果。该书不仅可以作为土木、建筑类专业大、中专教育教学的教材，也可以作为有关工程技术人员的参考书。

　　本书的特点之一是简洁地叙述了各种常见结构体系设计的基本理论及原理，而不仅仅满足于向读者简单描述公式和方法；特点之二是结合近年来国内工程的实践经验，对于各种常见结构体系都给出了典型的节点处理、设计实例和部分设计施工图，可供读者参考其设计方法。本书第 1、2、3、4 章由焦文俊、康文梅撰写；第 5、6、7、8、9、10 章由戚豹撰写；第 11、12 章由康文梅、焦文俊撰写。本书由福建工程学院张建勋主审。

　　由于编者水平所限，书中错误或不当之处，敬请各方面的同行和读者批评指正。

目　录

绪论 …………………………………………………………………………………… 1

0.1　建筑物的功能要求　………………………………………………………… 3

0.2　建筑结构材料对结构选型的影响　………………………………………… 8

0.3　施工技术对建筑结构形式的影响　………………………………………… 10

0.4　结构计算手段的进步和设计理论的发展的影响　………………………… 11

0.5　经济因素对于结构选型的影响　…………………………………………… 13

0.6　《建筑结构选型》课程的学习方法　……………………………………… 13

第1章　力学基础　………………………………………………………………… 14

1.1　静力学基础　………………………………………………………………… 16

1.2　力系的平衡问题　…………………………………………………………… 27

1.3　平面体系的几何组成分析　………………………………………………… 37

1.4　静定结构的内力　…………………………………………………………… 40

1.5　构件失效分析基础　………………………………………………………… 50

1.6　构件的应力与强度基本计算方法　………………………………………… 57

习题　………………………………………………………………………………… 64

第2章　砖混结构体系　…………………………………………………………… 67

2.1　砖混结构的优缺点和应用范围　…………………………………………… 68

2.2　砖混结构房屋的墙体布置　………………………………………………… 69

2.3　砖混结构房屋的楼盖布置　………………………………………………… 71

2.4　砖混结构在房屋建筑中的地位与展望　…………………………………… 75

习题　………………………………………………………………………………… 75

第3章　框架结构体系　…………………………………………………………… 76

3.1　框架的结构特点　…………………………………………………………… 78

3.2　框架结构的类型　…………………………………………………………… 78

3.3　框架结构的布置、柱网尺寸及构件截面尺寸　…………………………… 79

3.4　框架结构的运用与建筑艺术技巧的配合　………………………………… 83

3.5　框架结构的适用层数和高宽比要求　……………………………………… 84

3.6　无梁楼盖结构　……………………………………………………………… 88

习题　………………………………………………………………………………… 92

第4章　剪力墙结构体系　………………………………………………………… 93

4.1　剪力墙结构的概念　………………………………………………………… 94

4.2　剪力墙结构体系的类型、特点和适用范围　……………………………… 95

4.3 剪力墙的形状和位置 ·· 97

4.4 剪力墙的主要构造 ·· 99

习题 ·· 105

第5章 高层建筑结构 ·· 107

5.1 高层建筑的发展概况 ·· 108

5.2 高层建筑结构的侧移控制 ···································· 120

5.3 结构选型与建筑体型的配合 ·································· 130

5.4 多层与高层房屋地下室的设置与基础类型 ···················· 131

5.5 转换层在多、高层建筑中的应用 ····························· 134

5.6 高层建筑塔楼旋转餐厅的结构设计 ··························· 142

5.7 高层建筑防火 ·· 146

5.8 高层建筑实例 ·· 150

习题 ·· 155

第6章 门式刚架结构 ·· 156

6.1 门式刚架的结构特点和适用范围 ····························· 158

6.2 门式刚架结构的类型与构造 ·································· 161

6.3 预应力门式刚架结构 ·· 167

6.4 轻型钢结构厂房简介 ·· 168

习题 ·· 172

第7章 桁架结构 ·· 173

7.1 桁架结构的特点 ·· 174

7.2 桁架外形与内力的关系 ······································ 175

7.3 屋架结构的形式与屋架材料 ·································· 178

7.4 屋架结构的选型 ·· 185

7.5 屋架结构的工程实例 ·· 189

习题 ·· 189

第8章 拱结构 ·· 192

8.1 拱结构的受力特点 ·· 194

8.2 拱结构形式与主要尺寸 ······································ 196

8.3 拱结构水平推力的处理 ······································ 200

8.4 拱结构实例 ·· 203

习题 ·· 205

第9章 薄壳结构 ·· 206

9.1 薄壳结构的特点 ·· 208

9.2 薄壳结构形式与曲面的关系 ·································· 209

9.3 圆顶薄壳 ……………………………………………… 211

9.4 圆柱形薄壳 ……………………………………………… 214

9.5 双曲扁壳 ……………………………………………… 218

9.6 鞍壳、扭壳 ……………………………………………… 219

9.7 薄壳工程实例 ……………………………………………… 222

习题 ……………………………………………… 226

第10章 网架与网壳结构 ……………………………………………… 227

10.1 网架、网壳结构的特点及其适用范围 ……………………… 228

10.2 平板网架、网壳的分类 …………………………………… 229

10.3 平板网架、网壳的结构选型 ……………………………… 240

10.4 网架、网壳的主要尺寸及构造 …………………………… 242

10.5 网架的支承方式、屋面材料与坡度的设置 ……………… 245

10.6 网架、网壳工程实例 ……………………………………… 248

习题 ……………………………………………… 256

第11章 悬索结构 ……………………………………………… 257

11.1 悬索结构的特点、组成和受力状态 ……………………… 258

11.2 悬索结构的形式及实例分析 ……………………………… 259

11.3 悬索结构的柔性和屋面材料 ……………………………… 263

习题 ……………………………………………… 264

第12章 膜结构和索膜结构 ……………………………………………… 265

12.1 薄膜结构的特点 …………………………………………… 266

12.2 膜结构的形式 ……………………………………………… 267

12.3 膜结构材料和设计 ………………………………………… 270

12.4 工程实例 …………………………………………………… 274

习题 ……………………………………………… 276

参考文献 ……………………………………………… 277

建筑结构选型

结构选型对于从事建筑设计的人员来说尤其重要。一个好的建筑设计方案，必须要有一个好的结构形式作为支撑才能实现。结构形式的好坏，关系到建筑物是否安全、适用、经济、美观。

结构选型不单纯是结构问题，而是一个综合性的科学问题。一个好的结构形式的选择，不仅要考虑建筑功能，结构安全，方案合理，施工技术条件，也要考虑造价上的经济价值和艺术上的造型美观。结构选型既是建筑艺术与工程技术的综合，又是建筑、结构、施工、设备、造价等各个专业工种的配合。其中，特别是建筑与结构的密切配合尤为重要。只有正确符合结构逻辑的建筑才能具有真实的表现力和实际的实践性，单纯追求艺术表现而忽视结构原理，设计出来的只能是艺术作品或是虚假的造型而已。充分利用和发挥结构自身造型特点，来塑造新颖且富有个性的建筑艺术造型，才是一个成功的建筑作品。以建筑构思和结构构思的有机融合去实现建筑个性的艺术表现，这种高明和有效的手法，绝非是那种单纯追求装饰趣味的做法所能比拟的。即使是从建筑艺术的角度来看，作为一个建筑设计工作者，也必须努力提高自己运用结构的素质、技术和技巧的能力。

结构选型课题的性质要求从建筑师的角度去考虑问题。建筑设计一般分三个阶段，即方案阶段、初步设计阶段和施工图设计阶段。在设计过程中各专业要密切配合，互相协调合作，不断修改完善，以满足建筑、结构、设备等各方面的要求。建筑设计师应当全面了解各种结构形式的基本力学特点及其适用范围，并尽可能熟练掌握。只有这样，建筑师不仅与结构工程师有了共同语言，而且在创作建筑空间的时候，也就能主动考虑并建议最适宜的结构体系，使之与建筑形象融合起来。也只有这样，建筑师在设计领域里才能比较自由地进行创造性工作。

建筑结构是作为建筑物的基本受力骨架而形成人类活动的空间，以满足人类的生产、生活需求及对建筑物的美观要求。结构是建筑物赖以存在的物质基础。无论工业建筑、居住建筑、公共建筑或某些特种构筑物，都必须承受自重和外部荷载作用（如楼面活荷载、风荷载、雪荷载和地震作用等）、变形作用（温度变化引起的变形、地基沉降、结构材料的收缩和徐变变形等）以及外部环境作用（阳光、雷雨和大气污染作用等）。倘若结构失效将带来生命和财产的巨大损失。建筑师在建筑设计过程中应充分考虑如何更好地满足结构最基本的功能要求。古罗马的维多维丘（Vitruvius）曾为建筑定下基本要求：坚固、适用和美观，这至今仍是指导建筑设计的基本原则。在这些原则中，又以坚固最为重要，它由结构形式和构造所决定。建筑材料和建筑技术的发展决定着结构形式的发展，而结构形式对建筑的影响最直接最明显。

在建筑学中，艺术和技术过去曾长期是一个统一体，现在越来越多地转入工程师的工作范围。随着科学技术的迅速发展，各学科专业的分工越来越细，在建筑工程范围内建筑学、城市规划、建筑材料、工程力学、结构工程、地基基础工程、施工组织和管理、施工技术、房屋建筑设备等许多学科发展都很快。各门学科都有各自的研究范围和重点，这对学科的发展是十分重要的。然而，建筑设计过程中过细的分工往往导致人们从各自的专业着眼，而不能充分地从总体方面考虑问题，从方案的最初阶段各专业之间就可能经常产生分歧和矛盾。一栋成功的建筑是建筑师、结构工程师、设备工程师、施工人员等许多专业人员创造性合作的产物，其中各专业相互渗透、密切协调和配合十分重要。建筑专业人员要做到：第一、对结构有较全面的了解，与结构工程师作充分的沟通。第二、充分落实结构工程师的建议，并兼顾设计及造价。第三、在方案阶段和初步设计阶段将结构选型作为一个重要的内容进行考虑，以决定建筑总体方案和造型。

　　罗得列克·梅尔（A. Roderick Males）曾指出，"构造技术是一门科学，实行起来却是一门艺术"。德国建筑师栶特·西格尔（Curt Siegel）说，"没有将建筑设想变成物质现实的工程技术，就没有建筑艺术"；他还指出"必须先有一定的技术知识，才能理解技术造型。单凭直觉是不够的。同样对受技术影响的建筑造型，没有技术的指引，也不会完全理解。要想了解建筑造型的世界，就必须具备技术知识，这标志着冷静的理智闯进了美学的领域。如果想深入探讨具有决定性技术趋向的现代建筑的造型问题时，必须清楚地认识到这一观点"。近几十年来，世界各国不乏把完善功能、优美造型、先进结构、现代工艺等有机结合起来的建筑实例，创作了许多适用、新颖、先进的建筑作品。然而不容否认，也存在不少以追求新奇效果，奇特怪诞造型的建筑实例，它们完全抛弃了功能适用、经济合理的原则，让结构方案去适应不正确、不合理的建筑设计的要求。

　　建筑方案设计和结构选型的构思是一项带有高度综合性和创造性的、复杂而细致的工作，只有充分考虑各种影响因素并进行科学的全面综合分析才有可能得到合理可行的结构选型结果。一般而言，建筑物的功能要求、建筑结构材料对结构形式的影响、施工技术对建筑结构选型的影响、结构设计理论和计算手段的发展对结构选型的影响和经济因素对于结构选型的制约等构成了影响结构选型的主要因素。这一点已成为业内人士的广泛共识，下面将影响结构选型的主要因素作简要介绍，以便于学习参考，但真正能够深入理解和善于灵活把握这些影响因素，还有待于读者在今后的学习和工程设计过程中去领会和实践。

0.1　建筑物的功能要求

　　建筑物的功能要求是建筑物设计中应考虑的首要因素，功能要求包括使用空间要求、使用功能要求以及美观要求，考虑结构选型时应满足这些功能要求。

0.1.1　使用空间的要求

　　建筑物的三维尺度、体量大小和空间组合关系都应根据业主对建筑物客观空间环境的要求来加以确定。例如，体育馆设计中首先考虑根据比赛运动项目定出场地的最小尺度及所要求的最小空间高度，然后再根据观众座位数量、视线要求和设备布置等最后定出建筑物跨度、长度和高度。

工业建筑则应考虑车间的使用性质、工艺流程及工艺设备、垂直及水平运输要求，以及采光通风功能要求初步定出建筑物的跨度、开间及最低高度。比如，我国酒泉卫星发射中心的火箭垂直总装测试厂房是承担神舟六号载人飞船发射任务的核心工程，它的总高达 100m，相当于 30 多层的高楼（图 0-1），是亚洲目前最高的单层工业厂房。这座巨型垂直厂房采用的是钢筋混凝土巨型刚架－多筒体空间结构体系，是世界上航天发射建筑中的首创。厂房拥有世界最重的箱形屋盖，13030t 的屋盖高 15m，跨度 26.8m，距离地面 81.6m，跨度大、空间高、自重大。高 74m，350t 的厂房被誉为"亚洲第一大门"。垂直总装厂房，技术厂房与勤务塔的两项功能合二为一，机房密布，技术设施健全而先进，可容纳千余人同时工作。垂直测试厂房使火箭从检测到运送发射的过程中都处于垂直状态，避免了从水平检测再到垂直发射而产生的诸多不利因素，创造了钢筋混凝土结构火箭垂直总装测试厂房世界第一，混凝土箱型屋盖高、大、重为世界第一，单层钢筋混凝土厂房高度世界第一，混凝土框架支撑高度世界第一。

(a) *(b)*

图 0-1 酒泉卫星发射中心的火箭垂直总装测试厂房

建筑结构所覆盖的空间除了使用空间外，还包括非使用空间，后者包括结构体系所占用的空间。当结构所覆盖的空间与建筑物的使用空间接近时，可以提高空间的使用效率、节省围护结构的初始投资费用、减少照明采暖空调负荷、节省维修费用。因此，这是降低建筑物全寿命期费用的一个重要途径。为了达到此目的，在结构选型时要注意以下两点：

（1）结构形式应与建筑物使用空间的要求相适应

例如：体育馆屋盖选用悬索结构体系时，场地两侧看台座位向上升高与屋盖悬索的垂度协调一致，既能符合使用功能要求又能经济有效地利用室内空间，立面造型也可处理成轻巧新颖的形状。图 0-2 为我国在 20 世纪 60 年代建成的北京工人体育馆，建筑平面为圆形，能容纳 15000 名观众。比赛大厅直径 94m，外围为 7.5m 宽的环形框架结构，共 4 层，为休息廊和附属用房。大厅屋盖采用圆形双层悬索结构，由索网、边缘构件（外环）和内环三部分组成。

图 0-2 北京工人体育馆外景

对于要求在建筑物中间部分有较高空间的房屋（如散粒材料仓库），采用落地拱最适宜。例如，湖南某盐矿 2.5 万 t 散装盐库在结构选型时比较了两种方案，方案 I 为钢筋混凝土排架结构，方案 II 为拱结构，如图 0-3 所示。方案 I 的缺点是 3/5 的建筑空间不能充分利用，而且盐通

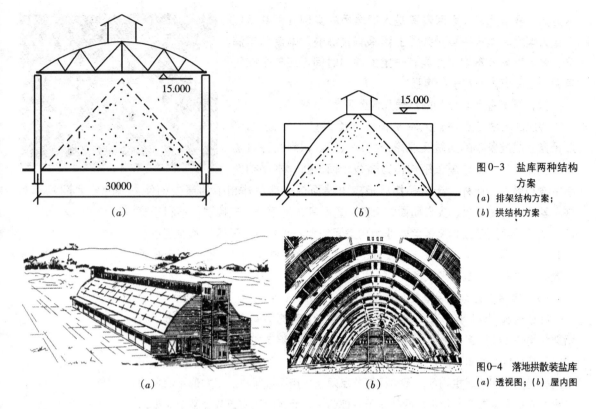

图0-3 盐库两种结构
方案

(a) 排架结构方案;
(b) 拱结构方案

图0-4 落地拱散装盐库
(a) 透视图;(b) 屋内图

过皮带运输机从屋顶天窗卸入仓库时,经常冲击磨损屋架和支撑、对钢支撑和屋架有不利影响,因而没有采用。方案Ⅱ采用落地拱,由于选择了合适的矢高和外形,建筑空间得到了比较充分的利用。这一方案把建筑使用空间与结构形式较好地结合起来,收到了良好的效果,见图0-4。

(2) 尽量减小结构体系本身所占用的空间高度

例如:大跨度平板网架结构是三维空间结构,整体性及稳定性较好,结构刚度及安全储备均较大。因此平板网架结构的构造高度可较一般平面结构降低,从而使室内空间可得到较充分利用。例如,钢桁架构造高度为跨度的 $1/12 \sim 1/8$,而平板网架结构的构造高度仅为跨度的 $1/25 \sim 1/20$。

多层或高层建筑的楼盖采用肋梁结构体系,梁的高度为跨度的 $1/14 \sim 1/12$。当采用密肋楼盖时由于纵横十字交叉的肋的间距较密而形成刚度较大的楼盖,楼盖高度可取跨度的 $1/22 \sim 1/19$。当柱距为 9m 时,采用肋梁体系的梁高约为 70cm,而密肋楼盖的高度约为 47cm,即每层约可减少结构高度 23cm。对于层数为 30 层的高层建筑则可在得到同样的使用空间的效果下,降低建筑物高度 $30 \times 0.23m = 6.9m$,约可降低 2 个楼层的高度,或可在同样建筑物高度条件下增加两层的使用空间。这样的经济效益是很明显的。

0.1.2 建筑物的使用要求与结构的合理几何形体相结合

(1) 建筑物的声学条件与结构的合理几何体形

在结构选型设计中应注意和善于利用结构几何体形对于声学效果的影响。

这方面，我国北京天坛回音壁是人们熟悉的实例（图0-5）。现代大型厅堂建筑在声学条件上要求有较好的清晰度和丰满度，要求声场分布均匀并具有一定的混响时间，还要求在距声源一定距离内有足够的声强。

图0-5　北京天坛回音壁

（2）采光照明与结构的合理几何图形

传统的方法是在屋盖的水平构件（屋架）上设置"Π"形天窗。通过多年的实践及理论分析，人们认识到此种方法具有种种缺陷。首先屋盖结构传力路线迂回曲折，水平构件跨中弯矩增大。此外，天窗和挡风板突出屋面使风荷载作用下的屋盖构件、柱、基础的受力增大。突出屋面的天窗架重心高、刚度差、连接弱，不利于抗震。此种天窗还使结构所覆盖的非使用空间加大。此外室内天然采光照度也不均匀。而利用桁架上下弦杆之间设置下沉式天窗，在结构受力、空间利用与采光效果方面都比"Π"形天窗优越。

（3）排水与结构的合理几何图形

在结构选型设计中，屋面排水是另一个需着重考虑的问题。例如大跨度平板网架结构一般通过起拱来解决屋面排水问题。由于网架结构单元构件组合方案不同以及节点构造方案不同，结构起拱的灵活性也不同。例如，钢管球节点网架采用两坡起拱或四坡起拱均可，而角钢板节点网架宜用两坡起拱。正方形平面周边支承两向正交斜放交叉桁架型网架适于四坡起拱，而两向正交正放交叉桁架型网架只适于两坡起拱。正交正放抽空四角锥网架起拱较方便，而斜放四角锥网架起拱较困难。

0.1.3　美观功能要求

不同的使用功能要求不同的建筑空间，处理好建筑功能和建筑空间的关系，并选择合理的结构体系，就自然形成建筑的外形。建筑师应该在这个基础上，根据建筑构图原理，进行艺术加工，发现建筑结构自身具有美学价值的因素，并利用它来构成艺术形象。这样就可以使建筑最终达到实用、经济和美观的目的。结构是构成建筑艺术形象的重要因素，结构本身富有美学表现力。为了达到安全与坚固的目的，各种结构体系都是由构件按一定的规律组成的。这种规律性的东西本身就具有装饰效果。建筑师必须注意发挥这种表现力和利用这种装饰效果，自然地显示结构，把结构形式与建筑的空间艺术形象融合起来，使两者成为统一体。在建筑设计中，不求建筑自身形体的美，专靠附贴式装饰，浓妆艳抹，堆砌贵重的装修材料，这只能给人以虚假、庸俗的感觉，达不到真实的美的效果，既浪费了人力和物力，又不坚固和耐久。

所谓自然地显示结构，不是说结构就是美，而是要袒露具有美学价值的因素，经过建筑师的艺术加工，来达到表现建筑美的目的，而不是简单地表现结构本身。世界上有许多被公认为成功的建筑，是通过对结构体系的袒露和艺术加工而表现建筑美的。下面介绍意大利奈尔维设计的两个建筑，就是在这方面的典范。

1. 意大利佛罗伦萨运动场的大看台

这是一个钢筋混凝土梁板结构（图0-6）。雨篷的挑梁伸出17m，意大利佛罗伦萨运动场大看台。建筑师把雨篷的挑梁外形与其弯矩图（二次抛物线）统一起来。但又不是简单的统一，建筑师利用混凝土的可塑性对挑梁的外轮廓进行了艺术处理，在挑梁的支座附近挖了一个三角形孔，既减耗了结构重力，也获得了很好的艺术效果。这个建筑，直接地显示了结构的自然形体，进行了恰如其分的艺术加工，而又不做任何多余的装饰，使结构的形式与建筑空间艺术形象高度的融合起来，形象优美，轻巧自然，给人以建筑美的享受。

这个例子说明，建筑物的重力感、力的传递与其支承的关系，也就是结构的作用，同样也是建筑艺术表现力的重要源泉。

2. 意大利罗马小体育宫

罗马小体育宫建于1957年，是为1960年在罗马举行的奥林匹克运动会修建的练习馆，兼作篮球、网球、拳击等比赛用（图0-7）。罗马小体育馆可容纳6000名观众，加活动看台能容纳8000名观众。设计者为意大利建筑师A. 维泰洛齐和工程师P. L. 奈尔维。这座朴素而优美的体育馆是奈尔维的结构设计代表作之一，在现代建筑史上占有重要地位。

小体育宫平面为圆形，直径60m，屋顶是一球形穹顶，在结构上与看台脱开。穹顶的上部开一小圆洞，底下悬挂天桥，布置照明灯具，洞上再覆盖一小圆盖。穹顶宛如一张反扣的荷叶，由外露的沿圆周均匀分布的36个丫形斜撑承托，有力的把巨大的装配整体式钢筋混凝土网肋型扁圆球壳托起，把荷载传到埋在地下的一圈地梁上。斜撑中部有一圈白色的钢筋混凝土"腰带"，是附属用房的屋顶，兼作连系梁。球顶下缘由各支点间均分，向上拱起，避免了不利的弯矩，结构清晰、欢快，极富结构力度。从建筑效果上看，既使轮廓丰富，又可防止因视错觉产生的下陷感。小体育宫的外形比例匀称，小圆盖、球顶、丫形支撑、"腰带"等各部分划分得宜。小圆盖下的玻璃窗与球顶下的带形窗遥相呼应，又与屋顶、附属用房形成虚实对比。"腰带"在深深的背景上浮现出来，既丰富了层次，又产生尺度感。丫形斜撑完全暴露在外，混凝土表面不加装饰，显得强劲有力，表现出体育所特有的技巧和力量。使建筑获得强烈的个性。

图0-6 意大利佛罗伦萨运动场的大看台（左）

图0-7 罗马小体育宫（右）

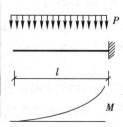

从外观看，在结构接近地面处，由于高度不够无法使用，于是把这部分结构划在隔墙之外，这样不仅在外形上清楚地显示了建筑物的结构特点，而且十分形象地表现了独具风格的艺术效果。穹隆的檐边构件，作为屋面向丫形支承构件的过度，承上启下，波浪起伏，使建筑外形显得丰富优美而自然。屋面中央的天窗，在功能上是非常需要的，恰如其分地凸起，在外观上起着提神的作用。整个建筑的外观，比例谐调，形象优美、质朴而又洗练。

同时，这个建筑还对施工问题做了很周密的考虑。采用装配整体式结构，既省了大量模板，又保证了结构的整体性。施工时，起重机安放在中央天窗处，这是最理想的位置。而且由于整个建筑物没有任何多余的装饰，因此经济效果亦较好。

以上例子说明，一个好的建筑设计，建筑和结构必然是有机结合的统一体。当然，要达到这一效果不是轻而易举或者一蹴而就的，它必然是建筑师和结构工程师相互了解、配合默契的产物。建筑师要掌握各种结构体系的概貌和基本特点及其经济效果，这样建筑师才能在草拟建筑方案时选择合适的结构体系。

例如拱结构是大跨度结构中常采用的一种结构体系。合理选择拱轴线可使拱内弯矩达到最小值，主要内力是轴向压力，充分发挥出混凝土材料抗压强度高的优越性。但是拱的支座推力大，因此常需设置拉杆而使室内使用空间减小。北京崇文门菜市场采用不带拉杆的拱结构，而将其置于抗推力的框架的顶部（图8-13）。这样的方案既适应了菜市场的大空间要求，又满足了两侧翼需要较小空间的要求。在中间部分由于跨度较大，采用拱结构不但较经济而且使建筑立面较活泼，满足了美观要求。

0.2 建筑结构材料对结构选型的影响

结构形式很多，如梁板、拱、刚架、桁架、悬索、薄壳等。组成结构的材料有钢、木、砖、石、混凝土及钢筋混凝土等。结构的合理性首先表现在组成这个结构的材料的强度能不能充分发挥作用。随着工程力学和建筑材料的发展，结构形式也不断发展。人们总是想用最少的材料，获得最大的效果。以下两点是我们在确定结构形式时应当遵循的原则：

（1）选择能充分发挥材料性能的结构形式

由于构件轴心受力比偏心受力或受弯状态能更充分利用材料的强度，因此人们根据力学原理及材料的特性创造出了多种形式的结构，使这些结构的构件处于无弯矩的状态或减小弯矩峰值，从而使材料的抗拉和抗压性能得到充分发挥。

轴心受力构件截面上的应力均匀分布，整个截面的材料强度都得到充分利用。受弯构件截面上的应力分布非常不均匀，除了上下边缘达到强度指标之外，中间部分的材料没有充分发挥作用。因此应该把中间部分的材料减少到最低限度，把它集中到上下边缘处，这样就形成了受力较为合理的工字形截面杆件。以承受集中荷载的简支梁为例，从矩形截面改变为工字形截面，受力就较为合理了。再进一步，我们还可从把梁腹部的材料挖去，形成三角形的孔洞，于是梁就变成了桁架结构，如图 0-8 所示。

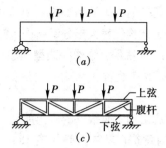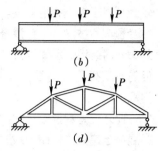

图 0-8　不同构件受力分析
(a) 矩形截面简支梁；
(b) 工字形截面简支梁；
(c) 平行弦桁架；
(d) 拱形桁架

桁架结构，在节点荷载作用下，各杆件处于轴心受力状态，受力较为合理，适用于较大跨度的建筑。桁架的上弦受压，下弦受拉，它们组成力偶来抵抗弯矩；腹杆以所承受轴力的竖向分量来抵抗剪力。从这里可以进一步看出，桁架比工字形截面梁更能发挥材料的力学性能。

梁的弯矩图呈折线形（接近抛物线），跨中最大两端为零。因此在矩形桁架中各个杆件的内力还是有大有小，还是不能使每一根杆件的材料强度都得到充分利用。于是，再进一步发展，把桁架的外轮廓线与弯矩图的形状一致起来，使受力将更加合理。

因此，在设计中应该力求使结构形式与内力图一致起来。当然，在这里也必须指出，构件的合理性是相对的，受力合理只是其中的一个方面。矩形截面梁，受力上有不合理的一面，但是它的外形简单，制作方便，又有其合理的一面。在小跨度范围内，矩形截面梁仍是广泛应用的构件形式之一。

（2）合理地选用结构材料

建筑结构材料是形成结构的物质基础。木结构、砌体结构、钢结构，以及钢筋混凝土结构，各因其材料特征不同而具备各自的独特规律。例如砌体结构抗压强度高但抗弯、抗剪、抗拉强度低，而且脆性大，往往无警告阶段即破坏。钢筋混凝土结构有较大的抗弯、抗剪强度，而且延性优于砌体结构，但仍属于脆性材料而且自重大。钢结构抗拉强度高，自重轻，但需特别注意当长细比大时在轴向压力作用下的杆件失稳情况。因此选用材料的原则是充分利用它的长处，避免和克服它的短处。对于建筑结构的材料的基本要求是轻质、高强，具有一定的可塑性和便于加工。特别在大跨度和高层建筑中，采用轻质高强材料具有极大的意义。

随着科学技术的发展，新的结构材料的诞生带来新的结构形式并从而促进建筑形式的巨大变革。19 世纪末期，钢材和钢筋混凝土材料的推广引起了建筑结构革命，出现高层结构及大跨度结构的新结构形式。近年来混凝土向高强方向发展。混凝土强度提高后可减少结构断面尺寸、减轻结构自重，提供较大的使用空间。

例如：据资料介绍，用强度为 60MPa 的混凝土代替强度为 30～40MPa 的混凝土，可节约混凝土用量 40%，钢材 39% 左右。国际预应力混凝土下属委员会也曾指出，如果用强度为 100MPa 的混凝土制成预应力构件，其自重将减轻到相当于钢结构的自重。还有的学者认为如把混凝土强度提高到 120MPa 并结合预应力技术，可使混凝土结构代替大部分钢结构，并使 1kg 混凝土结构达到 1kg 钢结构的承载能力。钢筋混凝土结构的选型问题也必将带来一场变革。但随着混凝土向高强方向发展其脆性大大增加，这是一个需要注意解决的问题。

此外轻骨料混凝土在建筑结构中有很好的应用前景。澳大利亚曾应用轻骨料混凝土建造了两幢 50 层的建筑，其中一幢为高 184m、直径 41m 的塔式建筑，其 7 层以上 90% 的楼板和柱均采用轻骨料混凝土，使整个建筑物节省 141 万美元。

复合材料是另一个值得重视的发展方向，有关研究部门进行的试验表明，钢管混凝土具有很大优越性。例如混凝土断面的承载能力为 294.2kN，钢管承载能力为 304.0kN，组成钢管混凝土柱以后，由于钢管约束混凝土的横向变形而使承载能力提高到 862.99kN，比两种组成材料的承载能力之和 598.2kN 提高 44%。近十几年来钢管混凝土结构在单层及多层工业厂房中已得到较广泛应用，工程经验表明：承重柱自重可减轻 65% 左右，由于柱截面减小而相应增加使用面积，钢材消耗指标与钢筋混凝土结构接近，而工程造价与钢筋混凝土结构相比可降低 15% 左右，工程施工期缩短 1/3。此外钢管混凝土结构显示出良好的塑性和韧性。

另一种有前途的复合材料是钢纤维混凝土，钢纤维体积率为 1.5%～2% 的钢纤维混凝土的抗压强度提高很小，但抗拉、抗弯强度大大提高。此外结构的韧性及抗疲劳性能有大幅度提高。国内利用钢纤维混凝上述优良性能而建造的大型结构实例之一是南京五台山体育场的主席台。主席台的悬臂挑檐的挑出长 14m，采用薄壁折板结构。为了提高抗裂性，折板采用钢纤维混凝土。靠近柱的 1/3 部分，钢纤维用量为 150kg/m³，其余部分用量为 75kg/m³。拆模后未见任何微裂缝，在悬臂端部 11 个点测定挠度最大值仅为 17.4mm。

0.3 施工技术对建筑结构形式的影响

建筑施工的生产技术水平及生产手段对建筑结构形式有很大影响。在手工劳动的时代只能用石块来建造墙、柱、拱，或采用木骨架的结构形式。近代大工业生产出现后，在钢铁工业及机械工业得到很大发展的基础上，大型起重机械及各种建筑机械（例如混凝土泵）相继问世才使高层建筑及大跨度建筑的各种结构形式成为现实。

0.3.1 施工技术是实现先进结构形式的保障

薄壳结构是一种薄壁空间结构，主要承受曲面内的薄膜内力（或无矩内力），其材料强度能得到充分利用，同时它具有很高的强度和很大的刚度。薄壳结构采用厚度很薄的结构来建造大跨度结构，具有自重轻、材料省的特点。

例如 35m × 35m 双曲扁壳屋盖的壳体厚度仅8cm，而 6m×6m 的钢筋混凝土双向板的最小厚度约 13cm。因此，薄壳结构 20 世纪 50 年代末至 60 年代中在我国得到很大发展。

采用现浇的施工方法来实现薄壳结构有很大局限性，最大困难在于支设曲面模板耗费工料多，施工速度慢，为了解决此问题曾一度使用工具式移动模板来进行现浇薄壳施工，但此种施工方法只适用于结构形状及断面尺寸不变的筒壳结构。

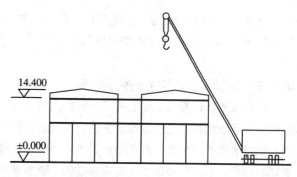

图 0-9 某厂房施工方案

此外，国内外均有采用旋转模板进行薄壳施工的实例，例如美国西雅图金郡体育馆直径 202m 穹顶采用十字形金属旋转胎模现浇而成，其立意也在于节省模板安装的工料，但此种施工方法只适用于旋转薄壳。装配式薄壳施工方法为薄壳结构发展扫平了道路。例如，法国 Marigane 飞机库由六波薄壳组成屋盖，每波的波宽 9.78m，跨度 101.5m，矢高 12.19m，重达 4200t，用顶升法施工升到 18.29m 标高，可见需要高超的施工技术。

0.3.2 结构选型要考虑实际施工条件

施工技术条件不具备或结构方案不适应现有技术能力将给工程建设带来困难，因此，在结构选型时应考虑施工技术等因素的影响。例如：装配式框架结构方案的选用需要认真考虑施工单位的焊工技术力量和吊装设备等条件，否则将给工程质量带来严重影响（图 0-9）。

0.4 结构计算手段的进步和设计理论的发展的影响

新结构与新材料的不断运用与实践，人们逐渐更深入地认识了客观物质世界的内在矛盾运动规律并上升为理论而发展了结构理论，使人们提高了结构设计水平。而结构设计理论的发展及计算手段的改进，又反过来为解决复杂的结构设计与优选问题提供了有利条件。

0.4.1 计算手段的进步对复杂新型结构的设计产生影响

在结构分析方面随着计算机运算速度的加快和贮存的增大，使各种复杂的空间结构的静力及动力计算问题迎刃而解。由于计算时间的缩短及计算精度的提高，人们不但可较方便地采用各种较复杂的结构形式，而且还可进一步对各种形式的结构进行经济比较以优化设计。过去由于计算手段上的困难，尽管人们希望在制订结构方案时能进行多方案比较，但常因工作量过大、工时过长而难以实现。人们只能凭经验订出一两个可行的结构方案进行简单的比较，而大量时间都消耗在构件的分析和计算工作上。如今计算手段的改进对于一个大型工程的结构方案的构思必然产生重要影响。计算机正在深入结构工程的各个领域，进而贮存各种专门知识和经验，形成所谓"专家系统"和"人工智能优化决策系统"。

0.4.2 抗震设计理论的研究和发展

自古以来，地震给人类造成了巨大的灾害。人类在适应自然和改造自然的过程中，不断地探索抵御地震的方法。地震震害表明，破坏性地震引起的人员伤亡和经济损失，主要是由于地震时产生的巨大能量使建筑物、工程设施发生破坏和倒塌，以及伴随的次生灾害造成的。要想最大限度地减轻地震灾害，工程建设时必须进行科学合理的抗震设防，这是人类减轻地震灾害对策中最积极和最有效的措施。

我国大部分地区处于地震区，《中华人民共和国防震减灾法》规定建设工程必须按照抗震设防要求和抗震设计规范进行抗震设计，并按照抗震设计进行施工。目前，我国采取"小震不坏、中震可修、大震不倒"的抗震设计准则。依此设计思想设计的结构在遇到破坏性地震时，允许出现一定程度的破坏，但主体结构不能倒塌，以确保人员生命安全。即在多遇地震烈度下保证建筑物不受破坏，使生产和正常生活不受干扰；在遇到罕遇地震时保证建筑物不至于因严重倒塌而酿成大灾。

现行的地震烈度区划和地震动参数区划仅是在一定概率意义上对未来可能遇到的地震影响强度的预测，据此计算的工程结构的地震作用也只是在一定概率意义上的一个近似估计。由于存在上述诸多不确定因素，建筑结构的抗震设计计算无法涵盖可能遇到的所有不确定因素。因此，运用概念设计从总体上来提高建筑结构的抗震能力是抗震设计的重要原则。建筑结构的抗震概念设计是根据地震灾害和工程经验等所形成的基本设计原则和设计思想，是进行建筑和结构总体布置并确定细部构造的过程。地震震害表明，结构抗震概念设计与结构抗震设计计算对于改善结构的抗震性能同样重要。工程结构的抗震概念设计主要包含以下几方面的内容，这些原则无疑对于结构选型有重要指导作用。

1. 选择对抗震有利的场地、地基和基础

选择建筑场地时，应根据工程需要，掌握地震活动情况、工程地质和地震地质的有关资料，作出综合评价。宜选择有利地段，避开不利地段。当无法避开不利地段时，应采取有效措施。不应在危险地段建造房屋建筑。

同一结构单元的基础不宜设置在性质截然不同的地基上，也不宜部分采用天然地基部分采用桩基。地基为软弱黏性土、液化土、新近填土或严重不均匀土时，应考虑地震时地基不均匀沉降或其他不利影响，并采取相应的措施。

2. 采用对抗震有利的建筑平面和立面

为了避免地震时结构物发生扭转、应力集中或塑性变形集中而形成薄弱部位，建筑及抗侧力结构的平面布置宜规则、对称，并具有良好的整体性。建筑的立面和竖向剖面宜规则，结构的抗侧刚度宜均匀变化，竖向抗侧力构件的截面尺寸和材料强度宜自下而上逐渐减小，避免抗侧力结构的抗侧刚度和承载力突变。不应采用严重不规则的设计方案。

体型复杂、平立面特别不规则的建筑结构，可按实际需要在适当部位设置防震缝，以形成多个较规则的抗侧力构件单元，防震缝应根据设防烈度、结构材料类型和结构体系、建筑结构单元的高度和高差情况，留有足够的宽度。伸缩缝和沉降缝的宽度应符合防震缝的要求。

3. 选择技术上、经济上合理的结构体系

结构体系应根据建筑的抗震设防类别、设防烈度、建筑高度、场地条件、地基、材料和施工等因素，经技术、经济条件综合比较确定。

结构体系应具有明确、合理的地震力作用传递途径，应具备必要的抗震承载力、良好的变形能力，并符合有关的结构构造要求。

0.5 经济因素对于结构选型的影响

在结构选型时进行经济比较是十分重要的，长期以来我国确定了"适用、经济、安全、美观"的建设方针，把经济效益放在重要地位。

衡量结构方案的经济性即所谓综合经济分析，就是要综合地考虑结构全寿命期的各种成本、材料与人力资源的消耗，以及投资回报与建设速度的关系等。

（1）不但要考虑某个结构方案付诸实施时的一次投资费用，还要考虑其全寿命期费用。

（2）除了以货币指标核算结构的建造成本外，还要从节省材料消耗和节约劳动力等各项指标来衡量。此外从人类长远利益考虑，还要特别考虑资源的节约。

（3）某些生产性建筑若能早日投产交付使用，可以较快地回收投资资金更能得到较好的经济效益。因此，在结构方案比较时还应综合考虑一次性初始投资和建设速度之间关系。

0.6 《建筑结构选型》课程的学习方法

学习《建筑结构选型》课程应注意掌握建筑结构选型的基本原则、各种结构体系的基本特点与应用范围，要结合国家规范和标准，正确把握结构的选型与应用。

（1）要注意掌握各种建筑结构的特点与影响因素，选型中应综合考虑各个方面的影响，通过综合分析，才能做到全面、客观地考虑问题。

（2）既要单独考虑某个结构类型，也要将其与其他适用的结构类型做必要的对比和分析，才能优化结构的选型。

（3）尽可能地多阅读工程实例部分的内容，结合工程实例进行分析与思考，才能不断提高自己发现问题、分析问题和解决问题的能力。

（4）加强训练，结合大作业和讲评，培养自己全面分析问题的能力。

第 1 章　力学基础

建筑结构选型

本章主要介绍《建筑结构选型》课程所必须掌握的力学基础知识，主要包括静力学基础知识、力系的平衡、平面体系的几何组成分析、静定结构的内力计算、构件失效分析等内容。

1.1　静力学基础

1.1.1　力与力偶

1. 力的概念

人们对力的认识是在长期的生活实践中逐步形成的。用手提起重物时，手臂需要用力。而手臂的作用也可以用绳子等其他工具来代替，说明不仅人能对物体产生力的作用，物体之间也能产生力的作用。力作用在物体上会产生什么样的效果？用力推静止的小车，小车就会产生运动；用力拉弹簧，弹簧就会变形。

力对物体的作用产生两种效应：运动效应和变形效应。其中运动效应可以分解成移动效应和转动效应两种。例如在足球比赛中，如果运动员要踢出弧线球，在击球时必须使球向前运动的同时还需使球绕球心转动。前者为移动效应，后者为转动效应。力是物体之间的相互机械作用，这种作用使物体的运动状态发生变化（运动效应），或者使物体的形状发生改变（变形效应）。

实践表明，力对物体的效应取决于力的大小、方向和作用点三个要素，称为力的三要素。

在国际单位制（SI）中，力的单位为牛顿（N），工程实际中常采用牛顿的倍数单位千牛顿（kN），$1kN = 10^3 N$，作用于一个物体上的两个或两个以上的力所组成的系统，称为力系。对物体作用效果相同的力系，称为等效力系。如果一个力和一个力系等效，则该力为此力系的合力，而力系中的各个力称为合力的分力。

2. 力的性质

力是一个有大小和方向的量，所以力是矢量，可以用一段带箭头的线段来表示，线段的长短代表大小，箭头表示力的指向（图1-1）。规定用黑体字母 F 表示力矢量，而用普通字母 F 表示力的大小。通过力的作用点并沿着力的方向作一条直线，这条直线称为力的作用线。

作用于物体上同一点的两个力可以合成为一个合力，合力也作用于该点，合力的大小、方向由这两个力为邻边所构成的平行四边形的对角线来表示（图1-2）。

这一性质也称为力的平行四边形法则，可用矢量式 $F_R = F_1 + F_2$ 表示。即两个交于一点力的合力，等于这两个力的矢量和；反过来，一个力也可以依照力的平行四边形法则，按指定方向分解成两个分力。

同理，作用于物体上同一点的 n 个力组成的力系，采用两两合成的方法，

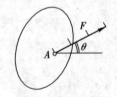

图1-1　力

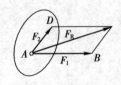

图1-2　分力和合力

最终可合成为一个合力 F_R，它等于这个力系中所有力的矢量和，即

$$F_R = F_1 + F_2 + \cdots\cdots + F_n = \sum_i^n F_i \qquad (1-1)$$

即 n 个力交于一点，则可以合成为一个合力，它等于这 n 个力的矢量和，它的作用线通过原力系的交点。

两物体间相互作用的力，总是大小相等、方向相反、沿同一直线，分别作用在这两个物体上。这一性质也称为力的作用与反作用定律。如作用在同一物体上的两个力大小相等、方向相反、沿同一直线，那么这两个力对物体的运动效应没有影响，则这两个力的合力为零；反过来，一物体上只作用了两个力，而物体是平衡的，那么这两个力必然大小相等、方向相反、沿同一直线。

物体在一个力系作用下处于平衡状态，则称这个力系为平衡力系。在平衡力系作用下物体不产生运动效应。

3. 力在直角坐标轴上的投影

为了便于计算，在力学计算中常常通过力在直角坐标轴上的投影将矢量运算转化为代数运算。

如图 1-3 所示，在力 F 作用的平面内建立直角坐标系 oxy。由力 F 的起点 A 和终点 B 分别向 x 轴引垂线，垂足分别为 x 轴上的两点 A'、B'，则线段 $A'B'$ 称为力 F 在 x 轴上的投影，用 F_x 表示，即 $F_x = \pm A'B'$。

投影的正负号规定如下：若从 A' 到 B' 的方向与轴正向一致，投影取正号；反之取负号。力在坐标轴上的投影是代数量。同样，力 F 在 y 轴上的投影 F_y 为

$$F_y = \pm A''B''$$

由图 1-3 可得

$$\left.\begin{array}{l} F_x = \pm F\cos\alpha \\ F_y = \pm F\sin\alpha \end{array}\right\} \qquad (1-2)$$

式中，α 为力与 X 轴所夹的锐角，图 1-3 中 F_x、F_y 是力 F 沿直角坐标轴方向的两个分力，是矢量。它们的大小和力 F 在轴上投影的绝对值相等，而投影的正（或负）号代表了分力的指向和坐标轴的指向一致（或相反），这样投影就将分力大小和方向表示出来了，从而将矢量运算转化成了代数运算。

为了计算方便，往往先根据力与某轴所夹的锐角来计算力在该轴上投影的绝对值，再由观察来确定投影的正负号。

【例 1-1】试分别求出图 1-4 中各力在 z 轴和 y 轴上投影。已知 $F_1 = 100N$，$F_2 = 150N$，$F_3 = F_4 = 200N$，各力方向如图 1-3 所示。

【解】各力在 x、y 轴上的投影为

$F_{1x} = F_1\cos45° = 100N \times 0.707 = 70.7N$

$F_{1y} = F_1\sin45° = 100N \times 0.707 = 70.7N$

$F_{2x} = -F_2\cos30° = -150N \times 0.866 = -129.9N$

$F_{2y} = -F_2\sin30° = -150N \times 0.5 = -75N$

$F_{3x} = F_3\cos90° = 0$

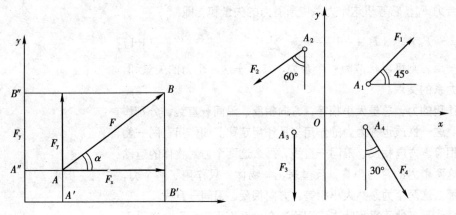

图 1-3 力在直角坐标轴上的投影（左）

图 1-4 各力在坐标轴中方向（右）

$$F_{3y} = -F_3\sin90° = -200\text{N} \times 1 = -200\text{N}$$

$$F_{4x} = F_4\cos60° = 200\text{N} \times 0.5 = 100\text{N}$$

$$F_{4y} = -F_4\sin60° = -200 \times 0.866 = -173.2\text{N}$$

反过来，如已知一个力在直角坐标系的投影，可以求出这个力的大小和方向。

由图 1-3 可知

$$\left.\begin{array}{c} F = \sqrt{{F_x}^2 + {F_y}^2} \\ \alpha = \arctan \dfrac{|F_y|}{|F_x|} \end{array}\right\} \tag{1-3}$$

其中，取 $0 \leqslant \alpha \leqslant \pi/2$，$\alpha$ 代表力 F 与 X 轴的夹角，具体力的指向可通过投影的正负值来判定，如图 1-5 所示。

4. 合力投影定理

由于力的投影是代数量，所以各力在同一轴的投影可以进行代数运算，由图 1-6 得：

$$F_x = A'C' = A'B' + B'C' = A'B' + A'D' = F_{1x} + F_{2x}$$

对于多个力组成的力系以此推广，可得合力投影定理：

合力在直角坐标轴上的投影（F_{Rx}，F_{Ry}）等于各分力在同一轴上投影的代数和，即

$$F_{Rx} = F_{1x} + F_{2x} + \cdots + F_{nx} = \sum_{i=1}^{n} F_{ix}$$

$$F_{Ry} = F_{1y} + F_{2y} + \cdots + F_{ny} = \sum_{i=1}^{n} F_{iy} \tag{1-4}$$

如果将各个分力沿直角坐标轴方向进行分解，再对平行于同一坐标轴的分力进行合成（方向相同的相加，方向相反的相减），可以得到合力在该坐标轴方向上的分力（F_{Rx}，F_{Ry}）。可以证明，合力在直角坐标系坐标轴上的投影（d_3）和合力在该坐标轴方向上的分力（F_{Rx}，F_{Ry}）大小相等，而投影的正（负）号代表了分力的指向和坐标轴的指向一致（相反）。

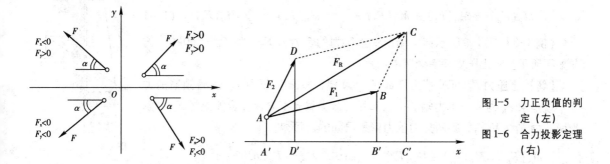

图1-5 力正负值的判
定（左）

图1-6 合力投影定理
（右）

5. 平面问题中力对点之矩

如图1-7所示，用扳手拧紧螺母时，作用于扳手上的力 F 使扳手绕 O 点转动，其转动效应不仅与力的大小和方向有关，而且与 O 点到力作用线的垂直距离 d 有关。将乘积 $F \cdot d$ 再冠以适当的正、负号对应力绕 O 点的转向，称为力 F 对 O 点的矩，简称力矩，它是力 F 使物体绕 O 点转动效应的度量，用 $M_o(F)$ 表示，即

$$M_o(F) = \pm F \cdot d \tag{1-5}$$

O 点称为矩心，d 称为力臂。式中的正负号用来区别力 F 使物体绕 O 点转动的方向，规定力 F 使物体绕矩心 O 点逆时针转动时为正，反之取负号。

力矩在下列两种情况下等于零：力等于零或力的作用线通过矩心（即力臂等于零）。

当力沿作用线移动时，不会改变它对矩心的力矩。这是由于力的大小、方向及力臂的大小均未改变的缘故。力矩的单位常用 N·m 或 kN·m，有时为运算方便也采用 N·mm 的单位。

其中 $1kN \cdot m = 10^3 N \cdot m = 10^6 N \cdot mm$。

【例1-2】 如图1-8所示，当扳手分别受到 F_1，F_2，F_3 作用时，求各力分别对螺母中心点 O 的力矩。已知 $F_1 = F_2 = F_3 = 100N$。

【解】 根据力矩的定义可知

$M_o(F_1) = -F_1 \cdot d_1 = -100N \times 0.2m = -20N \cdot m$

$M_o(F_2) = F_2 \cdot d_2 = 100N \times 0.2m/\cos30° = 23.1N \cdot m$

$M_o(F_3) = F_3 \cdot d_3 = 100N \times 0 = 0N \cdot m$

6. 合力矩定理

由于一个力系的合力产生的效应是和力系中各个分力产生的总效应是一样的。因此，合力对平面上任一点的矩等于各分力对同一点的矩的代数和。这就是合力矩定理，即

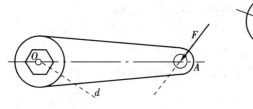

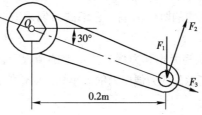

图1-7 力对点之矩
（左）

图1-8 （右）

$$M_O(F_R) = M_O(F_1) + M_O(F_2) + \cdots + M_O(F_n) = \sum_{i=1}^{n} M_O(F_i) \quad (1-6)$$

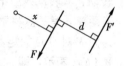

【例1-3】 图1-9所示挡土墙所受土压力的合力为 F_R，如 $F_R = 150\text{kN}$，方向如图所示。求土压力使墙倾覆的力矩。

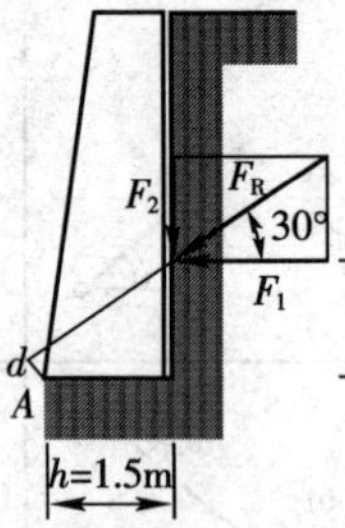

【解】 土压力 F_R 可使挡土墙绕 A 点倾覆，故求土压力 F_R 使墙倾覆的力矩，就是求 F_R 对 A 点的力矩。由已知尺寸求力臂 d 不方便，但如果将 F_R 分解为两分力 F_1, 和 F_2，则两分力的力臂是已知的，可得：

图1-9

$$M_A(F_R) = M_A(F_1) + M_A(F_2) = F_R\cos 30° \times \frac{h}{2} - F_R\sin 30° \cdot h$$

$$= 150\text{kN} \times \frac{\sqrt{3}}{2} \times \frac{1.5}{4}\text{m} - 150\text{kN} \times \frac{1}{2} \times 1.5\text{m} = 63.79\text{kN} \cdot \text{m}$$

7. 力偶

在日常生活和工程中，经常会遇到物体受大小相等、方向相反、作用线互相平行的两个力作用的情形。例如，汽车司机用双手转动方向盘，钳工用丝锥攻螺纹，以及用拇指和食指拧开水龙头或钢笔帽等。实践证明，这样的两个力 F、F' 组成的力系对物体只产生转动效应，而不产生移动效应，把这种力系称为力偶，用符号 (F, F') 表示。

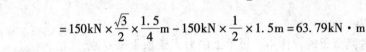

图1-10　力偶矩

组成力偶的两个力 F、F' 所在的平面称为力偶的作用面，力偶的两个力作用线间的垂直距离称为力偶臂，用 d 表示。

在力偶作用面内任取一点 O 为矩心，如图1-10所示。设点 O 与力 F 作用线之间的垂直距离为 x，力偶臂为 d，则力偶的两个力对 O 点之矩的和为

$$-F_x + F'_{(x+d)} = F \cdot d \quad (1-7)$$

这一结果表明，力偶对作用面内任意一点的矩与点的位置无关。因此，将力偶的力 F 与力偶臂 d 的乘积冠以适当的正负号对应力偶的转向，作为力偶对物体转动效应的度量，称为力偶矩，用 M 表示，即

$$M = \pm F \cdot d \quad (1-8)$$

式中的正负号规定为：力偶的转向是逆时针时为正，反之为负。力偶矩的单位与力矩的单位相同。

8. 力偶的性质

力偶作为一种特殊力系，具有如下独特的性质：

（1）力偶对物体只产生转动效应，而不产生移动效应。因此，一个力偶既不能用一个力代替，也不能和一个力平衡（力偶在任何一个坐标轴上的投影等于零）。力与力偶是表示物体间相互机械作用的两个基本元素。

（2）力偶对物体的转动效应，只用力偶矩度量而与矩心的位置无关。

如果在同一平面内的两个力偶，它们的力偶矩彼此相等，则这两个力偶等效。

（3）在保持力偶矩大小和力偶转向不变的情况下，力偶可在其作用面内任意搬移，或者可任意改变力偶中力的大小和力偶臂的长短，而力偶对物体的转动效应不变。

根据这一性质，可在力偶作用面内用 M 或 M 表示力偶，其中箭头表示力偶的转向，M 则表示力偶矩的大小。必须指出，力偶在其作用面内移动或用等效力偶替代，对物体的运动效应没有影响，但会影响变形效应。

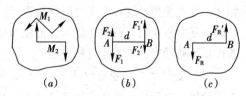

图 1-11　平面力偶系的合成

9. 平面力偶系的合成

设在物体某平面内作用两个力偶 M_1，M_2（图 1-11a），任选一线段 $AB = d$ 作为公共力偶臂，将力偶 M_1 和 M_2 移动，并把力偶中的力分别改变为：

$$F_1 = F_1' = M_1/d \qquad F_2 = F_2' = M_2/d \qquad (1-9)$$

如图 1-11（b）所示。根据力偶性质 3，图 1-11（a）与图 1-11（b）中，力偶作用是等效的。于是，力偶 M_1 与 M_2 可合成为一个合力偶（图 1-11c），其力偶矩为

$$M = F_R d = (F_1 - F_2) d = M_1 + M_2 \qquad (1-10)$$

若有 n 个力偶作用于物体的某一平面内，这种力系成为平面力偶系。可合成为一合力偶，在同一个平面内的力偶可以进行代数运算。合力偶的矩等于各分力偶矩的代数和，即

$$M = M_1 + M_2 + \cdots + M_n = \sum_{i=1}^{n} M_i \qquad (1-11)$$

【例 1-4】如图 1-12 所示，在物体的某平面内受到三个力偶的作用。设 $F_1 = 200\text{N}$，$F_2 = 600\text{N}$，$M = 100\text{N} \cdot \text{m}$，求其合力偶。

【解】各分力偶矩为

$M_1 = F_1 d_1 = 200\text{N} \times 1\text{m} = 200\text{N} \cdot \text{m}$

$M_2 = F_2 d_2 = 600\text{N} \times 0.25\text{m}/\sin 30° = 300\text{N} \cdot \text{m}$

$M_3 = -M = -100\text{N} \cdot \text{m}$

由式（1-11）得合力偶矩为

$M = M_1 + M_2 + M_3 = 200\text{N} \cdot \text{m} + 300\text{N} \cdot \text{m} - 100\text{N} \cdot \text{m} = 400\text{N} \cdot \text{m}$

即合力偶的矩的大小等于 $400\text{N} \cdot \text{m}$，转向为逆时针方向，与原力偶系共面。

1.1.2　受力分析基础

实际工程是很复杂的，对结构进行力学分析时，如果不加区分地考虑所有实际因素，将使问题的分析计算十分困难，甚至无法进行，同时这样也是不必要的。分析实际结构，需要利用力学知识、结构知识和工程实际经验，并根据实际受力、变形规律等主要因素，忽略一些次要因素，对结构进行科学合理的简化。这是一个将结构理想化、抽象化的简化过程。这一过程称为力学建模。

1. 受力物体

物体在受力后都要发生形状、大小的改变，被称之为变形，但在大多数工程问题中这种变形相对结构尺寸而言是极其微小的。

（1）刚体　当变形对于研究物体平衡或运动规律不能忽略时，可认为该

图 1-12

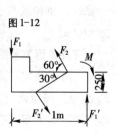

物体不发生变形。这种在受力时保持形状、大小不变的力学模型称为刚体。由于刚体受力作用后，只有运动效应而没有变形效应，因此作用在刚体上的力沿着作用线移动时，不改变其作用效应。

（2）变形体　当变形对于研究物体平衡或运动规律不能忽略时，物体称为变形体。变形体在外力作用下会产生两种不同性质的变形：一种是当外力撤除时，变形也会随之消失，这种变形称为弹性变形；另一种是当外力撤除后，变形不能全部消失而残留部分变形，这部分变形称为塑性变形。

当所受外力不超过一定限度时，绝大多数工程材料在外力撤除后，其变形可消失，这种物体称为弹性变形体，简称弹性体。

本课程只分析构件的小变形。所谓小变形是指构件的变形量远小于其原始尺寸。因此，在确定构件的平衡和运动时，可不计其变形量，仍按原始尺寸进行计算，从而简化计算过程。

2. 荷载的分类

物体受到的力可以分为两类。一类是使物体运动或有运动趋势的力，称为主动力，例如重力、水压力、土压力等。工程上把主动力称为荷载。另一类是周围物体限制物体运动的力，称为约束力。对于作为研究对象的受力物体，以上两类力通称为外力。

如果力集中作用于一点，这种力称为集中力或集中荷载。实际上，任何物体间的作用力都分布在有限的面积上或体积内，但如果力所作用的范围比受力作用的物体小得多时，作用在物体上力的合力都可以看成是集中力。同样对于作用于极小范围的力偶，称为集中力偶。

对于作用范围不能忽视的力（荷载），称为分布力（荷载）。分布在物体体积内的荷载，如重力等，称为体荷载。分布在物体的表面上，如楼板上的荷载、水坝上的水压力等，称为面荷载。如果力（荷载）分布在一个狭长范围内而且相互平行，则可以把它简化为沿狭长面的中心线分布的力（荷载），如分布在梁上的荷载，简化后称为线分布力或线荷载。体荷载、面荷载、线荷载统称为分布荷载。

当分布荷载各处大小均相同时，称为均布荷载。如分布荷载各处大小不相同时，称为非均布荷载。由于工程中均布荷载较为常见，因此，本课程只讨论均布荷载。而板的自重即为面均布荷载，它是以每单位面积的重量来计算的，单位面积上所受的力，称为面集度，通常用 p 表示，单位为 N/m^2 或 kN/m^2。梁等细长构件的自重即为线均布荷载，它是以每单位长度的重量来计算的，单位长度上所受的力，称为线集度，通常用 q 表示，单位为 N/m 或 kN/m。

在具体运算的时候通常是用简化后的面荷载或线荷载来进行计算。就刚体而言，对于线均布荷载可转换成它的合力 F_R 来进行运算，线均布荷载的合力 F_R 大小为线荷载集度 q 和荷载分布的长度 l 的乘积，其方向和荷载方向一致，作用在荷载分布的中点。

【例1-5】 求图1-13中均布荷载对 A 点和 B 点的矩。

【解】（1）求均布荷载的合力 F_R

$$F_R = ql$$

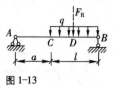

图1-13

F_R 的方向和作用点如图1-13所示。

（2）用合力代替线荷载分别对 A、B 两点取矩

$$M_A = M_A(F_R) = -F_R \times (a + l/2) = -ql(a + l/2)$$

$$M_B = M_B(F_R) = F_R \times l/2 = ql^2/2$$

3. 约束与约束力

在空间可以自由运动的物体称为自由体。如果物体受到某种限制、在某些方向不能运动，那么这样的物体称为非自由体。例如，放在桌面上的物体，受到桌面的限制不能向下运动。阻碍物体运动的限制物称为约束。

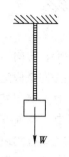

图1-14

约束对物体必然作用一定的力以阻碍物体运动，这种力就是前面提到的约束力，简称反力。约束力总是作用在约束与物体的接触处，其方向总是与约束所能限制的运动方向相反。

下面介绍几种工程中常见的约束及约束力。

（1）柔体约束

图1-15

工程中常见的绳索、传动带、链条等柔性物体构成的约束称为柔体约束（图1-14）。这种约束只能限制物体沿着柔体伸长的方向运动，而不能限制其他方向的运动。因此，柔体约束力的方向沿着它的中心线且背离研究物体，即为拉力。

（2）光滑面约束

如果两个物体接触面之间的摩擦力很小，可忽略不计，这两物体之间就构成光滑面约束（图1-15）。这种约束只能限制物体沿着接触点处朝着垂直于接触面方向的运动，而不能限制其他方向的运动。因此，光滑接触面约束力的方向垂直于接触面或接触点的公切线。并通过接触点，指向物体。

（3）圆柱铰链约束

在两个构件上各钻有同样大小的圆孔，并用圆柱形销钉 C 连接起来（图1-16）。如果销钉和圆孔是光滑的，那么销钉只限制两构件在垂直于销钉轴线的平面内相对移动，而不限制两构件绕销钉轴线的相对转动，这样的约束称为圆柱铰链约束，简称铰链或铰。

当两个构件有沿销钉径向相对移动的趋势时，销钉与构件以光滑圆面接触，因此，销钉给构件的约束力 F_N 沿接触点 K 的公法线方向，指向构件且通过圆孔中心（图1-16）。由于接触点 K 一般不能预先确定，所以约束力 F_N 的方向也不能确定。因此，铰链约束力作用在垂直于销钉轴线的平面内，通过圆

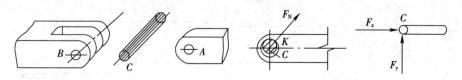

图1-16　圆柱铰链约束

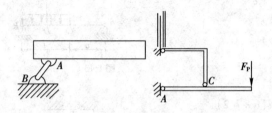

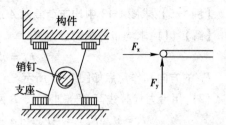

孔中心,方向待定。通常用两个正交分力 F_x 和 F_y 来表示铰链约束力),两分力的指向是假定的。

图 1-17　链杆约束(左)
图 1-18　固定铰支座
　　　　(右)

(4)链杆约束

如一构件在其两端用铰链与其他构件相连接,此构件中间不受力,这类约束称为链杆约束(图 1-17),也称为二力杆约束,由于构件上只在两端作用了两个约束力,而构件是平衡的,因此这两个力必然大小相等,方向相反,在同一直线上。所以,链杆约束的约束力是沿着两端销钉圆心连线,指向待定。

(5)支座约束

①固定铰支座　在连接的两个构件中,如果其中一个构件是固定在基础上的支座(图 1-18),则这种约束称为固定铰支座,简称铰支座。固定支座约束力与铰链的情形相同。

②活动铰支座　如果在支座与支承面之间装上几个辊子,使支座可沿支承面移动,即形成活动铰支座,也称为辊轴支座(图 1-19)。图中画出了辊轴支座的几种简化表示方式。如果支承面是光滑的,这种支座不限制沿着支承面的移动和绕销钉的转动,只限制构件沿支承面法线方向的移动。因此,辊轴支座约束力垂直于支承面,通过铰链中心。

③固定端　如房屋的挑梁,其一端牢固嵌入墙内,墙对其约束使其不能移动也不能转动,称为固定端约束。固定端约束力为一个方向待定的约束力和一个转向待定的约束力偶。方向待定的约束力通常可用水平和竖直的两个分力表示。图 1-20 为固定端约束的简化表示形式和支座约束力。

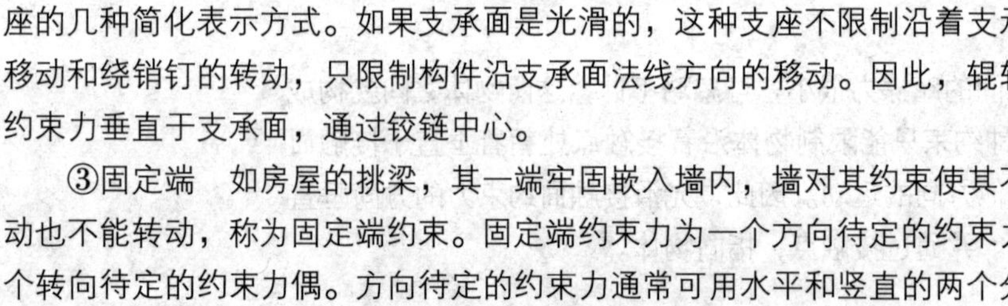

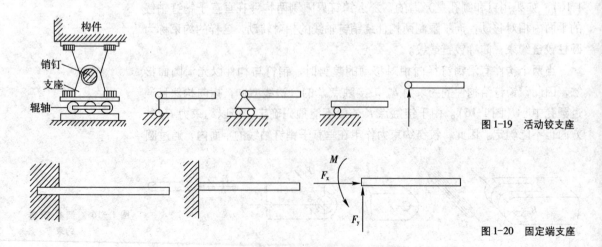

图 1-19　活动铰支座

图 1-20　固定端支座

1.1.3 力学计算简图

1. 结构的分类

工程中结构的类型是多种多样的，就几何观点可分为杆系结构、板壳类和实体结构三类。杆系结构指由杆件组成，杆件的特征是其长度远大于其横截面上其他两个尺度，板壳类结构指长、宽两个方向的尺寸远大于厚度，实体结构三个方向的尺度具有相同的量级。

杆系结构又可分为平面杆系结构（组成结构的所有杆件的轴线及外力都在同一平面内）和空间杆系结构（组成结构的所有杆件的轴线及外力不在同一平面内）两类，本章主要研究平面杆系结构。

2. 力学计算简图

在对结构和构件的受力和约束经过简化后得到的、用于力学或工程分析与计算的图形，为力学计算简图或计算简图。

确定力学计算简图的原则是：

尽可能符合实际——力学计算简图应尽可能反映实际结构的受力、变形等特性。

尽可能简单——忽略次要因素，尽量使分析计算过程简单。

根据杆系结构的受力特征和构造特点。力学计算简图中常用杆件的轴线代表杆件，根据结构和约束装置的主要特征选用对应的支座；根据杆件连接处结构的受力特征和构造特点选用对应的节点。

杆件的节点一般可分为：

铰节点——用圆柱铰链将杆件连接在一起，各杆件可围绕其作相对转动，但不能移动，如图1-21所示。

刚节点——杆件在连接处是刚性连接的，汇交于刚节点处的各杆件之间不发生相对转动（保持夹角不变）与相对移动，如图1-22所示。

力学计算简图是工程力学与土木工程中对结构或构件进行分析和计算的依据。建立力学计算简图，实际上就是建立力学与结构的分析模型，不仅需要必要的力学基础知识，而且需要具备一定的工程结构知识。

【例1-6】 图1-23由角钢 *AB* 和 *CD* 在 *D* 处用连接钢板焊接牢。在 *A*、*C* 两处用混凝土浇筑埋入墙内，制成搁置管道的三角支架。现在三角支架上搁置了两个管道，大管重 W_1，小管重 W_2，试画出三角支架的力学计算简图。

【解】 （1）构件的简化。角钢 *AB* 和 *CD* 的长度远大于其他两个尺度，是杆系结构，用杆件的轴线代表杆件，由于角钢的自重比管道的重量小的多，因此可忽略不计。

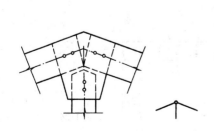

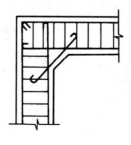

图1-21 铰节点（左）
图1-22 刚节点（右）

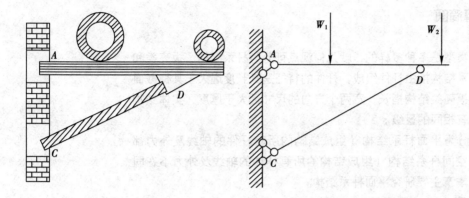

图 1-23

（2）支座的简化。由于杆件嵌入墙内的实际长度较短，加之砂浆砌筑的墙体本身坚实性差，所以在受力后，杆件在 A、C 处有产生微小的松动的可能，即杆件在此处可能发生微小的转动，所以起不到固定端约束的作用，只能将 A、C 处简化成固定铰支座。在 D 处焊缝同样也不能阻止角钢 AB 和 CD 的相对微小的转动，故将 D 处简化为铰链。

（3）荷载的简化。由于管道和角钢接触面很小，故将管道传来的荷载简化为集中荷载。经过以上简化，即可得到图 1-23 所示三角支架的力学计算简图。

3. 受力分析及受力图

在求解工程力学问题时，一般首先需要根据问题的已知条件和待求量，选择一个或几个物体作为研究对象，然后分析它受到哪些力的作用，其中哪些是已知的，哪些是未知的，此过程称为受力分析。

对研究对象进行受力分析的步骤如下：

（1）将研究对象从与其联系的周围物体中分离出来，单独画出。这种分离出来的研究对象称为分离体或称为隔离体。

（2）画出作用于分离体上的全部荷载并根据约束性质确定约束处的约束力，最后得到研究对象的受力图。下面举例说明受力图的画法。

【例 1-7】水平梁 AB 受集中荷载 F_p 和均布荷载 q 作用，A 端为固定铰支座，B 端为可动铰支座，如图 1-24 所示，试画出梁的受力图。梁的自重不计。

【解】取梁为研究对象，并将其单独画出。再将作用在梁上的全部荷载画上，在 B 端可动铰支座的约束力为 F_B，在 A 端固定铰支座的约束力为 F_{Ax} 和 F_{Ay}。图 1-24 画出了梁的受力图。

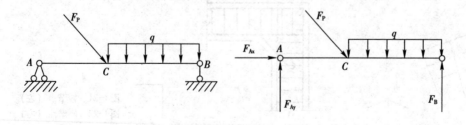

图 1-24

1.2　力系的平衡问题

1.2.1　平面力系的简化

如果在一个力系中，各力的作用线均分布在同一平面内，但它们既不完全平行，又不汇交于同一点，那么，我们将这种力系称为平面一般力系，简称平面力系。平面力系的研究与讨论，不仅在理论上，而且在工程实际中都有着重要的意义。首先，平面力系概括了平面内各种特殊力系，同时又是研究空间力系的基础。其次，平面力系是工程中最常见的一种力系，如在不少实际工程中结构（或结构构件）和受力都具有同一对称面，此时作用力就可简化为作用在对称面内的平面力系。

如果平面力系中各力的作用线均汇交于一点，则此力系称为平面汇交力系；如果平面力系中各力的作用线均相互平行，则此力系称为平面平行力系；如果平面力系仅由力偶组成，则此力系称为平面力偶系。

在作用效果等效的前提下，用最简单的力系来代替原力系对刚体的作用，称为力系的简化。为了便于研究任意力系对刚体的作用效应，常需进行力系的简化。

1. 力向一点平移

在前面，我们已经学习到力对物体的作用效应，取决于力的三要素（力的大小、方向、作用点）。对刚体而言，根据力的可传性原理，我们可以将力的三要素改称为力的大小、方向、作用线。无论改变力的三要素中任意一个，力的作用效应都将发生变化。如果保持力的大小、方向不变，而将力的作用线平行移动到同一刚体的任意一点，则力对刚体的作用效应必定要发生变化；若要保持力对刚体的作用效应不变，则必须要有附加条件。

设在刚体上的 A 点作用有一力 F，如图 1-25（a）所示，想将其平行移至 B 点。根据加减平衡力系原理，在 B 点加上一对平衡力 F' 和 F''，并使其作用线与力 F 的作用线相互平行，且 $F = F' = -F''$，如图 1-25（b）所示。显然，F、F'、F'' 三个力，的作用效果与原力 F 的相同。在三个力作用时，我们又可以看成是在 B 点作用一个力 F' 和一个力偶（F, F''）。即，作用在 A 点的力 F 就可由作用在 B 点力 F' 和力偶矩为 M 的力偶（F, F''）来代替；换言之，作用在 A 点上的力 F，可以平行移动到 B 点，但同时加上一个相应的力偶，这力偶称为附加力偶。附加力偶的力偶矩 M 等于原来的力 F 对 B 点的矩。

由于 A、B 两点及力 F 可以是任意的，因此可得出如下结论：作用在刚体上的力可以平移到刚体上任意一个指定位置，但必须在该力和指定点所决定的平面内附加一个力偶，该附加力偶的矩等于原力对指定点之矩。这个结论称为力的平移定理。

图 1-25　力向一点平移

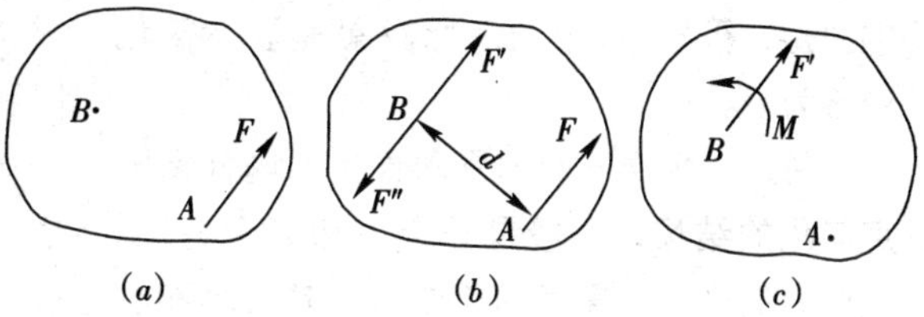

(a)　　　　(b)　　　　(c)

不难推知，根据力向一点平移的逆过程，总可以将同平面内的一个力 F 和力偶矩为 M 的力偶简化为一个力 F'，此力与原力 F 大小相等、方向相同、作用线间的距离为 $d = M/F$，至于 F' 在 F 的哪一侧，则视 F 的方向和 M 的转向而定。

2. 平面力系向一点的简化

设一刚体受平面力系 F_1、F_2、$\cdots$、F_n 作用，如图 1-26（a）所示。为了简化这个力系，在力系所在平面内任取一点 O，此点称为简化中心。应用力的平移定理，将各力都平移至 O 点，同时加上相应的附加力偶。这样，原来的平面力系就简化为作用在简化中心 O 的平面汇交力系 F_1'、F_2'、$\cdots$、F_n' 及一个平面力偶系，它们的矩分别为 M_1、M_2、$\cdots$、M_n，如图 1-26（b）所示，其中

$$F_1' = F_1、F_2' = F_2、\cdots、F_n' = F_n$$
$$M_1 = M_O(F_1)、M_2 = M_O(F_2)\cdots、M_n = M_O(F_n) \qquad (1-12)$$

由此可见，力系向一点简化的方法，实质上就是把一个较复杂的平面力系简化为两个简单的基本力系：平面汇交力系和平面力偶系。

一般情况下，平面汇交力系可合成为作用于 O 点的力，这力的大小和方向等于作用于 O 点的各力的矢量和，也就是等于原力系中各力的矢量和，用 F_R' 表示，即

$$F_R' = F_1' + F_2' + \cdots + F_n' = F_1 + F_2 + \cdots + F_n = \sum F_i$$

称 F_R' 为原力系的主矢量，简称为主矢，如图 1.26（c）所示。

一般情况下，平面力偶系可合成为一个合力偶，这合力偶的力偶矩等于各附加力偶矩的代数和，也就是等于原力系中各力对简化中心 O 点之矩的代数和，用 M_O' 表示，即

$$M_O' = M_1 + M_2 + \cdots + M_n = M_O(F_1) + M_O(F_2) + M_O(F_n)$$
$$= \sum M_O(F_i) \qquad (1-13)$$

称 M_O' 为原力系对简化中心 O 的主矩，如图 1-26（c）所示。

从式（1-13）可知，由于原力中的各力的大小和方向都是一定的，它们的矢量和也是一定的。即对一个已知力系来说，无论选择哪一点作为简化中心，主矢是不会改变的，换言之，主矢与简化中心的位置无关。但从式（1-13）可知，力系中各力对不同的简化中心的矩是不同的，因为随着简化中心的位置变化，各力偶的力臂及转向均可能发生变化，主矩自然将随之发生变化。因此，力系的主矩一般与简化中心的位置有关。所以说到主矩时，必须指明简化中心的位置，即指明对哪一点的主矩，符号 M_O' 中的下标 O 就是表示简化中心为 O。

总之，平面一般力系向作用面内任意一点简化的结果，一般是一个力和一个力偶。这个力的作用线通过简化中心，其大小和方

图 1-26　平面力系向一点的简化

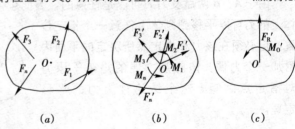

（a）　　　　　　　（b）　　　　　　　（c）

向决定于原力系中各力的矢量和，即等于原力系的主矢，与简化中心的具体位置无关；这个力偶的矩等于原力系中各力对简化中心之矩的代数和，即等于原力系对简化中心的主矩，一般随简化中心位置的变化而变化。但需指出，平面力系向一点简化所得到的主矢和主矩，并不是该力系简化的最终结果。因此有必要根据力系的主矢和主矩这两个量可能出现的几种情况作进一步的讨论。

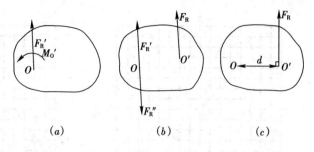

图 1-27　平面力系向一点的简化

（1）$F_R' = 0$，$M_0' \neq 0$，此时原力系只与一个力偶等效，此力偶称为原力系的合力偶。所以原力系简化的最后结果是一个合力偶，其矩 M_0' 等于原力系各力对简化中心 O 的主矩 $\sum M_0(F_i)$，此主矩与简化中心的位置无关。因为根据力偶的性质，力偶矩与矩心的位置无关，也就是说原力系无论是对哪一点进行简化，其最后结果都是一样的。

（2）$F_R' \neq 0$，$M_R' = 0$，此时原力系只与一个力等效，此力称为原力系的合力。所以原力系简化的最后结果是一个合力，它等于原力系的主矢，作用线通过简化中心。如果用 F_R 表示合力，则有 $F_R = F_R' = \sum F_i$。

（3）$F_R' \neq 0$，$M_0' \neq 0$，此时可根据力的平移定理的逆过程，将作用线通过 O 点的力 F_R' 和力偶 M_0' 合成为一个作用线通过点 O 的一个力，此力称为原力系的合力，如图 1-27 所示，且有 $F_R = F_R' = \sum F_i$，合力作用线到 O 点的距离 d 为：

$$d = \frac{|M_0'|}{F_R'} \tag{1-14}$$

至于合力 F_R' 是在主矢 F_R 的左侧还是右侧，则要根据主矩 M_0' 的正负号来确定。

从以上讨论（2）、（3）可知，只要力系向某一点简化所得的主矢不等于零，则无论主矩是否为零，最终均能简化为一个合力 F_R。

（4）$F_R' = 0$，$M_0' = 0$，此时原力系是一个平衡力系。关于平衡力系将另进行讨论。

【例 1-8】将图 1-28（a）所示平面任意力系向 O 点简化，求其所得的主矢及主矩，并求力系合力的大小、方向及合力与 O 点的距离 d。并在图上画出合力之作用线。图中方格每格边长为 5mm，$F_1 = 5N$，$F_2 = 25N$，$F_3 = 25N$，$F_4 = 20N$，$F_5 = 10N$，$F_6 = 25N$。

【解】（1）向 O 点简化

各力在 x 轴的投影为 $\sum F_x = F_{1x} + \cdots + F_{6x}$

$$= 0 - 25N \times \frac{4}{5} + 25N \times \frac{3}{5} - 20N - 10\sqrt{2}N \times \frac{\sqrt{2}}{2} + 25N = -10N$$

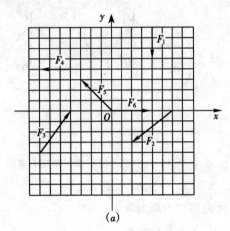

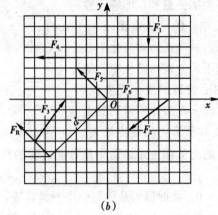

图 1-28

各力在 y 轴上面的投影为

$$\sum F_y = F_{1y} + \cdots + F_{6y}$$

$$= -5N - 25N \times \frac{3}{5} + 25N \times \frac{4}{5} + 0N + 10\sqrt{2}N \times \frac{\sqrt{2}}{2} + 0N = 10N$$

主矢的大小为

$$F_R' = \left| \sqrt{\sum F_x{}^2 + \sum F_y{}^2} \right| = \sqrt{(-10N)^2 + (10N)^2} = 10\sqrt{2}N = 14.14N$$

$$\tan\alpha = \left| \frac{\sum F_y}{\sum F_x} \right| = 1$$

主矢与 x 轴的夹角为 $\alpha = 135°$

主矩 $M_0 = \sum M_0(F_i)$

$$= -5N \times 20mm - 15N \times 30mm - 20N \times 20mm + 20N \times 20mm$$

$$= 550N \cdot mm$$

（2）力系的合力。

力系的合力大小与主矢的大小相等，方向与主矢平行。合力的作用点至 O 点的距离为：

$$d = \left| \frac{M_0'}{F_R'} \right| = \frac{550N \cdot mm}{10\sqrt{2}} = 38.89mm$$

合力作用线位置如图 1-28（b）所示。

1.2.2　平面力系的平衡

物体的平衡，即物体的运动状态不变，它包括静止和匀速直线运动两种，且这两种情况均是相对地球而言。我们说某物体处于平衡状态，就是说某物体在力的作用下，其运动状态保持不变，在土木工程中，则多数情况下是指相对地球处于静止状态。

若力系对物体的作用使物体处于平衡状态，则此力系称为平衡力系。平衡力系中的任意一个力都是其他力的平衡力。

1. 平衡条件

我们已经知道，一般情况下平面力系与一个力及一个力偶等效。若与平面力系等效的力和力偶均为零，则原力系一定平衡。因此，平面力系平衡的必要和充分条件是力系的主矢 F_R' 和对任意一点 O 的主矩 M_O' 均为零，即：

$$\left.\begin{array}{l} F_R' = 0 \\ M_O' = 0 \end{array}\right\} \tag{1-15}$$

2. 平衡方程

平衡条件式（1-15）也可以用解析式的形式来表示。任选两个相交的坐标轴 x 和 y，由 $F_R' = 0$ 得 $F_{Rx}' = 0$ 和 $F_{Ry}' = 0$，于是上式可写成：

$$\left.\begin{array}{l} \sum F_x = 0 \\ \sum F_y = 0 \\ \sum M_O(F_i) = 0 \end{array}\right\} \tag{1-16}$$

这组方程为平面力系平衡方程的基本形式，其中前两式称为投影方程，第三式是力矩方程。

式（1-16）表明：平面力系平衡的必要和充分条件是，力系中各力在任意两个相交坐标轴上投影的代数和等于零，且各力对任意一点之矩的代数和也等于零。平面力系的平衡方程，还有另外两种形式。

（1）二矩式

$$\left.\begin{array}{l} \sum F_x = 0 \\ \sum M_A(F_i) = 0 \\ \sum M_B(F_i) = 0 \end{array}\right\} \tag{1-17}$$

其中 A、B 两点连线不能垂直 x 轴。

（2）三矩式

$$\left.\begin{array}{l} \sum M_A(F_i) = 0 \\ \sum M_B(F_i) = 0 \\ \sum M_C(F_i) = 0 \end{array}\right\} \tag{1-18}$$

其中 A、B、C 三点不能共线。

平面力系的平衡方程虽然有上述的三种不同形式，但必须强调的是，一个在平面力系作用下而处于平衡状态的刚体，只能有三个独立的平衡方程式，任何第四个平衡方程都只能是前三个方程的组合，而不是独立的。

在实际工程中应用平衡方程进行分析问题时，应根据具体情况，恰当选取矩心和投影轴，尽可能使一个方程中只包含一个未知量，避免解联立方程。另外，利用平衡方程求解平衡问题时，受力图中未知力的指向可以任意假设，若计算结果为正值，表示假设的指向就是实际的指向；若计算结果为负值，表示假设的指向与实际指向相反。

【例1-9】在图1-29（a）所示结构中，横梁 AC 为刚性杆，A 端为铰支，C 端通过铰链与一钢索 BC 固定。已知 AC 梁上所受的均布荷载集度为 $q = 30kN/m$，试求横梁 AC 所受的约束力。

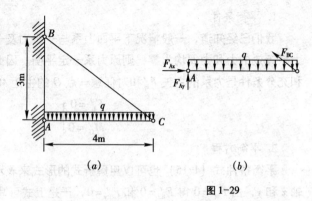

图1-29

【解】（1）取隔离体，画受力图

取梁 AC 为研究对象，因 A 端为铰支，BC 为柔性约束，故其受力图如图1-29（b）所示。

（2）求梁 AC 的约束力

因 F_{Ax}、F_{Ay} 均作用于 A 点，则 AC 关于 A 点取矩的力矩平衡方程中仅有 F_{BC} 一个未知力，即

$$F_{BC} \times \frac{3}{5} \times 4m - q \times 4m \times 2m = 0$$

$$F_{BC} \times \frac{3}{5} \times 4 - 30KN/m \times 4m \times 2m = 0$$

$$F_{BC} = 100kN$$

利用力的投影方程求 F_{Ax}，F_{Ay}，

$$\sum F_y = 0$$

$$F_{BC} \times \frac{3}{5} - q \times 4m + F_{A_y} = 0$$

$$100kN \times \frac{3}{5} - 30kN/m + 4m + f_{A_y} = 0$$

$$F_{A_y} = 60kN$$

$$\sum F_x = 0$$

$$-F_{BC} \times \frac{4}{5} + F_{A_x} = 0$$

$$-100kN \times \frac{4}{5} + F_{A_x} = 0$$

$$F_{A_x} = 80kN$$

【例1-10】如图1-30（a）所示，缆索跨距为30m，在离右端10m处若垂度为5m，重物重 $W = 1.5kN$，不计滑轮大小。试求缆索受力 F_p 及曳引力 F。

【解】取滑轮为研究对象，其受力图如图1-30（b）所示。因不计滑轮的大小。故可认为滑轮所受的力均汇交于一点。

利用水平投影方程有

$$\sum F_x = 0$$

$$FP \cos\alpha + F \cos\alpha - F_p \cos\beta = 0$$

$$\sum F_y = 0$$

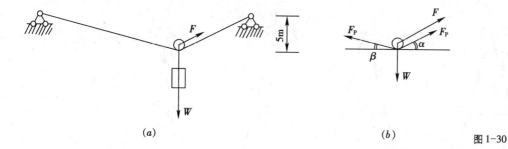

图 1-30

$$F \sin\alpha + F_p \sin\alpha + F_p \sin\beta - w = 0$$

而　　　$\cos\beta = 0.97$　　$\cos\alpha = 0.89$　　$\sin\beta = 0.24$　　$\sin\alpha = 0.45$

则有

$$0.89F - 0.08F_p = 0$$

$$0.45F + 0.69F_p - 1.5\text{kN} = 0$$

解得　　　　　$F_p = 2.05\text{kN}$　　　　$F = 0.185\text{kN}$

3. 平面平行力系

如果平面力系中各力的作用线均相互平行，则此力系称为平面平行力系。显然，平面平行力系也是平面一般力系的一种特例，其平衡方程可由平面一般力系的平衡方程推出。假设 x 轴与各力的作用线相垂直，则各力在 x 轴上的投影均为零，因此平衡方程中的 $\sum F_x = 0$ 自然成立，从而平面平行力系的平衡方程就写成

$$\left.\begin{array}{l} \sum F_y = 0 \\ \sum M_O(F_i) = 0 \end{array}\right\} \tag{1-19}$$

当然，平面平行力系的平衡方程也可写成二矩式，即

$$\left.\begin{array}{l} \sum M_A(F_i) = 0 \\ \sum M_B(F_i) = 0 \end{array}\right\} \tag{1-20}$$

其中 A、B 两点之间的连线不能与各力的作用线相平行。

1.2.3　物体系统的平衡

由若干个物体通过一定的约束方式连接而成的系统，称为物体系统，有时将其简称为物系。求解物体系统平衡问题的基本原则和处理单个物体平衡问题的方法是一致的，但情况要复杂些。

1. 物体系统平衡问题的求解方法

当物体系统处于平衡状态时，组成该系统的每个物体或若干物体组成的局部也处于平衡状态。根据刚化原理可知，求解物体系统的平衡问题时，既可选取系统的整体作为研究对象，也可选取系统的局部或单个物体作为研究对象。

【例 1-11】 位于铅垂面的活动折梯放在光滑水平面上，梯子由 AC 和 BC 两部分用铰链 C 和绳子 EH 连接而成，如图 1-31（a）所示。今有一人重为

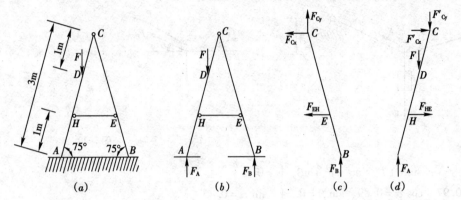

图1-31

$F=600\mathrm{N}$，站在 AC 梯的 D 处。折梯自重不计。试求 A、B 两处地面的反力、绳 EH 的拉力及铰链 C 所受的力。

【解】（1）先取整个折梯（包括站在梯上的人）为研究对象，其受力如图 1-31（b）所示。两折梯通过铰链 C 相互作用的力以及绳子作用的力都是内力，彼此等值、反向、共线，对系统的平衡没有影响，故不必考虑。

显然，整体在平面平行力系作用下处于平衡。利用平衡方程则有

$$\sum M_A(F_i)=0, F_B \times 2AC \times \cos75° - F \times 2\mathrm{m} \times \cos75° = 0$$

$$F_B \times 2 \times 3\mathrm{m} \times \cos75° - 600\mathrm{N} \times 2\mathrm{m} \times \cos75° = 0$$

$$F_B = 200\mathrm{N}$$

$$\sum F_Y = 0, F_A + F_B - F = 0$$

$$F_A + 200\mathrm{N} - 600\mathrm{N} = 0$$

$$F_A = 400\mathrm{N}$$

（2）再取 BC 梯为研究对象，画出其受力图如图 1-31（c）所示。作用在 BC 梯上的力有的法向反力 F_B、绳的拉力 F_{EH} 以及 AC 梯通过铰链 C 对它的作用力 $F_{Cx}F_{Cy}$。对整个折梯而言，F_{EH} 和 F_{Cx}、F_{Cy} 属于内力，而对 BC 梯而言，它们是外力了。

可见，内力和外力的区分是相对的，只有对于确定的研究对象来说才有意义。

BC 梯在平面一般力系作用下处于平衡，其平衡方程

$$\sum F_y = 0 \qquad F_{Cy} + F_B = 0$$

$$F_{Cy} + 200\mathrm{N} = 0$$

$$F_{Cy} = -200\mathrm{N}$$

负号表示 F_{Cy} 的实际方向与图 1-31（c）所示的相反。

$$\sum M_C(F_I) = 0$$

$$F_B \times BC \times \cos75° - F_{EH} \times CE \times \sin75° = 0$$

$$200\mathrm{N} \times 3\mathrm{m} \times \cos75° - F_{EH} \times 2\mathrm{m} \times \sin75° = 0$$

$$F_{EH} = 80.4\mathrm{N}$$

$$\sum F_x = 0$$

$$F_{CX} - F_{EH} = 0$$

$$F_{CX} - 80.4\text{N} = 0$$

$$F_{CX} = 80.4\text{N}$$

除上述解题方案外，还有下面两种方案：

①先取整个折梯为研究对象，再取 AC 梯为研究对象。AC 梯的受力如图 1-31（d）所示。可见，AC 梯的受力情况较 BC 梯复杂一些，解其平衡方程也相应烦些。

②将整个折梯折开，分别取 BC 梯和 AC 梯为研究对象，各列出三个平衡方程，而后联立求解。这种解法不足取，因为要涉及求解多元联立方程。

在正式解物系平衡问题之前，比较一下可能的"解题方案"，选取其中较简捷的一种，会使解题过程变得简单。

【例 1-12】 梁 AB 和 BC 在 B 处用圆柱铰链连接。梁上作用有均布荷载、集中荷载和集中力偶。A 处为固定端，E 处为滚动铰支座，尺寸如图 1-32（a）所示。已知均布荷载集度为 q，集中荷载 $F = ql$，集中力偶的力偶矩 $M = ql^2$，梁的重力不计。试计算 A、B 和 E 三处的约束力。

【解】（1）受力分析：

系统的受力如图 1-32（b）所示，其上共有 4 个未知力（F_{Ax} F_{Ay} M_A 和 F_E）。因此，仅考虑整体平衡不能求出全部约束力，但能确定 $F_{Ax} = 0$。

AB 梁和 BC 梁的受力分别如图 1-32（d）、（c）所示，其上都作用有已知的主动力和所要求的未知力，且力系均为平面力系。根据二者的受力图，可以看出，应先选 BC 梁为研究对象。因为 BC 梁上只有 3 个未知力，都可以由平衡方程求得。然后再通过对 AB 梁的分析，即可求出 A 处的约束力。

（2）选 BC 梁为研究对象。BC 梁的受力如图 1-32（d）所示。

$$\sum M_B(F_i) = 0, F_E \times l - q \times l \times (1 - 0.5)l - M = 0$$

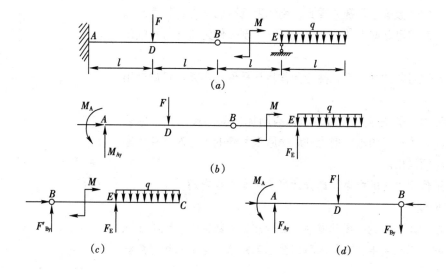

图 1-32

$$\sum F_X = 0, F'_{BX} = 0$$

$$\sum F_Y = 0, F'_{BY} + F_E - q \times l = 0$$

$$F'_{BX} = 0$$

$$F'_{BY} = -\frac{3}{2}ql$$

$$F_E = \frac{5}{2}ql$$

（3）再选 AB 梁为研究对象，AB 梁的受力如图 1-32（c）所示。由平衡方程

$$\sum F_X = 0, F_{AX} = 0$$

$$\sum F_Y = 0, F_{AY} - F - F_{BY} = 0$$

$$\sum M_A(F_i) = 0, M_A - F \times l - F_{BY} \times 21 = 0$$

$$F_{AX} = 0$$

$$F_{AY} = -\frac{1}{2}ql$$

$$M_A = -2ql^2$$

上述分析过程表明，求解刚体系统的平衡问题时，往往要选择两个以上的研究对象，分别画出其受力，列出必要的平衡方程。

选择哪一个刚体作为研究对象，才能使求解过程更为简化，这要根据不同的问题加以不同的选择和处理。例如本例的第二个研究对象还可以选 ABC 梁整体，其受力如图 1-32（b）所示。

根据以上分析，求解刚体系统的平衡问题的一般方法和过程如下：

①分析系统整体平衡，或系统的某一局部平衡，分析有几个未知力以及独立的平衡方程数；应用平衡方程可以求得哪些未知力。

②根据需要，将系统拆开，选择合适的刚体为研究对象。所谓合适是指：作用在刚体上的未知力的个数等于平衡方程数；刚体上既有已知力，又有未知力。如果一个刚体尚不能满足这些条件，可再选另一个刚体作为与之有关的研究对象。

注意应画出每个研究对象的受力图，并应用作用与反作用定律，正确画出相关联刚体的受力。

注意区别内力和外力。系统未拆开时，刚体与刚体之间的相互作用为内力，对系统平衡无影响，故不必画出，但拆开后，原来系统的内力对于单个刚体就变成外力，因而必须画出。

③根据研究对象所作用力系的类型，选择适当的平衡方程求解。

2. 静定与超静定问题

当研究单个物体或物体系统的平衡问题时，若未知量的数目少于或等于独立的平衡方程数目，就能够利用平衡方程求解出全部未知量，这类问题称为静

定问题。在此之前我们所讨论的平衡问题均属于这类。但在实际工程中，有时为了提高构件的刚度或调整其内力分布，常给结构或构件增加一些"多余"的约束，从而使得在研究单个物体或物体系统的平衡问题时，这些结构或构件的未知量数目超过了独立的平衡方程数目，无法仅利用平衡方程求解出全部未知量，这类问题称为超静定问题，有时也称此类问题为静不定问题。

1.3 平面体系的几何组成分析

杆系结构（简称结构）是由若干杆件用铰结点和刚结点连接而成的杆件体系，在结构中各个构件不发生失效的情况下，能承担一定范围的任意荷载的作用。如果结构不能承担一定范围的任意荷载的作用，这时在荷载作用下极有可能发生结构失效，这种失效是由于结构组成不合理造成的，与构件的失效不一样，往往发生比较突然，范围较大，在工程中必须避免，这就需要对结构的几何组成进行分析，以保证结构有足够、合理的约束，防止结构失效。本节将简要说明超静定结构相对静定结构的不同之处，以及在防止构件和结构失效方面的利弊。

1.3.1 结构组成的几何规则

1. 概述

在荷载作用下，不考虑材料的变形时，结构体系的形状和位置都不可能变化的结构体系，称为几何不变体系（图1-33）。形状和位置都可能变化的结构体系，称为几何可变体系（图1-34）。显然，几何可变体系是不能作为工程结构使用的，工程结构中只能使用几何不变体系。

铰接三角形是结构中最简单的几何不变体系，这是因为组成三角形的三条边一旦确定，那么这三条边组成的三角形是惟一确定的，因此铰接三角形是几何不变体系。如果在铰接三角形上任意减少一个部分，如将图1-35（a）铰接三角形 ABC 拆开，体系就成了几何可变体系，因此铰接三角形是几何不变体系中最简单的。以上称为铰接三角形规则，是对结构进行组成分析最基本的规则。

如果在铰接三角形上再增加一根链杆 AD（图1-35b），体系 $ABCD$ 仍然是几何不变体系，从维持几何不变的角度来看，有的约束是多余的（如 AD 或 AC 等链杆），这些约束称为多余约束。因此在几何不变体系中又分无多余约束几何不变体系和有多余约束几何不变体系。

对结构体系进行组成分析时不考虑各个构件的变形，因此每个构件或每个几何不变体系均可认为是刚体。由于我们研究的是平面问题，这些刚体通常称为刚片。刚片的形状对组成分析无关紧要，因此形状复杂的刚片均可以用形状简单的刚片或杆件来代替。

综合上述，我们可以得出对结构组成分析的基本规则。

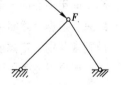

图1-33 几何不变体系（一）

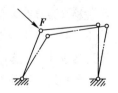

图1-34 几何可变体系（二）

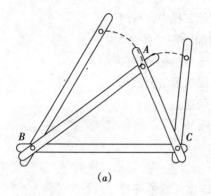

(a)

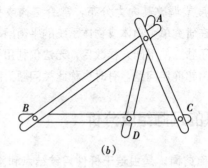

(b)

图 1-35 铰接三角形
几何不变
分析

2. 二元体规则

在铰接三角形中，将一根杆视为刚片，则铰接三角形就变成一个刚片上用两根不共线的链杆在一端铰接成一个节点，这种结构叫做二元体结构（图1-36）。于是铰接三角形规则可表达为二元体规则：一个点与一个刚片用两根不共线的链杆相连，可组成几何不变体系，且无多余约束。

3. 两刚片规则

若将铰接三角形中的杆 *AB* 和杆 *BC* 均视为刚片，杆 *AC* 视为两刚片间的约束（图1-37），于是铰接三角形规则可表达为，两刚片规则：两刚片间用一个铰和一根不通过此铰的链杆相连，可组成几何不变体系，且无多余约束。图1-38（*a*）表示两刚片用两根不平行的链杆相连，两链杆的延长线相交于 *A* 点，两刚片可绕 *A* 点作微小的相对转动。这种连接方式相当于在 *A* 点有一个铰把两刚片相连。当然，实际上在 *A* 点没有铰，所以把 *A* 点叫做"虚铰"。如在刚片Ⅰ、Ⅱ之间加一根不通过 *A* 点的链杆 3，就组成几何不变体系，且无多余约束，如图1-38（*b*）所示。

图 1-36 二元体结构

4. 三刚片规则

若将铰接三角形中的三根杆均视为刚片（图1-39），则有三刚片规则：三刚片间用不在同一直线上的三个铰两两相连，可组成几何不变体系，且无多余约束。根据上述简单规则，可逐步组成更为复杂的几何不变体系，也可用这些规则来判别给定体系的几何不变性。在上述组成规则中都提出了一些限制条件。如果不能满足这些条件，将会出现下面所述情况。

在二元体中要用不共线的两根链杆相连方可组成几何不变体系。在图1-40中，两链杆在一条直线上。从约束的布置上就可以看出是不合理的，因为两链杆都在同一水平上，因此，对限制 *A* 点的水平位移来说具有多余约束，而在竖向却没有约束，*A* 点可沿竖向移动，体系是可变的。不过当铰 *A* 发生微小移动至 *A'* 时，两根链杆将不再共线，运动将不继续发生。这种在某一瞬间可以发生微小位移的体系称为瞬变体系，有时瞬变体系在受力时会对杆件产生巨

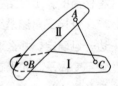

图 1-37 两刚片间的约束

图 1-38 两刚片规则示意图

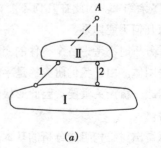

(a)

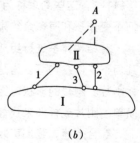

(b)

大的内力，使构件发生破坏，因此瞬变体系不能作为结构使用。

如图1-41（a）所示的两个刚片用三根链杆相连，链杆的延长线全交于 O 点，此时，两个刚片可以绕 O 点作相对转动，但在发生一微小转动后，三根链杆就不再全交于一点，从而将不再继续作相对转动，故是瞬变体系。又如图1-41（b）所示的两个刚片用三根相互平行但不等长的链杆相连，此时，两个刚片可以沿着与链杆垂直的方向发生相对移动，但在发生一微小移动后，此三根链杆就不再互相平行，故这种体系也是瞬变体系。应该注意到，若这三根链杆等长并且是从其中一个刚片沿同一方向引出时（图1-41c），则在两个刚片发生相对移动后，这三根链杆仍保持相互平行，则运动将继续发生，这样的体系就是几何可变体系。

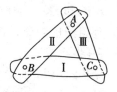

图1-39 刚片示意图

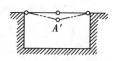

图1-40 链杆结构示意图

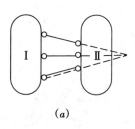 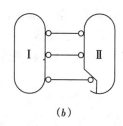 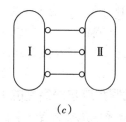

（a）　　　　　　　　（b）　　　　　　　　（c）

图1-41 两个刚片的连接

1.3.2 结构组成分析方法

几何不变体系的组成规则，是进行结构组成分析的依据。对体系重复使用这些规则，就可判定结构体系是否是几何不变体系及有无多余约束等问题。分析时，一般先从能直接观察出的几何不变部分开始，应用组成规律，逐步扩大不变部分直至整体。我们在前面学习中遇到的结构大部分是无多余约束的几何不变的结构体系，如简支结构、悬臂结构和三铰结构等。很多结构体系中有一部分结构和基础组成上述结构，这部分结构通常称为结构体系的基本部分，这是应该首先观察出来的。其他部分称为附属部分，可以通过应用组成规律对其进行判断。对于较复杂的结构体系，为了便于分析，可先拆除不影响几何不变性的部分（如二元体）；对于形状复杂的构件，可用直杆等效替代，使问题简化。

【例1-13】试对图1-42所示结构，进行组成分析。

【解】通过直接观察可以看到 AC 刚片 I、BC 刚片 II 和基础由不共线的三个铰，两两相连，组成三铰结构，形成扩大基础，是结构的基本部分，FG 杆和 DF 杆在扩大基础上组成二元体，HE 刚片 III 由铰 H 和不通过铰 H 的链杆 E 和扩大基础相连，因此整个结构是几何不变体系且无多余约束。

图1-42

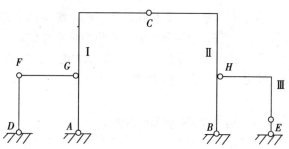

【例1-14】试对图1-43（a）所示结构，进行组成分析。

【解】用链杆 DG、FG 分别代换曲折杆

DHG 和 FKG，组成二元体，不影响对结构几何组成的判断，将其拆除，这时链杆 EF、FC 也组成二元体，也将其拆除（1-43b）。结构的 ADEB 部分是与基础用三个不共线的铰 A、E、B 相连的三铰刚架，因此整个结构是几何不变体系且无多余约束。

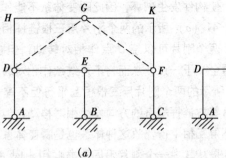
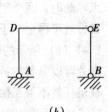

(a)　　　　　　(b)

图1-43

前面提到工程结构必须是几何不变体系，虽然在有些结构中某些构件并不受力，例如桁架中的零杆，但是并不是这些构件均不需要，如果缺少了这些构件，工程结构有可能成为几何可变体系，在预想不到的荷载作用下发生工程结构整体失效，造成严重的后果。例如近年来高层建筑越来越多，脚手架也越来越高，脚手架坍塌的事故时有发生，给人民生命财产造成非常严重的损失。究其原因，都和几何组成有一定的关系，如结构中缺少斜撑，或某些压杆过于细长，造成杆件失稳，退出工作使结构成为几何可变体系，从而发生整体失效。

1.3.3　体系的几何组成与静定性的关系

所谓体系即物体系统是指由若干个物体通过约束按一定方式连接而成的系统。当系统平衡时，组成系统的每个物体也必将处于平衡状态。一般而言，系统由 n 个物体组成，如每个物体都是受平面一般力系作用，可列出 1 个平衡方程，则共可列出 3n 个独立的平衡方程。系统中如所研究的平衡问题未知量大于独立的平衡方程数目，仅用平衡方程就不可能全部解出，这类问题称为超静定问题，这类结构称为超静定结构。如未知量均可用平衡方程解出的系统平衡问题，称为静定问题，这类结构称为静定结构。

我们也可以通过结构几何组成分析对静定结构和超静定结构重新加以认识，无多余约束的几何不变体系组成的结构是静定结构，这是因为体系的约束刚好限制了体系所有可能运动方式，体系的平衡方程数目和约束数目刚好相等，因此未知量均可用平衡方程解出。有多余约束的几何不变体系则不能用平衡方程全部解出结构的未知量，是超静定结构。多余约束的个数就是超静定结构的超静定次数，求解时必需通过其他条件补充相应的方程进行求解。

1.4　静定结构的内力

前面研究的结构在荷载作用下的平衡问题，都是假设结构不变形的。然而，实际上任何结构都是由可变形固体组成的。它们在荷载作用下将产生变形，因而内部将由于变形而产生附加的内力。本章就是要在了解结构基本变形的基础上，集中研究静定结构的内力。

1.4.1　变形固体的基本假设

生活中任何固体在外力作用下，都要或多或少地产生变形，即它的形状和尺寸总会有些改变。所以固体具有可变形的物理性能，通常将其称为变形固体。变形固体在外力作用下发生的变形可分为弹性变形和塑性变形。弹性变形是指变形固体在去掉外力后能完全恢复它原来的形状和尺寸的变形。塑性变形是指变形固体在去掉外力后变形不能全部消失而残留的部分，也称残留变形。本节仅研究弹性变形，即把结构看成完全弹性体。

工程中大多数结构在荷载作用下产生的变形与结构本身尺寸相比是很微小的，故称之为小变形。本书研究的内容将限制在小变形范围，即在研究结构的平衡等问题时，可用结构的变形之前的原始尺寸进行计算，变形的高次方项可以忽略不计。

为了研究结构在外力作用下的内力、应力、变形、应变等，在作理论分析时，对材料的性质作如下的基本假设：

1. 连续性假设

认为在材料体积内充满了物质，毫无间隙。在此假设下，物体内的一些物理量能用坐标的连续函数表示它的变化规律。实际上，可变形固体内部存在着间隙，只不过其尺寸与结构尺寸相比极为微小，可以忽略不计。

2. 均匀性假设

认为材料内部各部分的力学性能是完全相同的。所以，在研究结构时，可取构件内部任意的微小部分作为研究对象。

3. 各向同性假设

认为材料沿不同方向具有相同的力学性能，这使研究的对象局限在各向同性的材料之上，如钢材、铸铁、玻璃、混凝土等。若材料沿不同方向具有不同的力学性质，则称为各向异性材料，如木材、复合材料等。本节着重研究各向同性材料。

由于采用了上述假设，大大地方便了理论研究和计算方法的推导。尽管由此得出的计算方法只具备近似的准确性，但它的精度完全可以满足工程需要。

总之，本书研究的变形固体被视作连续、均匀、各向同性的，而且变形被限制在弹性范围的小变形问题。

1.4.2 内力

为了研究结构或构件的强度与刚度问题，必须了解构件在外力作用后引起的截面上的内力。所谓内力，是指由于构件受外力作用以后，在其内部所引起的各部分之间的相互作用力。我们可以用弹簧为例说明。当对一根弹簧两端施加一对轴向拉力，弹簧随之发生伸长变形，同时弹簧也必然产生一种阻止其伸长变形的抵抗力，这正是弹簧抵抗力。

在力学中构件对变形的抵抗力称为内力。构件的内力是由于外力的作用引起的。

土木工程力学在研究构件及结构各部分的强度、刚度和稳定性问题时，首先要了解杆件的几何特性及其变形形式。

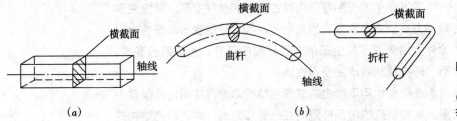

图1-44 杆件形式示意图
(a) 直杆;(b) 曲杆、折杆

1. 杆件的几何特性

在工程中,通常把纵向尺寸远大于横向尺寸的构件称为杆件。杆件有两个常用到的元素:横截面和轴线。横截面指沿垂直杆长度方向的截面。轴线是指各横截面的形心的连线。两者具有相互垂直的关系。

杆件按截面和轴线的形状不同又可分为等截面杆、变截面杆及直杆、曲杆与折杆等,如图1-44所示。

2. 杆件的基本变形

杆件在外力作用下,实际杆件的变形有时是非常复杂的,但是复杂的变形总可以分解成几种基本的变形形式。杆件的基本变形形式有四种:

(1) 轴向拉伸或轴向压缩 在一对大小相等、方向相反、作用线与杆轴线重合的外力作用下,使杆件在长度方向发生长度的改变(伸长或缩短),如图1-45 (a)、(b) 所示。

(2) 扭转在一对转向相反、位于垂直杆轴线的两平面内的力偶作用下,杆任意两横截面发生相对转动,如图1-45 (c) 所示。

(3) 剪切 在一对大小相等、方向相反、作用线相距很近的横向力作用下,杆件的横截面将沿力作用线方向发生错动,如图1-45 (d) 所示。

(4) 弯曲 在一对大小相等、转向相反,位于杆的纵向平面内的力偶作用下,使直杆任意两横截面发生相对倾斜,且杆件轴线变为曲线,如图1-45 (e) 所示。

除了四种基本变形以外,杆件还存在着上述几种基本变形组合的情形,这里不再叙述。

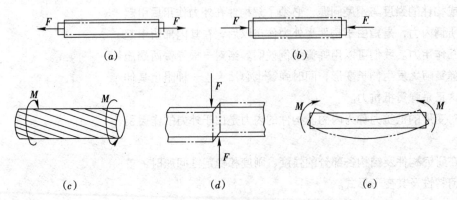

图1-45 杆件的基本变形

1.4.3 轴向拉（压）杆的内力

1. 轴力

截面法是求杆件内力的基本方法。下面通过求解图 1-46（a）所示拉杆 $m-m$ 横截面上的内力来具体介绍截面法求内力。

第一步：沿需要求内力的横截面，假想地把杆件截成两部分。

第二步：取截开后的任意一段作为研究对象，并把截去段对保留段的作用以截面上的内力来代替，如图 1-46（b）、（c）所示。由于外力的作用线与杆的轴线重合，内力与外力平衡，所以横截面上分布内力的合力的作用线也一定与杆的轴线重合，即通过 $m-m$ 截面的形心且与横截面垂直。这种内力的合力称为轴力。

第三步：列出研究对象的平衡方程，求出未知内力，即轴力。由平衡方程

$$\sum F_x = 0 \qquad F_N - F = 0 \tag{1-21}$$

得

$$F_N = F$$

轴力正负号的规定：拉力为正，压力为负。

2. 轴力图

应用截面法可求得杆上所有横截面上的轴力。如果以与杆件轴线平行的横坐标 z 表示杆的横截面位置，以纵坐标表示相应的轴力值，且轴力的正负值画在横坐标轴的不同侧，那么如此绘制出的轴力与横截面位置关系图，称为轴力图。

【**例 1-15**】竖杆 AB 如图 1-47 所示，其横截面为正方形，边长为 a，杆长为 l，材料的堆密度为 ρ，试绘出竖杆的轴力图。

【**解**】杆的自重根据连续性沿轴线方向均匀分布，如图 1-47（a）所示。利用截面法取图 1-47（b）所示段为研究对象，则根据静力平衡方程

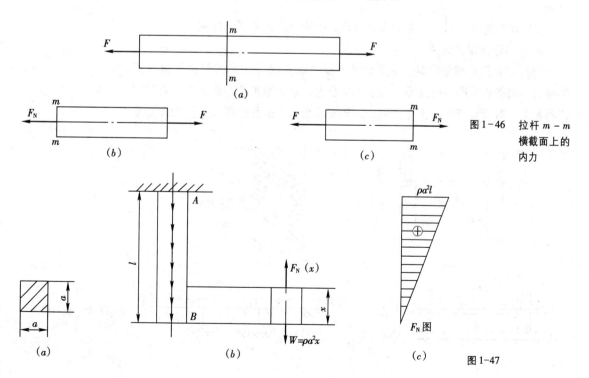

（a）　　　　　　　　　　（b）　　　　　　　　　　（c）　　图 1-47

图 1-46　拉杆 $m-m$ 横截面上的内力

$$\sum F_x = 0 \qquad F_{N(x)} - W = 0$$

得
$$F_{N(x)} = \rho a^2 x$$

由此绘制出竖杆的轴力图，如图 1-47（c）所示。

1.4.4 单跨静定梁的内力

1. 弯曲

在工程中经常会遇到这样一类杆件，它们所承受的荷载是作用线垂直于杆轴线的横向力，或者是作用面在纵向平面内的外力偶矩。在这些荷载的作用下，杆件相邻横截面之间发生相对倾斜，杆的轴线弯成曲线，这类变形定义为弯曲。凡以弯曲变形为主的杆件，通常称为梁。

梁是一类很常见的杆件，在建筑工程中占有重要的地位。例如图 1-48 所示的吊车梁、雨篷、轮轴、桥梁等。

2. 平面弯曲的概念

工程中的梁的横截面一般都有竖向对称轴，且梁上荷载一般都可以近似地看成作用在包含此对称轴的纵向平面（即纵向对称面）内。则梁变形后的轴线必定在该纵向对称面内。梁变形后的轴线所在平面与荷载的作用面完全重合的弯曲变形称为平面弯曲，平面弯曲是工程中最常见的情况，也是最基本的弯曲问题，掌握了它的计算对工程应用以及研究复杂的弯曲问题都有十分重要的意义。

平面弯曲根据荷载作用的不同又分为横力平面弯曲（图 1-49a）和平面纯弯曲（图 1-49b）。

本章研究的是平面弯曲梁的内力计算，绘图时采用轴线代替梁。

3. 单跨静定梁的分类

（1）静定梁与超静定梁 如果梁的支反力的数目等于梁的静力平衡方程的数目，由静力平衡方程就完全能解出支反力，该类梁被称为静定梁。有时因工程需要，对梁设置多个支座约束，以致支座约束力的数目超过了梁的静力平

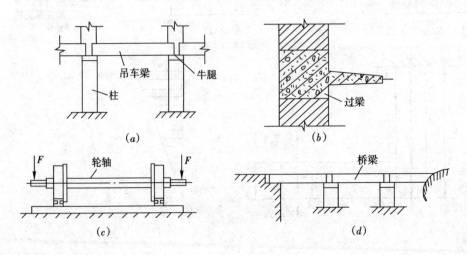

图 1-48 受弯构件
（a）厂房吊车梁；（b）门窗过梁；（c）车轮轴；（d）桥梁

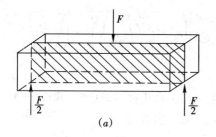
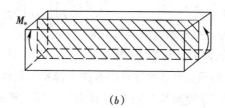

图1-49 平面弯曲
(a) 横力平面弯曲；
(b) 平面纯弯曲

衡方程的数目，仅用静力平衡方程不能完全确定支座的约束力，这类梁被称为超静定梁。

（2）单跨静定梁的类型　梁在两支座间的部分称为跨，其长度称为梁的跨长。常见的静定梁大多是单跨的。工程上将单跨静定梁划为三种基本形式，分别为悬臂梁、简支梁和外伸梁。

4. 梁的内力—剪力和弯矩

为了计算梁的应力、位移和校核强度、刚度，首先应该确定梁在荷载作用下任一截面上的内力。当作用在梁上全部荷载和支座约束力均为已知时，仍用截面法即可求出任意截面的内力。

现以图1-50（a）所示受集中力 F 作用为例，来分析梁横截面上的内力。设任一横截面 $m-m$ 距左端支座 A 的距离为 z，即坐标原点取在梁的左端截面的形心位置。在由静力平衡方程算出支反力 F_A、F_B 以后，按截面法在 $m-m$ 处假想地把梁截开成两段，取其中任一段（现取截面左段）作为研究对象，将右段梁对左段梁的作用以截面上的内力来代替。由1-50（b）可知，为了使左段梁沿 y 方向的平衡，则在 $m-m$ 横截面上必然存在一沿 y 方向的内力 F_Q。根据平衡方程

$$\sum F_y = 0 \qquad F_A - F_Q = 0$$

得
$$F_Q = F_A \qquad\qquad (1-22)$$

F_Q 称为剪力。由于约束力 F_A 与剪力 F_Q 组成了一力偶，进而，由左段梁的平衡可知，此横截面上必然还有一个与其相平衡的内力偶矩。设此内力偶矩为 M，则根据平衡方程

$$\sum M_O = 0 \qquad M - F_A \cdot x = 0$$

得
$$M = F_A \cdot x \qquad\qquad (1-23)$$

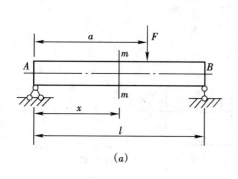
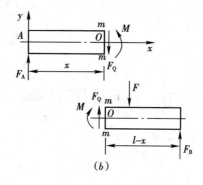

(a)　　　　　　　(b)

图1-50　梁的模型

这里的矩心 O 为横截面 $m-m$ 的形心。此内力偶矩称为弯矩。

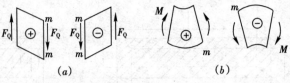

图 1-51　梁内力—剪力和弯矩

若取右段梁作为研究对象，同样可以求得横截面 $m-m$ 上的内力—剪力 F_Q 和弯矩 M，如图 1-50（b）所示。但必须注意的是由于作用与反作用的关系，右段横截面 $m-m$ 上的剪力 F_Q 指向和弯矩 M 的转向则与左段横截面 $m-m$ 上的剪力 F_Q 和弯矩 M 相反。

为了使无论左段梁还是右段梁得到的同一横截面上的剪力和弯矩，不仅大小相等，而且有相同的正负号，根据变形情况来规定剪力和弯矩的正负号。

剪力正负号的规定：凡使所取梁段具有作顺时针转动的剪力为正，反之为负，如图 1-51（a）所示。

弯矩正负号的规定：凡使梁段产生上凹下凸弯曲的弯矩为正，反之为负，如图 1-51（b）所示。

由上述规定可知，图 1-51（a）、（b）两种情况，横截面 $m-m$ 上的剪力和弯矩均为正值。下面举例说明如何按截面法来计算指定横截面上的内力—剪力和弯矩。

【例 1-16】 已知悬臂梁长度和作用荷载如图 1-52（a）所示。试求 I—I、II—II 截面的剪力和弯矩。

【解】 先求 I—I 截面的内力。假想地沿 I—I 处截开，并取左段为研究对象，如图 1-52（b）所示。由平衡方程

$$\sum F_y = 0 \qquad -10\text{kN} - F_{Q1} = 0$$

得

$$F_{Q1} = -10\text{kN}$$

$$\sum M_{O1} = 0 \qquad \sum M_{O1} + 10\text{kN} \times 1\text{m} - 5\text{kN} \cdot \text{m} = 0$$

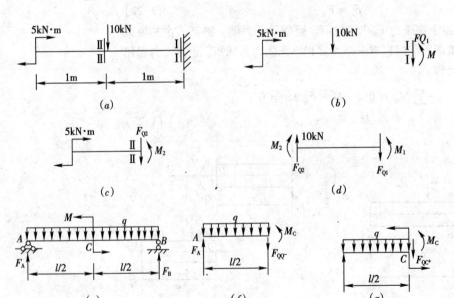

图 1-52

得 $$\sum M_{O1} = -5\text{kN} \cdot \text{m}$$

剪力和弯矩均为负值，说明实际与假定的剪力和弯矩的指向相反。

再计算Ⅱ—Ⅱ截面内力，假想地沿Ⅱ—Ⅱ截面处截开，并取左段为研究对象，如图1-52（c）所示。由静力平衡方程 $\sum F_y = 0$

得 $$F_{Q2} = 0$$

$$\sum M_{O2} = 0 \qquad \sum M_{O2} - 5\text{kN} \cdot \text{m} = 0$$

得 $$M_{O2} = 5\text{kN} \cdot \text{m}$$

M_{O2} 结果为正，说明实际与假设方向相同。在计算Ⅱ—Ⅱ截面内力时，也可以取右段为研究对象，如图1-52（d）所示，结果相同。

【例1-17】已知简支梁受均布荷载 q 和集中力偶 $M = \dfrac{ql^2}{4}$ 的作用，如图1-52（e）、（f）、（g）所示。试求 C 点稍右 C^+、C 点稍左 C^- 截面的剪力和弯矩。

【解】首先求出支反力 F_A，F_B。取整体梁为研究对象，由静力平衡方程

$$\sum M_A = 0 \qquad F_B l - ql \cdot \frac{l}{2} + M = 0$$

得 $$F_B = \frac{1}{4}ql$$

$$\sum F_y = 0 \qquad F_A + F_B - ql = 0$$

$$F_A = \frac{3}{4}ql$$

计算 C 点稍左 C 截面的剪力和弯矩，如图1-52(f) 所示。由静力平衡方程

$$\sum F_y = 0 \qquad -F_{QC^-} + F_A - q\frac{l}{2} = 0$$

$$F_{QC^-} = \frac{1}{4}ql$$

$$\sum M_c = 0 \qquad M_{C^-} - F_A\frac{l}{2} + q\frac{l}{2} \cdot \frac{l}{4} = 0$$

$$M_{C^-} = \frac{ql^2}{4}$$

再计算 C 点稍右 C^+ 截面的剪力和弯矩。如图1-52（g）所示。由静力平衡方程

$$\sum F_y = 0 \qquad -F_{QC^+} + F_A - q\frac{l}{2} = 0$$

$$F_{QC^+} = \frac{1}{4}ql$$

得 $$\sum M_c = 0 \qquad M_{C^+} \cdot M + q\frac{l}{2}\frac{l}{4} - F_A\frac{l}{2} = 0$$

得 $$M_{C^+} = 0$$

由本例可以看出，集中力偶作用处的截面两侧的剪力值相同，但弯矩值不同，其变化值正好是集中外力偶矩的数值。

从上面的两例题的计算，可以总结出如下规律：

（1）任一截面上的剪力数值上等于截面左边（或右边）段梁上外力的代数和。截面左边梁上向上的外力或右边梁上向下的外力引起正值的剪力，反之，则引起负值的剪力。

（2）梁任一截面上的弯矩，在数值上等于该截面左边（或右边）段梁所有外力对该截面形心的力矩的代数和。截面左边梁上向上的外力及顺时针外力矩或右边梁上向上的外力及逆时针外力矩引起正值的弯矩，反之，则引起负值的弯矩。

使用以上规律，可以直接根据截面左边或右边梁上的外力来求该截面上的剪力和弯矩，而不必列平衡方程。

5. 剪力图和弯矩图

（1）剪力方程和弯矩方程

由上述例题可以看出，一般情况下，梁上不同的横截面其剪力和弯矩也是不同的，它们将随截面位置变化而变化。设横截面沿梁轴线的位置用坐标 x 表示，则梁各个横截面上的剪力和弯矩可表示成为 x 的函数

$$F_Q = F_Q(x), \quad M = M(x) \tag{1-24}$$

以上两个函数表达式，分别称为剪力方程和弯矩方程。

（2）剪力图和弯矩图

为了更形象地表示剪力和弯矩随横截面的位置变化规律，从而找出最大剪力和最大弯矩所在的位置，可仿效轴力图或扭矩图的画法，绘制出剪力图和弯矩图。剪力图和弯矩图的基本做法是首先由静力平衡方程求得支反力，列出剪力方程和弯矩方程，然后取横坐标 x 表示横截面的位置，纵坐标表示各横截面的剪力或弯矩，并由方程作图。

下面举例说明剪力图和弯矩图的具体画法。

【例 1-18】简支梁 AB 受均布荷载 q 作用，如图 1-53（a）所示。试作该梁的剪力图和弯矩图。

【解】首先求出支反力 F_A、F_B。取整个梁为研究对象，由静力平衡方程

$$\sum F_y = 0 \qquad F_A + F_B - ql = 0$$

$$\sum M_A = 0 \qquad F_B l - ql\frac{l}{2} = 0$$

得

$$F_A = F_B = q\frac{l}{2}$$

列剪力方程和弯矩方程。取梁左端为坐标原点，建立 x 坐标轴。由坐标为 x 的横截面左段梁列静力平衡方程，得到剪力方程和弯矩方程

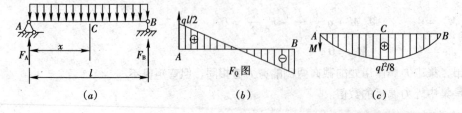

图 1-53
（a）简支梁；（b）剪力图；（c）弯矩图

$$F_Q(x) = F_A - qx = q\frac{l}{2} - qx \qquad (0 < x < l)$$

$$M(x) = F_A \cdot x - q\frac{x^2}{2} = \frac{1}{2}qlx - \frac{1}{2}qx^2 \qquad (0 \le x \le l)$$

绘制剪力图和弯矩图。由上述剪力方程可知，剪力图为一条斜直线，只要找出两个截面的剪力值就可以画出。现取

$$x = 0 \qquad F_{QA} = \frac{1}{2}ql$$

$$x = l \qquad F_{QB} = -\frac{1}{2}ql$$

由弯矩方程可，弯矩图为一条抛物线，故最少需要找出三截面的弯矩值才能大致确定此抛物线。现取

$$x = 0 \qquad M_A = 0$$

$$x = \frac{1}{2}l \qquad M_C = \frac{1}{8}ql^2$$

$$x = 1 \qquad M_B = 0$$

由以上求出的各值，可以方便地绘出剪力图和弯矩图，如图 1-53（b）、（c）所示。从图中可以看出，最大剪力在靠近两支座的横截面上，其值为 $|F_Q| = \frac{1}{2}ql$，最小剪力发生在跨中处，其值为零；最大弯矩正好发生在剪力为零的跨中处，其值为 $|M|_{max} = \frac{1}{8}ql^2$。请读者注意：绘制剪力图和弯矩图，$F_Q$ 轴向上为正，M 轴向下为正，为了方便起见，以后绘 F_Q 图时，不再标出 F_Q、M 坐标轴。

【例1-19】 简支梁 AB 受集中力偶 M_c 作用，如图 1-54（a）所示。试作该梁的剪力图和弯矩图。

【解】 首先求支反力。取 AB 梁整体为研究对象，由静力平衡方程得

$$F_A = F_B = \frac{M_c}{l}$$

列剪力方程和弯矩方程。AC 和 CB 两段梁的剪力和弯矩方程分别为
AC 段

$$F_Q(x) = -F_A = -\frac{M_C}{l}(0 < x \le a)$$

$$M(x) = -F_A x = -\frac{M_C}{l}x(0 \le x < a)$$

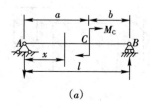

（a）

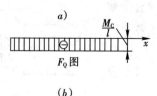

（b）

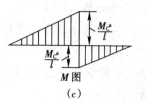

（c）

图1-54
（a）简支梁；（b）剪力图；（c）弯矩图

CB 段

$$F_Q(x) = -F_B = -\frac{M_C}{l}(a \leqslant x < l)$$

$$M(x) = F_B(l-x) = \frac{M_C}{l}(l-x)(a < x \leqslant l)$$

绘制剪力图和弯矩图。由 *AC* 和 *BC* 段的剪力方程可知，剪力图为一条平行于 *x* 轴的水平线，如图 1-54（*b*）所示。由 *AC* 和 *CB* 段的弯矩方程可知，弯矩图为两条斜率相同的平行直线，如图 1-54（*c*）所示。从图 1-54（*b*）、（*c*）可以看出，在集中力偶作用处弯矩图有突变，其突变值等于该截面上的集中力偶矩的值，而在集中力偶作用处剪力图上无变化，这是一条普遍规律。

1.5 构件失效分析基础

1.5.1 应力 应变 胡克定律

1. 应力

根据变形体的基本假设，组成构件的材料是连续的，所以内力应该是连续的分布在构件整个截面上，而由截面法求得的仅仅是构件某截面分布内力的合力。在工程实践中，仅仅知道内力的合力是无法正确判断构件的承载能力的。例如，两根材料相同、截面面积不同的等截面直杆，受同样大小的轴向拉力作用，两根杆件横截面的内力是相等的但截面面积小的杆件被拉断，而截面面积大的杆件却未拉断。其原因是因为截面面积小的杆件横截面上内力分布的密集程度（简称内力集度）大。由此可见，杆件的承载能力是与内力集度相关的。

定义构件某截面上的内力在该截面上某一点处的集度为应力。如图 1-55 所示，在某截面上点口处取一微小面积 ΔA，作用在微小面积 ΔA 上的内力为 ΔF，那么比值

$$p_m = \frac{\Delta F}{\Delta A} \tag{1-25}$$

称为 a 点在 ΔA 上的平均应力。当内力分布不均匀时，平均应力的值随 ΔA 的大小而变化，它不能确切的反映 a 点处的内力集度。只有当 ΔA 无限趋近于零时，平均应力的极限值才能准确的代表 a 点处的内力集度，可表示为

$$p = \lim_{\Delta A \to 0} \frac{\Delta F}{\Delta A} = \frac{dF}{dA} \tag{1-26}$$

p 值称为 a 点处的应力。

一般地，a 点处的应力与截面既不垂直也不相切。通常将它分解为垂直于截面和相切于截面的两个分量（图 1-55）。垂直于截面的应力分量称为正应力，用 σ 表示；相切于截面的应力分量称为剪应力，用 τ 表示。

应力是矢量。应力的量纲是［力/长度²］，其单位是 N/m²，或写为 Pa，读作帕。

图 1-55 应力示意图

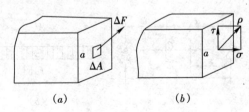

（*a*）　　　　　（*b*）

$$1\text{Pa} = 1\text{N}/\text{m}^2$$

工程实际中应力的数值较大，常用兆帕（MPa）或吉帕（GPa）作单位。

$$1\text{MPa} = 10^6\text{Pa} \quad 1\text{GPa} = 10^3\text{MPa} = 10^9\text{Pa}$$

2. 应变

在构件上某点处取一微小的正六面体，如图 1-56（a）所示。当构件受外力作用时，微小的正六面体将产生变形，其变形分两种情况，第一种情况是正六面体产生简单的伸长与缩短变形，如图 1-56（b）所示，与 x 轴平行的边 ab，原长为 Δx，变形后的长度为 $\Delta x + \Delta u$，将比值

$$\varepsilon_\text{m} = \frac{\Delta u}{\Delta x} \tag{1-27}$$

称为正六面体 ab 边的平均线应变，而将

$$\varepsilon = \lim_{\Delta x \to 0} \frac{\Delta u}{\Delta x} = \frac{\text{d}u}{\text{d}x} \tag{1-28}$$

称为微小正六面体所在处的点沿 x 方向的线应变，或称正应变。

第二种情况是正六面体的两个面之间原有的直角夹角产生改变，如图 1-56（c）所示，这一改变量 γ 称为两个方向的面之间的角应变，或称切应变。

正应变 ε 和切应变 γ 都是无量纲的量。ε 无单位，而 γ 的单位是弧度（rad）。

3. 胡克定律

实验证明，当构件的应力未超过某一限度时，构件的应力与其应变之间存在着如下的比例关系

$$\sigma = E\varepsilon$$
$$\tau = G\gamma \tag{1-29}$$

式（1-29）分别称之为拉压胡克定律和切变胡克定律。它表明：当应力不超过某一限度时，应力与应变成正比。

比例系数 E 称为材料的弹性模量，而比例系数 G 称为材料的剪变模量。从以上两式可知，材料的弹性（切变）模量愈大，则变形愈小，这说明材料的弹性（切变）模量表征了材料抵抗弹性变形的能力。弹性模量单位与应力单位相同。各种材料的 E、G 值由实验测定。

胡克定律的适用条件为：构件的应力不允许超过某一限度。此限度值称为材料的比例极限。

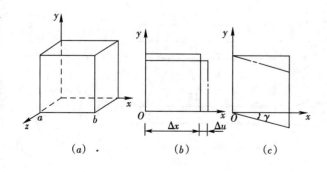

(a)　　(b)　　(c)

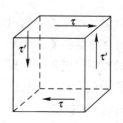

图 1-56　应变示意图（左）

图 1-57　剪应力互等（右）

4. 剪应力互等定理

如图 1-57 所示为某构件上绕某点所取一微小的正六面体，可以证明

$$\tau = \tau' \qquad\qquad (1-30)$$

此式表明，两个相互垂直平面上垂直两平面交线的剪应力 τ 和 τ'，数值相等，而且同时指向或同时背离该两平面的交线，这一结果称为剪应力互等定理。

1.5.2 材料拉伸时的力学性能

工程中使用的材料种类很多，通常根据试件在拉断时塑性变形的大小而分为塑性材料和脆性材料两类。塑性材料拉断时具有较大的塑性变形，如低碳钢、合金钢、铜等；脆性材料拉断时塑性变形很小，如铸铁、混凝土、石料等。这两类材料的力学性能具有显著的差异。低碳钢是典型的塑性材料；而铸铁是典型的脆性材料，它们的拉伸与压缩试验及其所反映出的力学性能对这两类材料具有代表性。

1. 低碳钢在拉伸时的力学性能

常温、静载下的低碳钢单向拉伸试验，可在万能材料试验机上进行。试验时采用国家规定的标准试件，如图 1-58 所示。标准试件中间部分是工作段，其长度 l 称为标距。常用截面有圆形和矩形，规定圆形截面标准试件的标距 l 与直径 d 的比值为 $l = 10d$ 或 $l = 5d$。而矩形截面标准试件的标距 l 与截面面积 A 的比值为 $l = 11.3\sqrt{A}$ 或 $l = 5.65\sqrt{A}$。

（1）拉伸图与应力—应变图

将低碳钢的标准试件夹在万能材料试验机上，开动试验机后，试件受到由零开始缓慢增加的拉力 F 作用而逐渐伸长，直至拉断为止。以拉力 F 为纵坐标，以纵向伸长量 Δl 为横坐标，将 F 和 Δl 创的关系按一定的比例绘制的曲线，称为拉伸图（或 F—Δl 图），如图 1-59（a）所示。一般材料试验机上都有自动绘图装置，试件拉伸过程中能自动绘出拉伸图。

为了消除试件尺寸的影响，反映材料本身的性质，将纵坐标 F 除以试件横截面的原始面积 A，得到应力 σ；将横坐标 Δl 除以原标距 l，得到线应变 ε，这样绘制的曲线称为应力—应变图（$\sigma - \varepsilon$ 图），如图 1-59（b）所示。

（2）拉伸过程的四个阶段

低碳钢的应力—应变图反映出的试验过程可分为四个阶段，各阶段有其不同的力学性能指标。

①弹性阶段 在试件的应力不超过 b 点所对应的应力时，材料的变形全部是弹性的，即卸除荷载时，试件的变形将全部消失。弹性阶段最高点 b 相对应的应力值 σ_e 称为材料的弹性极限。

图 1-58 低碳钢标准试件

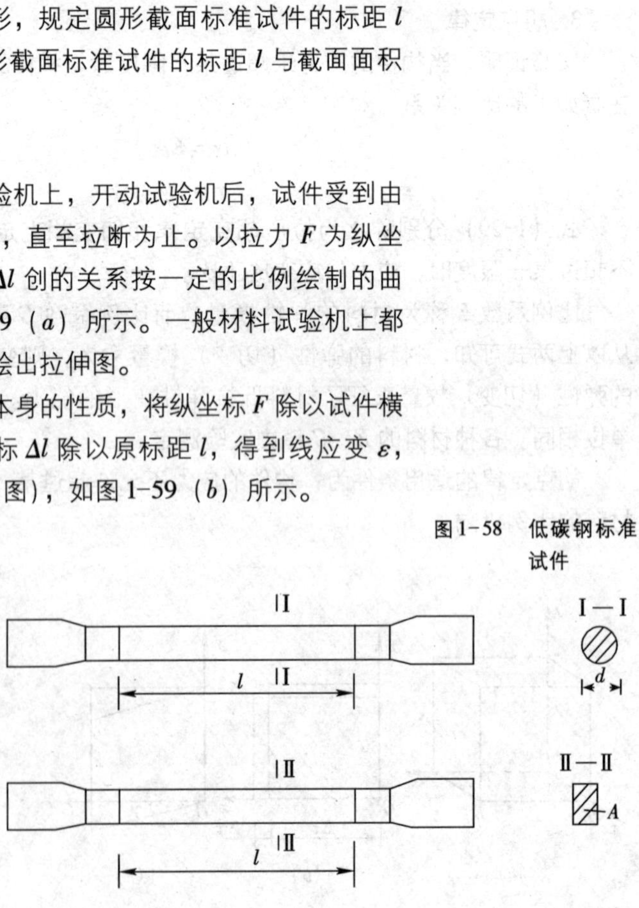

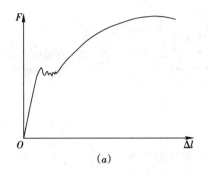

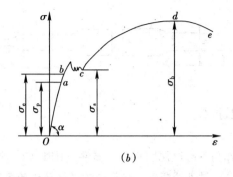

(a) (b)

图 1-59　低碳钢拉伸的拉伸图和应力－应变图

在弹性阶段内，初始一段是直线 oa，它表明应力与应变成正比，材料服从胡克定律。过 a 点后，应力－应变图开始微弯，表示应力与应变不再成正比。应力与应变成正比关系最高点 a 所对应的应力值 σ_p 称为材料的比例极限。建筑中最常用的 HPB235 钢，比例极限约为 200MPa。

图中直线 oa 与横坐标 ε 轴的夹角为 α，材料的弹性模量 E 可由夹角的正切表示，即

$$E = \frac{\sigma}{\varepsilon} = \tan\sigma \qquad (1\text{-}31)$$

弹性极限 σ_e 和比例极限 σ_p 两者意义虽然不同，但数值非常接近，工程上对它们不加严格区分，通常近似地认为在弹性范围内材料服从胡克定律。

②屈服阶段　当应力超过 b 点所对应的应力后，应变增加很快，应力仅在很小范围内波动，在 $\sigma-\varepsilon$ 图上呈现出接近于水平的"锯齿"形段 bc。此阶段应力基本不变，应变显著增加，好像材料对外力屈服了一样，故此阶段称为屈服阶段（也称流动阶段）。屈服阶段中的最低应力称为屈服点，用 σ_s 表示。HPB235 钢的屈服点约为 240MPa。

材料到达屈服阶段时，如果试件表面光滑。则在试件表面上可以看到大约与试件轴线呈 45°的斜线（图 1-60），这种斜线称为滑移线。这是由于在 45°面上存在最大剪应力，造成材料内部晶粒之间相互滑移所致。

③强化阶段　过了屈服阶段以后，材料重新产生了抵抗变形的能力。体现在 $\sigma-\varepsilon$ 图中曲线开始向上凸（图 1-59b 中的 cd 段），它表明若要试件继续变形，必须增加应力。这一阶段称为强化阶段。曲线最高点 d 所对应的应力称为强度极限或抗拉强度，以 σ_b 表示。Q235 钢的强度极限约为 400MPa。

④颈缩阶段　当应力到达强度极限之后，在试件薄弱处将发生急剧的局部收缩，出现"颈缩"现象（图 1-61）。由于颈缩处截面面积迅速减小，试件继续变形所需的拉力 F 也相应减少，用原始截面面积 A 算出的应力值也随之下降。曲线出现了 de 段形状，至 e 点试件被拉断。

图 1-60　屈服时的斜线

上述低碳钢拉伸的四个阶段中，有三个有关强度性质的指标，即比例极限 σ_p、屈服点 σ_s 和强度极限 σ_b。σ_p 表示了材料的弹性范围；σ_s 是衡量材料强度的一个重要指标，当应力达到 σ_s 时。杆件产生显著的塑性变形，使得杆件无法正常使用；σ_b 是衡量材料强度的另一个重要指标，当应力达到 σ_b 后，杆

图 1-61　"颈缩"现象

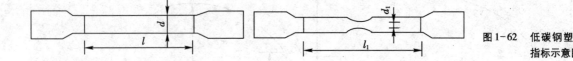

图 1-62　低碳钢塑性
指标示意图

件出现颈缩并很快被拉断。

2. 塑性指标

试件在外力的作用下超过屈服点后，试件（图 1-62）的变形包含弹性变形和塑性变形两部分。试件拉断后，变形中的弹性部分随着荷载的消失而消失了，塑性变形则残留了下来。试件断裂后所遗留下的塑性变形大小，常用来衡量材料的塑性性能。塑性指标有两个：

（1）伸长率　试件拉断后的标距长度 l_1 减去原来的标距长度 l 除以标距长度 l 的百分比，称为材料的伸长率 δ，即 $\delta = \dfrac{l_1 - l}{l} \times 100\%$，HPB235 钢的伸长率 σ 约为 20% ~ 30%。

工程中常按延伸率的大小将材料分为两类。$\delta \geqslant 5\%$ 的材料，如低碳钢、铝、铜等，称为塑性材料；$\delta < 5\%$ 的材料，如铸铁、石料、混凝土等，称为脆性材料。

（2）截面收缩率试件拉断后断裂处的最小横截面面积用 A_1 表示，则比值 $\psi = \dfrac{A - A_1}{A} \times 100\%$ 称为截面收缩率。HPB235 钢的截面收缩率 ψ 约为 60% ~ 70%。

3. 冷作硬化

在试验过程中，如加载到强化阶段某点 f 时（图 1-63），将荷载逐渐减小到零，可以看到，卸载直线 fO_1 基本上与弹性阶段直线 Oa 平行。f 点对应的总应变为 Og，回到 O_1 时所消失的部分 O_1g 为弹性应变，不能消失的部分 OO_1 为塑性应变。

如果卸载后立刻再加荷载，则 $\sigma - \varepsilon$ 曲线将基本上沿着卸载时的同一直线

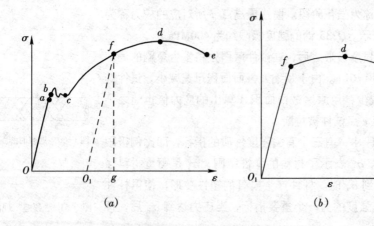

（a）　　　　　　　　　（b）

图 1-63　钢材的冷作
硬化

O_f 上升到 f 点，f 点以后的 $\sigma - \varepsilon$ 曲线与原来的 $\sigma - \varepsilon$ 曲线相同（图 1-63b）。比较图 1-63（a）与图 1-63（b），可见卸载后再加载，材料的比例极限与屈服点都得到了提高，而塑性将下降。这种将材料预拉到强化阶段，然后卸载，当再加载时，比例极限和屈服点得到提高而塑性降低的现象，称为冷作硬化。工程中常利用冷作硬化来提高钢筋的屈服点，达到节约钢材的目的。

1.5.3 材料压缩时的力学性能

金属材料压缩试验所用的试样为圆柱形的短柱体，高为直径的 1.5~3 倍；非金属材料（如混凝土、石料等）试样为立方块。试样高度不能太大，这样才能避免试件在试验过程中被压弯。

1. 低碳钢的压缩试验

图 1-64 中的虚线为低碳钢压缩试验的 $\sigma - \varepsilon$ 曲线，实线为低碳钢拉伸时的 $\sigma - \varepsilon$ 曲线。比较两曲线可以看出，在屈服阶段以前，两曲线重合，低碳钢压缩时的比例极限、屈服点、弹性模量均与拉伸时相同，过了屈服点之后，试件越压越扁，压力增加，其受压面积也增加，试件只压扁而不破坏，因此，不能测出低碳钢压缩时的强度极限。

可见，低碳钢的力学性能，通过拉伸试验即可测定。一般不需要作压缩试验。

2. 铸铁的压缩试验

图 1-65 是铸铁压缩时的 $\sigma - \varepsilon$ 曲线，整个图形与拉伸时相似，但压缩时的伸长率比拉伸时大，压缩时的强度极限也比拉伸时大，约为拉伸时的 4~5 倍。其他脆性材料也具有类似的性质。所以，脆性材料用于受压构件较为适合。

铸铁受压缩破坏时，破坏面与轴线大致呈 45°~55° 角，这是因为在 45°~55° 角面上存在最大切应力。这也说明铸铁抗剪强度低于抗拉压强度。

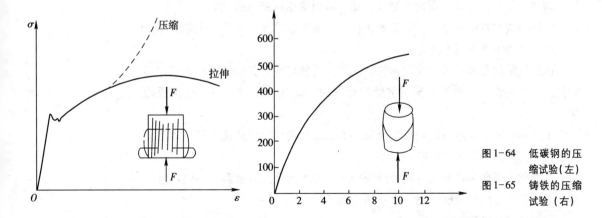

图 1-64 低碳钢的压缩试验（左）

图 1-65 铸铁的压缩试验（右）

1.5.4 构件失效分析及其分类

1. 结构的功能要求

结构设计的基本目的是采用最经济的手段，使结构在规定的时间内和规定的条件下，完成各项预定功能的要求。"规定的时间"是指我国规范规定的结构设计基准期 T，我国取 $T = 50$ 年。当然，当建筑物的使用年限达到或超过设计基准期后，并不意味着该结构即行报废而不能再继续使用，而是说它的可靠性水平从此逐渐降低。"规定的条件"是指正常设计、正常施工、正常使用的条件，即不考虑人为的过失。"各项预定功能"包括结构的安全性、适用性和耐久性。结构各项预定功能的具体要求如下：

（1）安全性结构在规定的条件下，应该能够承受可能出现的各种作用，包括荷载、外加变形、约束变形等作用。而且，在偶然荷载作用下或偶然事件发生时（如地震、强风、爆炸等），结构应能保持必要的整体稳定性，不致倒塌。

（2）适用性结构在正常使用时应能满足预定的使用要求，具有良好的工作性能，其变形、裂缝或振动振幅等均不超过规定的限度。

（3）耐久性结构在正常使用、正常维护的情况下应有足够的耐久性能，不致因材料变化或外界侵蚀而影响预期的使用年限。

以上三个方面的功能总称为建筑结构的可靠性。

2. 结构的极限状态

若整个结构或结构的一部分超过某一特定状态，就不能满足设计的某一项功能要求，则此特定状态就称为该功能的极限状态。结构的极限状态分为以下两类：

（1）承载能力极限状态

这类极限状态对应于结构或结构构件（包括连接）达到最大承载力或达到不能承载的过大变形。当结构或结构构件出现下列情况之一时，即认为超过了承载能力极限状态：

①整个结构或结构的一部分作为刚体失去了平衡。如发生倾覆或滑移等。

②结构构件或其连接件因超过材料强度而破坏（包括疲劳破坏），或因过度的塑性变形而不能继续承载。

③结构或构件某些截面发生塑性转动，从而使结构变为机动体系。

④结构或构件丧失稳定。如细长压杆达到稳定临界荷载后压屈失稳破坏。

（2）正常使用极限状态

这类极限状态对于结构或结构构件达到正常使用或耐久性能的某项规定极限值。当结构或结构构件出现下列情况之一时，即认为超过了正常使用极限状态。

①影响正常使用或有碍观瞻的变形。如吊车梁变形过大致使吊车不能正常行驶，梁挠度过大影响外观等。

②影响正常使用或耐久性能的局部损坏。如水池池壁开裂漏水不能正常使用，钢筋混凝土构件裂缝过宽导致钢筋锈蚀等。

③影响正常使用的振动。

④影响正常使用的其他特定状态。如地基相对沉降量过大等。

上述两类极限状态，承载能力极限状态主要考虑结构的安全性功能。结构或构件一旦超过这种极限状态，就可能造成倒塌或严重损坏，从而带来人身伤亡和重大经济损失。因此应把这种极限状态出现的概率控制得非常严格。正常使用极限状态主要考虑结构的适用性功能和耐久性功能。结构或构件达到这种极限状态虽会失去适用性和耐久性，但通常不会带来人身伤亡和重大经济损失，故而可以把出现这种极限状态的概率放宽一些。

3. 构件的失效

若构件超过上述正常使用极限状态，则称之为结构或构件失效。对于一般结构或构件，失效的情况通常可分为以下三种：

（1）强度失效

构件的最大工作应力值超过其许可应力值，则称之为结构或构件发生了强度失效。要使结构或构件不出现强度失效，就必须满足下列条件：

构件的最大工作应力值不大于构件的许可应力值

（2）刚度失效

刚度失效是指构件的最大变形量超过其许可变形值时所发生的一种失效。要使结构或构件不出现刚度失效，就必须满足下列条件：

构件的最大变形量不大于构件的许可变形值

（3）稳定失效

本书仅涉及受压杆的稳定失效。处在不稳定平衡状态的压杆，即使杆件的强度和刚度满足要求，但在实际工程使用中，由于种种原因不可能达到理想的中心受压状态，制作的误差、材料的不均匀性、周围物体振动的影响都相当于一种"干扰力"。压杆会因受到干扰而丧失稳定，最终导致受压杆件的失效，即压杆稳定失效。要使压杆不出现稳定失效，就必须满足下列条件：

压杆的所受压力值不大于构件的临界压力值

1.6 构件的应力与强度基本计算方法

1.6.1 强度失效和强度条件

1. 构件的极限应力和许可应力

工程中，称材料到达危险状态时的应力值为极限应力，记作 σ_0。为了保证构件的正常使用，即各构件不发生断裂以及不产生过大的变形，就要求工作应力要小于极限应力 σ_0。

通过材料的力学试验，我们已经知道脆性材料没有屈服阶段，并且从加载到破坏变形很小，因此可用强度极限 σ_b 作为极限应力 σ_0，即 $\sigma_0 = \sigma_b$。而塑性材料在其屈服阶段将产生较大的塑性变形，为了保证构件的正常使用，应取它的屈服点 σ_s。作为材料的极限应力 σ_0，亦即 $\sigma_0 = \sigma_s$。

对于屈服点不十分明确而塑性变形又较大的材料，我们取名义屈服应力（或称屈服强度）$\sigma_{0.2}$ 作为材料的极限应力 σ_0。名义屈服应力是指材料产生 0.2%的塑性变形所对应的应力值。

由于极限应力值是由实验室条件下测得的，它与工程中使用构件的实际情况有一定的误差，比如实际构件的受载情况，实际构件的材料均匀程度，材料的锈蚀等。为了保证安全，我们给材料以必要的强度储备，将 σ_0 除以一个大于 1 的安全因数 n，得到材料的许可应力 $[\sigma]$。

即 $$[\sigma] = \sigma_0/n \quad (n>1) \tag{1-32}$$

对于脆性材料 $$\sigma_0 = \sigma_b \tag{1-33}$$

对于塑性材料 $$\sigma_0 = \sigma_S \text{ 或 } \sigma_0 = \sigma_{0.2} \tag{1-34}$$

在常温静载下，塑性材料的安全因数一般取 1.4 ~ 1.8，脆性材料的安全因数取 2 ~ 3。

2. 强度条件

为了保证构件正常、安全使用，必须使工作应力满足下列不等式，即

$$\sigma \leqslant [\sigma] \tag{1-35}$$

该不等式称为构件的强度条件。式中 σ 是工作应力，$[\sigma]$ 是许可应力。

1.6.2 平面图形的几何性质

平面图形的几何性质是指根据截面尺寸经过一系列运算所得的几何数据，例如面积。构件的承载能力与这些几何数据有着直接的关系，这从下面的例子可以得知。

将一塑料尺分别平放于两个支点上和竖放于两个支点上，如图 1-66（a）、（b）所示，然后加相同的力 F，显然前一种放置方式下的塑料尺发生的弯曲变形要远大于后一种放置方式下的塑料尺所发生的弯曲变形。其差异仅是截面放置方式不同造成的，这就说明构件的承载能力与截面几何数据有直接的关系。下面介绍几种有关的截面几何性质。

1. 截面形心和一次面积矩

截面形心与一次面积矩的定义与计算公式

①截面形心的定义　截面形心是指截面的几何中心。一般用字母 C 表示，其坐标分别记作 y_c，z_c，例如，圆截面的形心位于圆心，矩形截面的形心位于两对角线的交点处。通常，截面图形的形心与匀质物体的重心是一致的。

②截面的一次面积矩定义　截面的一次面积矩（也称静矩）是指面积与它的形心到 y（z）轴的距离 z_c（y_c）的乘积，即

$$S_y = z_c A \qquad (S_x = y_c A) \tag{1-36}$$

式中，A 是整个图形的面积，z_c（y_c）是整个图形的形心坐标。显然，截面的一次面积矩与坐标轴有关，对不同的坐标轴其数值不同。截面的一次面积矩的量纲为 [长度]^3，其值可以是正的，可以是负的，也可以为零。当 S_y 为零时，由于面积 A 不为零，只有 z_c 为零，这意味着 y 轴通过形心，是一根形心轴。反之，y 轴是一根形心轴，则 z_c 为零，从而 S_y 为零。这个性质称为面积一次矩的形心轴定理：截面图形对于某坐标轴的一次面积矩为零的充要条件是该坐标轴过截面图形的形心。

图 1-66　塑料尺受弯示意图

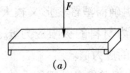

(a)　　　　　(b)

③一次面积矩计算公式　对任意的截面图形，由于面积和形心坐标不容易确定，只能将其分割计算，然后积分求和。图 1-67 截面图形，将其分割成 n 块（$n \to \infty$），取其中一微面积，记作 dA。dA 的形心到 y 轴的距离为 z，事实上因 dA 很微小，故可视为一点。dA 与 z 的乘积称为该微面积对 y 轴的一次矩，记作 dS_y，即

$$dS_y = z dA \qquad (1\text{-}37)$$

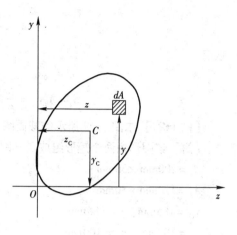

对式（1-37）两边关于整个图形积分，得到整个图形关于 y 轴的一次矩，记作 S_y，即

$$S_y = \int_A dS_y = \int_A z dA \qquad (1\text{-}38)$$

图 1-67　面积矩计算

式（1-38）整个平面图形关于某个坐标轴的一次矩等于该图形各部分对同一坐标轴的一次矩之和。工程中，构件的截面图形往往由几个简单图形组成，因此式（1-38）的无限项求和的积分式可转变为按简单图形分割计算的有限项求和式，即

$$S_y = \sum z_i \Delta A_i \qquad (1\text{-}39)$$

式中　ΔA_i——简单图形面积；

　　　z_i——简单图形的形心坐标，$i = 1、2、3 \cdots \cdots$。

将以上两式中的 y、z 互换即得截面关于 z 轴的一次面积矩的计算式。

即

$$S_z = \int_A dS_z = \int_A y dA$$

$$S_z = \sum y_i \Delta A_i \qquad (1\text{-}40)$$

④截面形心的计算公式　设图 1-67 所示截面图形的形心坐标为 y_c、z_c，面积为 A。注意到工程中的构件，其截面图形往往由几个简单图形组成，则由面积的一次矩定义得

$$S_y = Z_c A = \sum z_i \Delta A_i$$

$$z_c = \frac{\sum z_i \Delta A_i}{A} \qquad (1\text{-}41)$$

将式（1-41）中的 z 换成 y 即得形心坐标弦的计算式

$$y_c = \frac{\sum y_i \Delta A_i}{A} \qquad (1\text{-}42)$$

2. 常用图形的一次矩与形心坐标的计算

【例 1-20】图 1-68 所示矩形截面宽为 b，高为 h，试求该矩形截面阴影部分所围面积关于 z、y 轴的一次矩。

【解】由于阴影部分面积 A_0 和形心坐标弦 y_{c1}、z_{c1} 是可以直接计算得到的，即

$$z_{c1} = 0 \qquad y_{c1} = \frac{3h}{8}$$

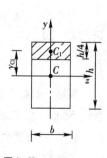

图 1-68

$$A_0 = \frac{bh}{4}$$

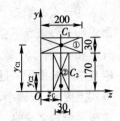

图 1-69

从而

$$S_y = A_0 z_{c1} \qquad (z_{c1} = 0)$$

$$S_z = A_0 y_{c1} = \frac{h}{4} b \frac{3h}{8} = \frac{3}{32} bh^2$$

【例 1-21】 求图 1-69 所示的截面图形的形心坐标计 z_c、y_c。

【解】 该图形由两个矩形组成，分别记作①、②，写出有关数据

$A_1 = 200mm \times 30mm$

$A_2 = 170mm \times 30mm$

$y_{c1} = 185mm$，$y_{c2} = 85mm$

$z_{c1} = 100mm$，$z_{c2} = 100mm$

$$z_c = \frac{\sum z_i \Delta A_i}{A} = \frac{z_{c1} A_1 + z_{c2} A_2}{A_1 + A_2}$$

$$= \frac{100mm \times 200mm \times 30mm + 100mm \times 170mm \times 30mm}{200mm \times 30mm + 170mm \times 30mm}$$

$$= 100mm$$

$$y_c = \frac{\sum y_i \Delta A_i}{A} = \frac{y_{c1} A_1 + y_{c2} A_2}{A_1 + A_2}$$

$$= \frac{100mm \times 200mm \times 30mm + 100mm \times 170mm \times 30mm}{200mm \times 30mm + 170mm \times 30mm}$$

$$= 139mm$$

3. 截面二次矩

（1）截面二次矩定义

将图 1-70 所示曲边截面图形分割成 n 块（$n \to \infty$），取其中一微面积，记作 dA。事实上因 dA 很微小，故可视为一点。dA 到 y 轴的距离为 z，则 dA 与 z^2 的乘积，称为该微面积关于 y 轴的二次矩（也称惯性矩），记作 dI_y，即

$$dI_y = z^2 d_A \qquad (1-43)$$

对式（1-43）两边关于整个图形积分，得到整个图形关于 y 轴的二次矩，记作 I_y，即

图 1-70　曲边截面图形分割

$$I_y = \int_A d I_y = \int_A z^2 \, dA \qquad (1-44)$$

将式中 y、z 互换，即得整个图形关于 z 轴的二次矩，记作 I_z，即

$$I_z = \int_A d I_z = \int_A y^2 \, dA \qquad (1-45)$$

显然，截面二次矩与坐标轴有关，对于不同的坐标轴其数值不同。截面二次矩的量纲为［长度］^{4}，其值恒大于零。

（2）简单图形的截面二次矩

①矩形截面　图 1-71 所示矩形截面关于形心轴 z_c 的

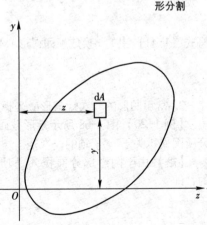

二次矩为

$$I_{zc} = \frac{bh^3}{12} \qquad (1-46)$$

截面关于形心轴 y_c 的二次矩为

$$I_{yc} = \frac{bh^3}{12} \qquad (1-47)$$

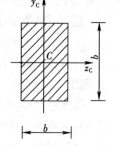

图 1-71　矩形截面

②圆形截面　设圆截面的直径为 d，圆截面关于任意一根过圆心的形心轴的二次矩均相等，为

$$I_{zc} = I_{yc} = \frac{\pi d^4}{64} \qquad (1-48)$$

（3）截面二次矩的平行移轴公式

一般来说，截面图形的二次矩只能使用积分式（1-44）求得，但在已知截面图形关于形心轴的二次矩时，可以使用截面二次矩的平行移轴公式来求截面图形关于平行于形心轴的任一轴的二次矩。截面二次矩的平行移轴公式为

$$I_z = I_{zc} + a^2 A \qquad (1-49)$$

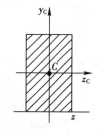

图 1-72

式中　z_c 轴是形心轴，I_{zc} 是截面图形关于形心轴 z_c 的二次矩，z 轴是 z_c 轴的平行轴；I_z 是截面图形关于 z 轴的二次矩，a 是两平行轴 z_c 和 z 之间的距离，A 是截面面积。

（4）截面二次矩的计算

【例 1-22】试求图 1-72 所示矩形截面（400mm × 600mm）关于底边轴 z 的二次矩（截面惯性矩）I_z，图中尺寸单位为 mm。

【解】两轴间距离 $a = h/2 = 300\text{mm}$，截面积 $A = bh$，截面关于形心轴 z_c 的二次矩，

$$I_{zc} = \frac{bh^3}{12}$$

得

$$I_z = I_{zc} + a^2 A = \frac{bh^3}{12} + \left(\frac{h}{2}\right)^2 bh = \frac{bh^3}{3}$$

$$= \frac{400\text{mm} \times (600\text{mm})^3}{3} = 288 \times 10^8 \text{mm}^4$$

1.6.3　轴向拉（压）杆的应力与强度

（1）轴向拉（压）杆横截面上的应力取两根材料相同而粗细不同的杆件，在相同的轴向力作用下，随着力的逐渐增大，较细的杆件会先发生破坏，而较粗的杆件则安然无恙。这说明了虽然两杆内力相同，但由于截面积不同，其强度也不同，杆件的强度与截面大小有关。

为了说明这个问题，让我们观察一个简单的小实验，取一较易伸长的橡胶块，在其表面画上与轴线平行的纵向直线和垂直于轴线的横向封闭周线，封闭周线所围平面显然是横截平面，见图 1-73（a）。然后加

图 1-73　杆件受拉

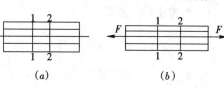

（a）　　　　　　（b）

上荷载 F，使杆件发生轴向变形，如图1-73（b）所示。

观察杆件表面所画直线，可以发现：

①横向封闭周线仍是一个平面，两封闭周线仍垂直于纵向直线。这说明封闭周线所围平面仍是横截平面，即"变形前后，横截平面不变"。这就是通常所说的"平面假设"。

②纵向直线伸长。横向直线缩短，两横向封闭周线仍保持平行，这说明，若将杆件视为一捆材料丝，则每根材料丝的轴向变形是一样的，即所受的力的大小是一样的。由此可知截面各点的应力是正应力，且大小相等。即：轴向拉、压变形时，截面上各点正应力沿截面均匀分布。

其计算公式为

$$\sigma = \frac{F_N}{A}$$

式中　σ——工作应力，拉为正、压为负；

　　　　F_N——杆截面轴力；

　　　　A——横截面面积。

【例1-23】图1-74所示三角托架，已知 $F=10kN$，夹角 $\alpha=30°$，杆 AB 为圆截面，其直径 $d=20mm$，杆 BC 为正方形截面，其边长 $a=100mm$。试求各杆的应力。

【解】①计算内力，注意到力 F 作用于 B 结点上，AB、BC 杆均为二力杆。

取 B 节点为研究对象画受力图，如图1-74（b）所示（两杆轴力均设为拉力）。

由 $\sum_y = 0$ 　　　　　　$-F_{NBC}\sin30° - F = 0$

　　　　　　　　　　　　　　$-0.5F_{NBC} - 10kN = 0$

解得　　　　　　　　　　$F_{NBC} = -20kN$（压）

由 $\sum_x = 0$ 　　　　　　$-F_{NAB} - F_{NBC}\cos30° = 0$

解得　　$F_{NAB} = -F_{NBC}\cos30° = -(-20kN) \times 0.866 = 28.32kN$（拉）

②求各杆应力值：

$$\sigma_{AB} = \frac{F_{NAB}}{A_{AB}} = \frac{F_{NAB}}{\frac{\pi}{4}d^2} = \frac{17.32 \times 10^3 N \times 4}{3.14 \times (20mm)^2} = 55.16MPa$$

$$\sigma_{BC} = \frac{F_{NBC}}{A_{BC}} = \frac{F_{NBC}}{a^2} = \frac{-20 \times 10^3 N}{(100mm)^2} = 2MPa$$

（2）轴向拉压杆的强度计算：

轴向拉压杆的强度条件为

$$\sigma_{max} = \frac{F_N}{A} \leqslant [\sigma]$$

式中　σ_{max}——杆件的最大工作应力；

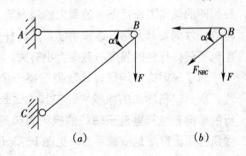

图1-74

（a）　　　　　　　　（b）

$[\sigma]$——材料的许可应力；

　F_N——危险截面上的轴向内力；

　A——危险截面的面积。

根据强度条件我们可以解决有关强度的三类问题。

①强度校核其表达式为：

$$\frac{F_N}{A} \leqslant [\sigma]$$

判断工作应力是否在许可范围内。

②确定截面尺寸其表达式为：

$$A \geqslant \frac{F_N}{[\sigma]}$$

先确定满足强度条件所需的截面面积，再进而确定截面尺寸。

③确定允许荷载其表达式为：

$$F_N \leqslant [\sigma] A$$

先确定强度条件所允许的最大内力值，再根据外力与内力的关系确定所允许的最大荷载值。

【例 1-24】 图 1-75 所示变截面柱子，力 $F = 100\text{kN}$，柱段①的截面积 $A_1 = 240\text{mm} \times 240\text{mm}$，柱段②的截面积 $A_2 = 240\text{mm} \times 370\text{mm}$，许可应力 $[\sigma] = 4\text{MPa}$，试校核该柱子的强度。

【解】 （1）求各段轴力

由截面法 $F_{N1} = F = 100\text{kN}$ （压）

　　　　$F_{N2} = 3F = 300\text{kN}$ （压）

（2）求各段应力

$$\sigma_1 = \frac{F_{N1}}{A_1} = \frac{100 \times 10^3 \text{N}}{240\text{mm} \times 240\text{mm}} = 1.74\text{MPa}$$

$$\sigma_2 = \frac{F_{N2}}{A_2} = \frac{300 \times 10^3 \text{N}}{240\text{mm} \times 370\text{mm}} = 3.34\text{MPa}$$

（3）进行强度校核

由于柱段②的工作应力大于柱段①的工作应力，所以取 σ_2 进行校核

$$\sigma_2 = 3.34\text{MPa} < [\sigma] = 4\text{MPa}$$

该柱子满足强度条件。

图 1-75

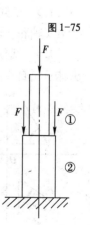

1.6.4　应力集中

等截面直杆发生轴向拉压变形时，横截面上的应力是均匀分布的。但如果构件上有切口、油孔、螺纹、带有过渡圆角的轴肩等，在这些部位处尺寸会发生突变。理论分析与实验表明，在这些部位处的应力分布是不均匀的，如图 1-76 所示。在这些部位附近的局部区域内，应力数值急剧增加，这种现象，工程中称之为应力集中现象。

应力集中的区域内应力状态比较复杂，当最大应力在弹性范围内时，通常采用应力集中系数 α_k 来表示应力集中的程度。设 σ_0 为截面削弱后的平均应力，σ_{max} 为最大局部应力，则 $\alpha_k = \sigma_{max}/\sigma_0$。应力集中系数 α_k 是一个大于 1 的系数，它与截面尺寸变化的激烈程度有关，截面尺寸变化越激烈，则应力集中的程度就越严重，从而 α_k 也就越大。所以当截面尺寸需要变化时，我们应尽量使其缓慢过渡，以此减小应力集中的影响。

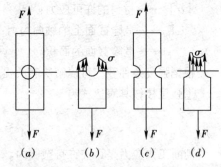

图 1-76 应力集中

脆性材料与塑性材料对应力集中的敏感程度是不一样的，由于脆性材料在整个破坏过程中变形始终很小，所以当脆性材料开孔处的 σ_{max} 达到 σ_b（材料的强度极限）时，虽然周围的应力还比较小，杆件仍会在小孔边缘处出现裂缝而破坏。但对于塑性材料而言，由于它在整个破坏过程中将产生较大的塑性变形，当孔周边处的应力达到 σ_s（材料的屈服点）时，应力将不再增大，而是向相邻材料传递荷载，依次使相邻材料的应力达到屈服点，最终使整个截面上的应力达到屈服点，这就是塑性材料的应力重分布特性，它避免了杆件的突然破坏，使材料的承载能力充分发挥，也减小了应力集中的危害性。

习 题

1.1 将身体吊悬在单杠上，两手臂用什么姿势握住单杠最省力？为什么在吊环运动中的十字支承是高难度动作？

1.2 力在直角坐标轴上投影的大小和坐标原点位置有无关系？和坐标轴的方向有无关系？如果两个力在同一轴上的投影相等，这两个力的大小是否一定相等？

1.3 在什么情况下，力在一个轴上的投影等于力本身的大小？在什么情况下，力在一个轴上的投影等于零？

1.4 用手拔钉子拔不出来，为什么用羊角锤一下子就能拔出来？手握钢丝钳，为什么不要很大的握力即可将钢丝剪断？

1.5 已知 $F_1 = F_2 = 200N$，$F_3 = F_4 = 100N$，各力的方向如图所示。试求各力在 x 轴和 y 轴上的投影。

1.6 试分别画出图示物体的受力图。假定所有接触面都是光滑的，图中凡未标出自重的物体，自重不计。

习题 1-5 图（左）
习题 1-6 图（右）

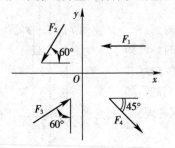

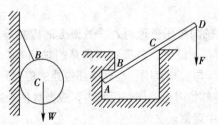

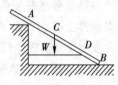

1.7 设一平面任意力系向某一点简化得到一合力。若另选简化中心，问该力系能否简化为一力偶？为什么？

1.8 如图所示，设一平面任意力系 F_1，F_2，F_3，F_4，分别作用于矩形钢板 A、B、C、D 四个顶点，且各力之大小与各边长成比例，试问该力系简化结果是什么？

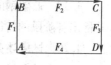

习题 1-8 图

1.9 一平面任意力系向 A 点简化的主矢为 F_{RA}，主矩为 M_A，如图所示，试求该力系向距 A 点为 d 的 B 点简化所得主矢 F_{RB} 和主矩 M_B 的大小和方向？

1.10 设力 F_R 为 F_1，F_2，F_3 三个力的合力，已知 $F_R = 1kN$，$F_3 = 1kN$，力 F_2 的作用线垂直于力 F_R，力 F_1 方位如图示。求力 F_1 和 F_2 的大小和指向。

1.11 水平力 F 作用在刚架的 B 点，如图所示（不计刚架重量）。求支座 A 和 D 处的约束力。

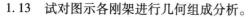

习题 1-9 图

1.12 什么是几何可变体系和几何瞬变体系？这两种体系为何不能用于工程结构？

1.13 试对图示各刚架进行几何组成分析。

1.14 试对图示各桁架进行几何组成分析。

1.15 试对图示各拱结构进行几何组成分析。

1.16 指出下列概念的区别：

（1）拉伸图与应力应变图。

（2）屈服点与强度极限。

（3）线应变和伸长率。

（4）强度失效与刚度失效。

1.17 应力的常用单位是什么？应变是否有单位？

1.18 低碳钢单向拉伸试验所采用的标准试件有哪几种？其标距如何取值？

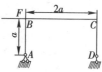

习题 1-10 图

习题 1-11 图

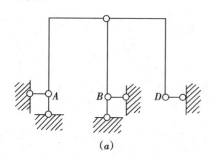

(a)

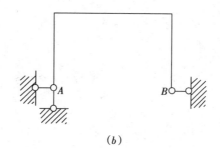

(b)

习题 1-13 图

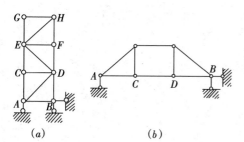

(a) (b)

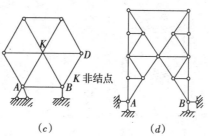

(c) (d)

习题 1-14 图

1.19 低碳钢的拉伸试验过程可分为哪四个阶段？试作出其应力—应变图并标出各阶段的特征应力值。

1.20 试阐述剪应力互等定理，并用图示表示。

1.21 试阐述什么是应力集中。

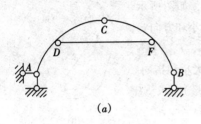

(a)

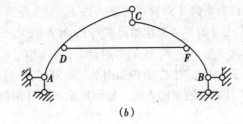

(b)

习题 1-15 图

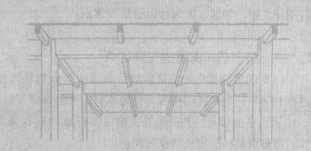

建 筑 结 构 选 型

第 2 章　砖混结构体系

本章主要介绍砖混结构的优缺点和应用范围、砖混结构房屋的墙体布置和楼盖布置方案，简述各墙体布置方案的布置方式和优缺点，详细介绍《砌体结构设计规范》GB 50003—2001 对砖混结构房屋的墙体的具体要求。

2.1 砖混结构的优缺点和应用范围

砖混结构房屋采用砖墙和钢筋混凝土屋面、楼面承重。是我国有史以来使用时间最长、应用最普遍的结构体系，究其原因主要是取材方便、造价低廉、施工简单、保温隔热效果较好，所以至今一直具有很大的生命力。建筑层数可达到六~七层。在多层建筑结构体系中。多层砖房约占到85%左右，它广泛应用于住宅、学校、办公楼、医院等建筑。

2.1.1 砖混结构房屋的主要优点

（1）砖混结构房屋主要承重结构（墙体）材料为各种砌体（砖或砌块），这些材料在任何地区都很容易就地取材，充分保证了材料来源。

（2）多层砖混结构房屋的纵横墙体布置一般容易达到刚性方案的构造要求，故砖混结构房屋的刚度较大。

（3）钢筋混凝土材料主要用于楼（屋）盖部分，可以节省钢筋混凝土材料，有较好的经济性能指标。据资料统计表明，其经济指标大致见表 2-1。

材料经济指标   表 2-1

砖混结构 $1m^2$ 建筑面积所用工料		对比相同层数的钢筋混凝土结构所用工料
钢材	8~10kg	20~28kg
水泥	80~90kg	100~140kg
木材	约 0.023m³	约 0.026m³
砖	200~250 块	90~120 块
劳动力	约 3 工日	约 4 工日

2.1.2 砖混结构房屋的主要缺点

（1）砖砌体的强度较低，故利用砖墙承重时，房屋层数受到限制，由于抗震性能差，在地震区使用也受到一定限制。

（2）砖混结构的更大缺点在于墙体砌筑工程繁重，施工进度慢，不能满足建设形势发展速度的需要。

近年来出现的大型墙板和砌块结构是墙体改革的开端，不过，大型墙板和砌块是工业化程度较高的一种形式，尤其是大型墙板，几乎是全装配化的结构体系，要实现装配化，必须要有建筑设计标准化、构件生产工业化、施工技术机械化配合。当前由于条件所限，大型墙板和砌块结构还处于摸索试验阶段，只能说是墙体改革的一个开端而已。另外，墙体改革趋势的另一个反映，是框架轻板结构的出现。所谓轻板，就是采用加气混凝土板、合成纤维板、石膏板、塑料板等作墙体（非承重墙）材料。非承重墙采用轻板建筑，墙体重量大大减少，结构自重的减轻对结构有利的意义是非常重大的，而且轻板安装容易，也可减少装修工程量。但必须考虑的是，墙体重量的减轻会带来隔声效果的弱化，要在轻质墙体上达到正常的隔声效果，需要采用隔声材料，它相对于砖混结构来说是比较昂贵。

必须指出，由于我国可耕地面积十分紧张，而烧砖取土破坏大片农田，且消耗大量能源，为此，国家建设主管部门专门成立了墙体改革小组，志在改变此种局面。十余年来，我国工程技术人员和科研人员，开发研究了多种建筑结构体系，如上面提到的框架轻板结构。因此，传统的砖混结构将逐步受到限制，发展新型墙体材料、改进砖混结构的体系，是今后的发展方向。

2.2 砖混结构房屋的墙体布置

因为砖混结构的承重结构由砖墙和钢筋混凝土楼盖组成，故设计时要注意墙体布置和屋盖、楼盖梁板布置两个方面。本节讨论墙体布置方面。

2.2.1 砖混结构房屋的墙体布置

按照墙体的承重体系，其布置大体可分为下列几种方案：

1. 横墙承重方案

横墙承重方案（图2-1）的受力特点是：主要为横墙支承楼板，横墙是主要承重墙，纵墙主要起围护、隔断和维持横墙稳定的整体性作用，故纵墙是自承重墙（内纵墙可能支承走廊板重量，但荷载较小）。

横墙承重方案的优点是横墙较密、房屋的横向刚度大，故整体刚度好。由于外纵墙是非承重墙. 故外纵墙立面处理比较方便，可以开设较大的门窗洞口。其缺点是横墙间距很密、房间和置灵活性差，故多用于宿舍、住宅和小型办公楼等居住建筑。

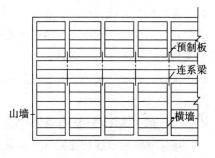

图2-1 横墙承重方案

2. 纵墙承重方案

纵墙承重方案（图2-2）的受力特点是：板荷载传给梁，由梁传给纵墙。纵墙是主要承重墙，横墙只承受小部分荷载，横墙的设置主要为了满足房屋刚度和整体性的需要，它的间距可以较大。

纵墙承重方案的优点是房间的空间可以较大，平面布置比较灵活，墙面积小。其缺点是房屋的刚度较差，纵墙受力集中，纵墙较厚或要加壁柱、构造柱。这种方案适用于使用上要求有较大空间或隔墙位置可能变化的房屋，如教学楼、实验楼、办公楼、医院等。

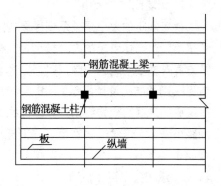

图2-2 纵墙承重方案

3. 纵横墙承重方案

根据房间的开间和进深要求，有时需要纵横墙同时承重，即为纵横墙承重方案（图2-3）。这种方案的横墙布置随房间的开间需要而定，横墙间距比纵墙承重方案小，所以房屋的横向刚度比纵墙承重方案有所提高，其性能介于横墙承重方案和纵墙承重方案之间。

4. 内框架承重方案

房屋有时由于使用要求，往往采用钢筋混凝土柱代替内承重墙，以取得较大的空间。例如，沿街住宅底层为商店的房屋可以采用内框架承重方案。这种结构既不是全框架承重，也不是全由砖墙承重。

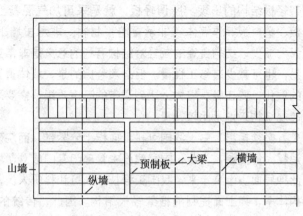

图2-3　纵横墙承重方案

内框架承重方案特点是：

①由于横墙较少，房屋的空间刚度较差。此外，墙的带形基础和柱的单独基础在沉降量方面不易一致，钢筋混凝土柱和砖墙的压缩性能不一样，结构容易产生一定的内应力，房屋层数较多时，这一问题应在设计上给予注意。

②以柱代替内承重墙在使用上可以取得较大的空间，故内框架承重方案一般用于教学楼、医院、商店、旅馆等建筑。

砖混结构上述几种方案，在实际工程设计中究竟采用哪一种为宜，应根据各方面具体条件综合考虑，有时还应做几种方案的比较来确定。

在矩形平面的房屋中、由于平面体型简单，上述几种墙体布置方案都可以容易地明确表示出来，但是，对于平面形状比较复杂的房屋，往往需要在房屋的不同区段或在平面的不同轴线上采用不同的承重方案。

2.2.2　砖混结构房屋的墙体布置注意事项

墙体除注意一般构造要求和满足高厚比要求外，为了保证房屋的整体性和空间刚度以及防止可能的开裂，设计方案在布置墙体时须注意以下几点：

1. 横墙间距的大小

横墙间距的大小是关系到房屋构造方案的因素。因刚性方案的房屋产生侧移极小，对墙体引起的内力极小，这样比较经济，故对横墙的间距要求服从刚性方案对横墙间距的限制，以保证房屋符合刚性构造方案的要求。具体的限制值见《砌体结构设计规范》GB 50003—2001。根据规范规定的限制值，一般多层房屋砖混结构均容易达到刚性构造方案的要求。同时，最好能够做到横墙间距小于 1.5 倍建筑物宽度，这对于地基不均匀沉降时还可增强墙体的抗裂性能。

2. 纵墙宜尽可能贯通

纵墙宜尽可能贯通，有利于增强墙体抗裂能力，同时对减少不均匀沉降也有较好的效果。

3. 墙体要适当加设壁柱或构造柱

因为砖砌体的弯曲抗拉强度很低，当墙体受力产生弯矩较大时，下列情况则应加壁柱：

墙体厚不大于240mm，而大梁跨度大于6m时，梁支承处的墙体应加壁柱；承受吊车荷载的墙体或承受风荷载为主的山墙应加壁柱。

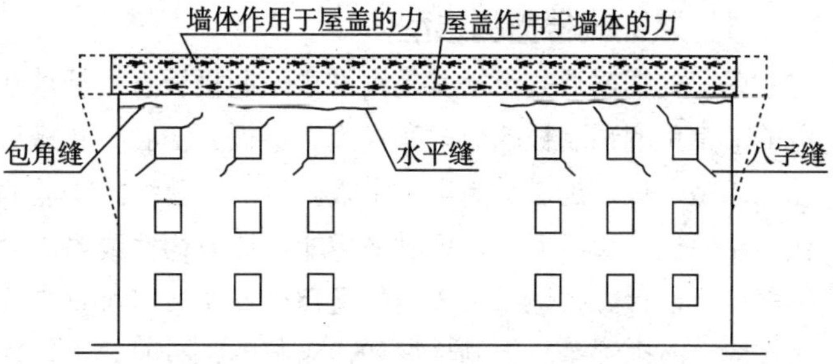

图2-4　温度应力引起的外墙裂缝

4. 墙体要适当设伸缩缝

由于材料具有热胀冷缩的性质，不同的材料线膨胀系数不同，砌体线膨胀系数为 $0.5 \times 10^{-5}/℃$；钢筋混凝土线膨胀系数为 $1.0 \times 10^{-5}/℃$。在砖混结构房屋中，楼（屋）盖搁在墙上，两者共同工作，相互受到温度影响，由于两者膨胀系数不同，因而相互受到约束。当外界温度上升时，屋盖伸长比墙体伸长大得多，形成两者之间互相作用的剪应力，剪应力又引起主拉应力，当剪应力或主拉应力超过砖砌体的极限强度时，在楼盖下边的外墙将会产生水平裂缝和包角缝，或者在顶层靠房屋两端的窗洞处产生"八字"裂缝（图2-4）。房屋长度越长，温度变化引起拉力越大，墙体开裂越严重。为了防止温度开裂，当房屋达到一定长度时应设置伸缩缝，把屋盖、楼盖、墙体断开分成几个长度较小的独立单元。《砌体结构设计规范》对砌体房屋温度伸缩缝的最大间距有明确规定：一般现浇钢筋混凝土楼（屋）盖，如有保温层或隔热层者，伸缩缝间距为50m，如无保温层或隔热层者，伸缩缝间距为30m，而伸缩缝宽度可用20～50mm。

5. 墙体要适当设置沉降缝

当房屋建于土质差别较大的地基上，或房屋相邻部分的高度、荷重、结构刚度、地基基础的处理方法等有显著差别时，为了避免房屋开裂，用沉降缝将建筑物（连基础）完全断开，或将两个单元体之间隔开一定距离，其间可设置能自由沉降的联接体或简支悬挑结构。采用沉降缝时，缝宽一般大于50mm，房屋层数越多时，缝宽应越大，最大可达120mm以上。

2.3　砖混结构房屋的楼盖布置

钢筋混凝上楼盖根据施工方法的不同，可分为装配式和现浇式两种。现浇楼盖的整体性、耐久性和抗震性均较好，且其灵活性较大，能适应不同荷载和各种平面形式结构，特别是房屋有局部不规则部分时。缺点是造价较高，施工工期长，以及施工质量不如在加工厂制作的预制构件那样稳定。而装配式楼盖与现浇楼盖相比具有许多优点，如造价低，施工进度快，构件质量好，并有利于建筑工业化。为提高混合结构房屋的整体性，自2002年现行规范发布以来，在混合结构房屋中，一般采用现浇楼盖。

2.3.1 装配式楼盖的选型

装配式钢筋混凝土楼盖是由许多预制楼板直接铺放在砖墙或楼面大梁上形成的。常用的预制板的形式有：实心平板、空心板和槽形板，一般情况下，房屋采用空心板，走道采用实心平板。目前，装配式楼盖的主要构件，如实心平板、空心板、槽形板等，可以采用非预应力构件或预应力构件，这些构件一般不需自行设计，各地都有本地的通用构件图集，可直接选用。在应用通用构件图集时，必须注意其编制依据和适用范围，有时要进行适当的计算。

装配式楼盖的结构平面布置与建筑平面和墙体布置密切有关。所以在进行建筑平面设计和确定墙体布置时，就应考虑楼盖的结构平面布置。装配式楼盖结构平面布置的方案通常有：横墙承重方案、纵墙承重方案、纵横墙承重方案以及内框架承重方案。

设计时究竟选用哪一种结构平面布置方案，应结合工程的实际进行分析考虑。从结构经济合理方面考虑，应尽量使楼板有较小的跨度，荷载引起的弯矩较小，可以节省钢材的用量。此外，还应考虑到施工方便，尽量减少构件的类型。同时，建筑平面设计时其平面尺寸应符合 300mm 的基本模数要求，以便与预制板的标准尺寸相配合。

预制板的发展方向是加大板宽，如施工条件许可，做成整室顶板更好，与大型混凝土墙板配合，即形成"大板建筑"。不过其预制加工过程稍复杂，需要预留管道孔洞，且安装时需要大型起重设备和可靠的支座连接。

2.3.2 现浇楼盖的选型

现浇整体式楼盖的结构形式有：单向板肋梁楼盖和双向板肋梁楼盖两种。当楼板是两对边支承或四边支承而板长边/板短边大于 3 时则为单向板。单向板肋梁楼盖计算简便，结构简单，施工方便。

当楼板是四边支承而且板长边/板短边小于 2 时，则为双向板；当楼板是四边支承而且板 2 小于长边/板短边小于 3 时，宜按照双向板计算。双向板肋梁楼盖与单向板肋梁楼盖相比，梁较少，并且每一区格成正方形或接近正方形，因而天棚平整，外形较美，适用于房屋的门厅部分或公共建筑物的楼盖。其缺点是配筋构造较为复杂，施工不方便。

现浇式楼盖结构平面布置就是在建筑平面上进行梁、板的布置。无论是单向板肋梁楼盖或是双向板肋梁楼盖，梁板布置都应符合经济跨度的原则，以保证楼盖设计的经济合理。

楼盖是混合结构的一个重要组成都分。由于三大材料主要用在楼盖上，占房屋总造价 30%～40%、楼盖梁、板布置是否经济合理，对于工程造价的高低有着决定性意义。

楼盖上的梁、板都属于受弯构件，受弯构件的内力（弯矩 M，剪力 V）与所受的"荷载"和构件的"跨度"有关，当荷载一定时，内力就随跨度的变化而变动。当荷载为均布荷载时，剪力 V 随跨度 L 的增长而增长，而弯矩 M

则随跨度 L 的二次方而增长，跨度的变化对弯矩产生二次方的影响特别值得注意，跨度的增大，意味着材料的需要量随跨度的增大而几倍地增长。因此，跨度过大将造成设计上的不经济。所以，梁板必须控制在经济跨度范围内才能得到合理的经济效果。

梁、板的经济跨度为：

单向板：2～3m；双向板：3～5m；次梁：4～7m；主梁：5～8m。

设计时，在满足使用要求的情况下，应使梁、板的跨度尽可能控制在上述经济跨度内。

2.3.3 现浇楼盖的组成及传力途径

现浇肋梁楼盖是最常用的楼盖之一。当楼盖中的板为单向板时则称为单向板肋梁楼盖，当板为双向板时则称为双向板肋梁楼盖。肋梁楼盖一般由板、次梁和主梁三种构件组成，见图2-5所示。

单向板肋梁楼盖荷载传递途径为：

板→次梁→主梁→柱（或墙体）→基础→地基；

双向板肋梁楼盖荷载传递途径为：

板→梁→柱（或墙体）→基础→地基。

肋梁楼盖的传力途径与计算简图见表2-2。

当梁为多跨连续梁时，且每跨跨度相等或相差不大于10%时，所受荷载为均匀、三角形、梯形等形式，该建筑物允许按塑性内力重分布方法计算时，其弯矩及剪力计算可按如下方法进行：

图2-5 现浇肋梁楼盖
组成示意图

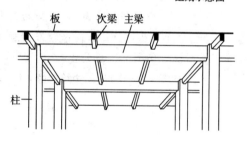

肋梁楼盖传力途径与梁板计算简图　　　　　　表2-2

	单向板肋梁楼盖	双向板肋梁楼盖
结构布置平面		
板的计算简图	取1m宽板带为计算单元	A区隔板计算简图

	单向板肋梁楼盖	双向板肋梁楼盖
均布力下梁计算简图	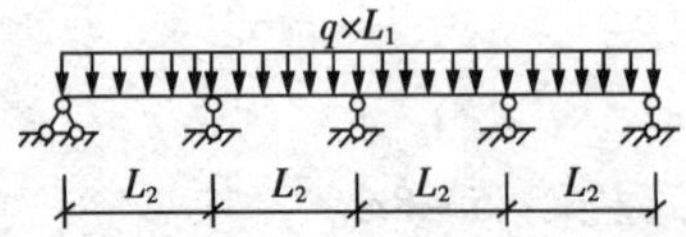	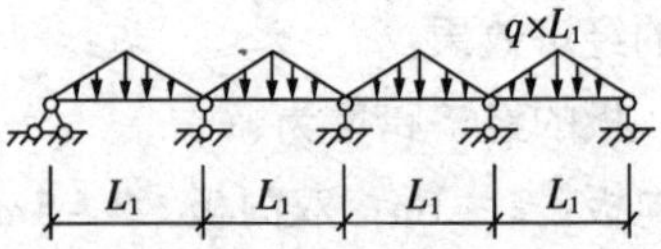
集中力下梁计算简图	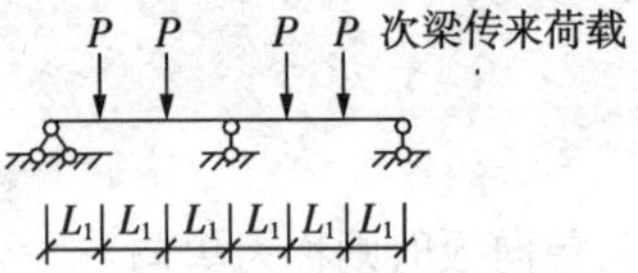	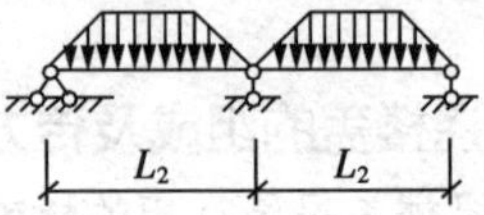

跨中弯矩：边跨中 $M_1 = kql^2$

中跨中 $M_2 = M_3 = kql^2$。

支座弯矩：第一内支座 $M_B = kql^2$

　　中间支座 $M_C = M_D = kql^2$（图 2-6）

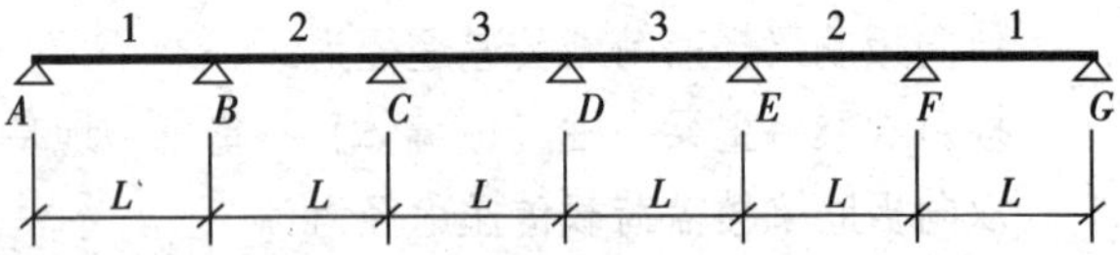

图 2-6　支座弯矩

k 值大小可根据计算截面位置及荷载形式从表 2-3 查得：

梁端最大剪力 V 计算公式

边跨外端：$V_A = 0.8R_0$；边跨内端：$V_{BA} = 1.2R_0$；中间跨两端 $Q_{BC} = Q_{CB} = R_0$。

$$R_0 = \frac{(1 - \alpha)}{2} ql$$

k 值取值表　　　　　　　　　　　　　　　表 2-3

荷载形式	α	边跨中	第一内支座	中跨中	中间支座	荷载类型
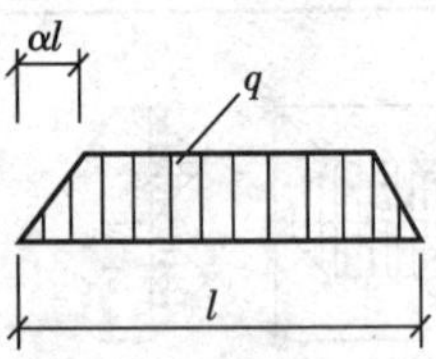	0.00	1/11	−1/11	1/16	−1/15	均布
	0.25	1/12	−1/12	1/17	−1/17	梯形
	0.30	1/13	−1/13	1/18	−1/18	梯形
	0.35	1/14	−1/14	1/19	−1/19	梯形
	0.40	1/15	−1/15	1/20	−1/20	梯形
	0.45	1/16	−1/16	1/21	−1/21	梯形
	0.50	1/17	−1/17	1/24	−1/24	三角形

2.3.4　现浇楼盖中梁、板尺寸要求

对于钢筋混凝土受弯构件来说，由于钢材强度比较高，抗弯所需要的截面高度往往较小就已能满足，而这种截面能引起较大的挠度。过大的挠度将会导致截面开裂的危险并影响正常使用。由于极限挠度和极限裂缝常常发生在强度破坏到达之时。所以，挠度必须控制在跨度的 $1/300 \sim 1/200$ 以内（具体应根据有关规定）。而挠度计算通常为检查其是否超过允许的最大挠度值。

对于普通现浇楼盖的梁、板结构，除非构件有意识地采用小截面，一般在

设计中很少考虑挠度，以避免繁琐的挠度计算，就是说对截面尺寸要有一定的控制。如果截面尺寸够大而能保证刚度足够时，产生的挠度将可控制在要求的限值以内。所以，只要选用的截面尺寸不小于一定限值，即可认为构件刚度足够，可不必进行挠度计算。

现浇整体式楼盖中梁、板截面，根据满足刚度要求的高跨比条件，同时结合建筑物的使用要求来考虑，常用的截面尺寸可参照下列数值确定：

单跨简支板：单向板 $h \geq l/30$ 且大于 60mm；双向板 $h \geq l/40$ 且大于 80mm。

多跨连续简支板：单向板 $h \geq l/40$ 且大于 70mm；双向板 $h \geq l/50$。

悬臂板：$h \geq l/12$。

次梁截面：$h = l/(11 \sim 15)$；$b = h/(2 \sim 3)$；

主梁截面：$h = l/(8 \sim 12)$；$b = h/(2 \sim 3)$；

悬臂梁：$h \geq l/6$；$b = h/(2 \sim 3)$。

2.4　砖混结构在房屋建筑中的地位与展望

砖混结构由于有较好的经济指标和优点，所以广泛用于多层的民用与工业建筑上。解放初期到 20 世纪 60 年代的基本建设时期，砖混结构在房屋建筑中占极大比例。近年来，由于城市的建筑用地日渐紧张，为了节省建设用地，小高层发展较快，当前高层房屋的研究课题是对各类高层建筑结构的合理选型。不过，根据我国的国情在广大城镇中仍占大多数的是五、六层的多层房屋，其中，砖混结构仍是我国建筑中建造量最大的造价最低的结构形式。砖混结构是传统的结构形式，以砖作墙体结构经历了两千多年的考验，在防寒、隔热、隔声和耐风雨侵袭、化学稳定性好等建筑物理性能上都是比较优越的。这类多层房屋，一方面是要发展工业化生产的新体系（如砌块体系、大板体系、大模体系、框架轻板体系等）；另一方面还要改善传统的砖混结构，提高砖的质量，以充分利用人力和地方资源。对于新技术的发展与应用，必须以能够取得最好的经济效果为前提，不应以损害经济效益与降低建筑质量为代价，因而，工业化新体系的发展必须稳步前进。鉴于当前大多数的工业化建筑的造价与水泥用量都比砖混建筑高出百分之十到百分之几十，所以，不能忽视砖混结构在房屋建筑中的地位。在地震区，还要加强研究抗震措施，提高砖混结构的抗震能力，因为由于我国的经济形势及国情，砖混结构在相当长的时间内，即使是在地震区也还是一种主要的结构体系。

习　题

2.1　简述砖混结构的优缺点。

2.2　砖混结构房屋的墙体布置有哪几种方案？

2.3　简述单向板肋梁楼盖荷载传递途径。

2.4　板、梁、柱的截面尺寸如何确定？

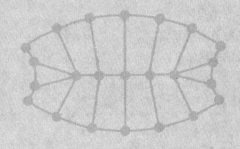

第3章 框架结构体系

建筑结构选型

本章介绍了框架结构的特点、类型及适用范围，分别叙述了框架结构的组成、框架结构的布置、柱网尺寸及构件截面尺寸和无梁楼盖结构等内容，并列举了一些典型的工程实例。

3.1 框架的结构特点

框架结构体系是以由梁、柱组成的框架作为竖向承重和抗水平作用的结构体系。其优点是在建筑上能够提供较大的空间，平面布置灵活，因而很适合于多层工业厂房以及民用建筑中的多高层办公楼、旅馆、医院、学校、商店和住宅建筑。其缺点是框架结构抗侧刚度较小，在水平荷载作用下位移大，抗震性能较差，故也称框架结构为"柔性结构"。因此这种体系在房屋高度和地震区使用受到限制。图3-1为一些框架结构的平面形式。

框架是由梁和柱刚性连接的骨架结构。国外多用钢材作为框架材料，国内主要为钢筋混凝土框架。钢筋混凝土框架设计时，要求构造上把节点造成刚接，刚节点的处理要有足够数量的钢筋，满足一定的构造要求，便可认为是刚节点。

由于框架结构的节点是刚节点，对杆件的转动具有约束作用，使结构成为几何不变体，合理地发挥了各杆件的承载作用。框架结构体系是六层以上的多层与高层房屋的一种理想的结构形式。

框架结构的优点是：强度高、自重轻、整体性和抗震性好。由于它不靠砖墙承重，建筑平面布置灵活，可以获得较大的使用空间，所以它的应用极为广泛。

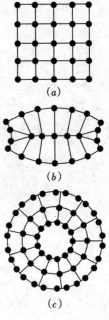

图 3-1　框架结构的平面形式

3.2 框架结构的类型

框架结构按施工方法的不同，分为全现浇式、半现浇式、装配式和装配整体式四种。

3.2.1 全现浇式框架

承重构件梁、板、柱均在现场绑扎钢筋、支模、浇筑、养护而成，其整体性和抗震性都非常好。但也存在缺点：现场工程量大，模板耗费多，工期较长。近年来，随着施工工艺及技术水平的发展和提高，如定型钢模板、商品混凝土、泵送混凝土、早强混凝土等工艺和措施的逐步推广，这些缺点正在逐步克服。全现浇式框架是框架结构中使用最广泛的，大量应用于多高层建筑及抗震地区。

3.2.2 半现浇式框架

半现浇式框架结构是指梁、柱为现浇，板为预制的结构。由于楼板采用预制，减少了混凝土浇筑量，节约了模板，降低了成本，但其整体及抗震性能不如全现浇式框架。其应用也较少。

3.2.3 装配式框架

装配式框架结构是指梁、柱、板均为预制，然后通过焊接拼装连接成整体的结构。这种框架的构件由构件预制厂预制，在构件的连接处预埋钢连接件，现场进行焊接装配。具有节约模板、工期短、便于机械化生产、改善劳动条件等优点。但构件预埋件多，用钢量大，房屋整体性差，不利抗震，因此在抗震设防地区不宜采用。

3.2.4 装配整体式框架

装配整体式框架结构是指将预制的梁、板、柱安装就位后，焊接或绑扎节点区钢筋，通过对节点区浇筑混凝土，使之结合成整体，故兼有现浇式和装配式框架的一些优点，但节点区现场浇筑混凝土施工复杂。其应用较为广泛。

框架结构按承重方式不同可分为全框架结构、内框架结构、底层框架结构三种。

全框架是房屋的楼（屋）面荷载全部由框架承担，外墙仅起围护作用，它具有较好的整体性和抗震性。

内框架结构房屋内部由梁、柱组成为框架承重体系，外部由砖墙承重，楼（屋）面荷载由框架与砖墙共同承担。这种框架称内框架或半框架，也称多层内框架砖房。这种房屋由于钢筋混凝土与砌体材料弹性模量不同，两者刚度以及在荷载作用下的变形不协调，所以房屋整体性和总体刚度都比较差，抗震性能差，震害较多层砖砌体房屋为重。对有抗震要求的房屋不宜采用。

底层框架砖房是指底层为框架—抗震墙结构，上层为承重砖墙和钢筋混凝土楼板的混合结构房屋。这种结构是因为底层建筑需要较大平面空间而采用框架结构，上层为节省造价，仍用混合结构。这类房屋上刚下柔，抗震性能差，但其具有较好的经济性以及上层房间中不凸柱等美观要求，这种结构在中小城镇中对底层为商用门面上部为住宅的多层建筑使用仍非常广泛。

3.3 框架结构的布置、柱网尺寸及构件截面尺寸

3.3.1 框架结构的组成

框架结构是由梁和柱连接而成的。梁、柱连接处一般为刚性连接，也可为铰接连接，当为铰接连接时我们通常叫它排架结构。为利于结构受力合理，框架结构一般要求框架梁宜连通，框架柱在纵横两个方向应有框架梁连接，梁、柱中心线宜重合，框架柱宜纵横对齐、上下对中等。但有时由于使用功能或建筑造型上的要求，框架结构也可作成抽梁、抽柱、内收、外挑、斜梁、斜柱等形式。如图3-2所示。

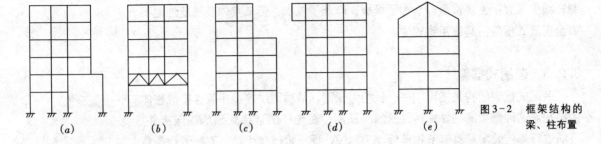

图3-2　框架结构的梁、柱布置

3.3.2　框架结构的布置

框架结构布置包括框架柱布置和梁格布置两个方面。房屋结构布置是否合理，对结构的安全性、实用性及造价影响很大。因此结构设计者对结构的方案选择尤为重要，要确定一个合理的结构布置方案，需要充分考虑建筑的功能、造型、荷载、高度、施工条件等。虽然建筑千变万化，但结构布置终究有其基本的规律。

1. 框架柱的布置

框架结构柱网的布置应满足以下几个方面的要求：

（1）柱网布置应满足建筑功能的要求

在住宅、旅馆等民用建筑中，柱网布置应与建筑隔墙布置相协调，一般常将柱子设在纵横墙交叉点上，以尽量减少柱网对建筑使用功能的影响。

（2）柱网布置应规则、整齐、间距适中，传力体系明确，结构受力合理

框架结构是全部由梁、柱构件组成的，承受竖向荷载并同时承受水平荷载，并且框架结构只能承受自身平面内的水平力，因此应沿建筑物的两个主轴方向都应设置框架；柱网的尺寸还受到梁跨度的限制，一般常使梁跨度在 6～9m 为宜。

（3）柱网布置应便于施工

结构布置应考虑施工方便，以加快施工进度，降低工程造价。设计时应尽量考虑到构件尺寸的模数化、标准化，尽量减少构件规格，柱网布置时应尽量使梁、板布置简单、规则。

2. 梁格布置

柱网确定后，用梁把柱连起来，即形成框架结构。实际的框架结构是一个空间受力体系。但为计算分析方便起见，可把实际框架结构看成纵横两个方向的平面框架。沿建筑物长向的称为纵向框架，沿建筑物短向的称为横向框架。纵向框架和横向框架分别承受各自方向上的水平力，而楼面竖向荷载则依楼盖结构布置方式而按不同的方式传递。

按楼面竖向荷载传递路线的不同，框架的布置方案有横向框架承重、纵向框架承重和纵横向框架共同承重等三种。

（1）横向框架承重方案

横向框架承重方案是在横向布置框架承重梁，而在纵向布置连系梁，横向框架处在建筑短向，跨数较少，主框架梁沿横向布置，梁截面加大有利于提高建筑物的横向抗侧刚度。而纵向框架则往往跨数较多，其刚度较大，这样布置

有利于使结构在纵横两方向的刚度更趋接近，使结构受力合理。因此，宜优先采用横向框架承重方案。

（2）纵向框架承重方案

纵向框架承重方案是在纵向布置框架承重梁，在横向布置连系梁。纵向框架承重方案的缺点是房屋的横向抗侧刚度较差，当为大开间柱网且房屋进深较小时采用。这种方案受力不合理，设计中较少采用。

（3）纵横向框架共同承重方案

纵横向框架共同承重方案是在两个方向上均需布置框架承重梁以承受楼面荷载。当采用现浇板楼盖时，当楼面上作用有较大荷载，或楼面有较大开洞，或当柱网布置为正方形或接近正方形时，常采用这种承重方案。纵横向框架共同承重方案具有较好的整体工作性能，应用也较广泛。

框架的布置方案如图3-3所示。

3. 变形缝的设置

前面我们已经学习了框架结构的基本布置原则，但在实际设计中我们经常遇到房屋纵向太长、立面高差太大、体型比较复杂的情况，这时我们对建筑就应进行变形缝的设置，使结构受力合理。变形缝有伸缩缝、沉降缝、防震缝三种。

伸缩缝也叫温度缝，其设置主要与结构的长度有关，当未采取可靠措施时，伸缩缝间距不宜超过表3-1。

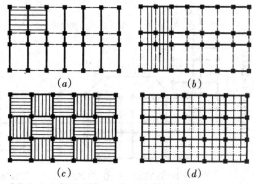

图3-3 框架的布置方案
(a) 横向承重方案；(b) 纵向承重方案；(c)、(d) 纵横向框架共同承重方案的限值

钢筋混凝土结构伸缩缝最大间距（m）　　　表3-1

结构类别		室内或土中	露　天
排架结构	装配式	100	70
框架结构	装配式	75	50
	现浇式	55	35
剪力墙结构	装配式	65	40
	现浇式	45	30
挡土墙、地下室墙壁等类结构	装配式	40	30
	现浇式	30	20

注：（1）装配整体式结构房屋的伸缩缝间距宜按表中现浇式的数值取用；

（2）框架—剪力墙结构或框架—核心筒结构房屋的伸缩缝间距可根据结构的具体布置情况取表中框架结构与剪力墙结构之间的数值；

（3）当屋面无保温或隔热措施时，框架结构、剪力墙结构的伸缩缝间距宜按表中露天栏的数值取用；

（4）现浇挑檐、雨篷等外露结构的伸缩缝间距不宜大于12m。

对于不具有独立基础的排架、框架结构，当设置伸缩缝时，双柱基础可以不断开。

沉降缝的设置：主要与基础受到的上部荷载及场地的地质条件有关。当上部荷载差异较大，或地基土的物理力学指标相差较大，则应设沉降缝，沉降缝可利用挑梁、搁置预制板、预制梁、设双柱等方法处理。

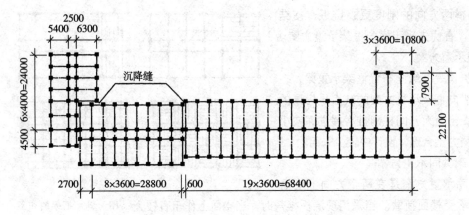

图 3-4 北京民航办公
大楼框架结构
的柱网布置

温度缝与沉降缝的缝宽一般不小于 50mm。

防震缝的设置：主要与建筑平面形状、质量分布、刚度、地理位置等有关；防震缝的设置，应力求使各结构单元简单、规则，刚度和质量分布均匀，避免发生地震作用下的扭转效应。

框架结构房屋的防震缝宽度，当高度不超过 15m 时可采用 70mm；超过 15m 时，6、7、8 度和 9 度相应每增加高度 5、4、3m 和 2m，宜加宽 20mm。

在多层及高层建筑结构中，在设缝时宜尽可能地将"三缝合一"，应尽量少设缝或不设缝，这可简化构造、方便施工、降低造价、增强结构整体性和空间刚度。在进行建筑设计时，应通过调整平面形状、尺寸、体型等措施；在进行结构设计时，应通过选择节点连接方式、配置构造钢筋、设置刚性层等措施；在施工方面，应通过分阶段施工、设置后浇带、做好保温隔热层等措施，来防止由于温度变化、不均匀沉降、地震作用等因素所引起的结构或非结构构件的损坏。

图 3-4 为北京民航办公大楼框架结构的柱网布置图，该结构共 15 层，高 60.8m，为装配整体式钢筋混凝土框架结构。由于竖向荷载差异较大、房屋长度过长以及抗震要求，整个结构设两条缝（三缝合一），分成三个结构单元，其柱网和梁格的布置也都规则、整齐、统一。

3.3.3 框架结构的柱网尺寸及构件截面尺寸

1. 框架结构的柱网尺寸

框架的柱网布置应力求做到简单和尽量符合模数要求。

（1）多层厂房的柱网尺寸

柱距：一般采用 6m

跨度：按柱网形式而分，有下列两种：

内廊式柱网——常用跨度为 6.0m＋2.4m＋6.0m 或 6.9m＋3.0m＋6.9m

等跨式柱网——常用跨度为 6、7.5、9、12m 四种（从经济考虑不宜超过 9m，一般最常用为 6m）。

（2）多层民用房屋的柱网尺寸

因民用房屋种类繁多、功能要求各有不同，柱网尺寸的适宜范围是：

柱距：3.3~6m（旅馆建筑时，它往往等于两个客房的宽度，故常为6~8m），

跨度：6~12m（从经济考虑不宜超过9m）。

无论工业或民用房屋，布置柱网时，均应考虑建筑物长度较大时，需设置伸缩缝，以避免温度应力引起开裂，伸缩缝间距详见《混凝土结构设计规范》GB 50010—2002。因为伸缩缝将房屋上部结构断开，分成独立的结构单元，所以在缝的两侧应各自设置框架。

2. 构件截面尺寸

框架结构是由梁与柱相互刚接而成。框架结构的承载能力主要依赖梁与柱的强度，框架房屋的刚度，直接与梁柱的构件刚度有关，所以考虑强度与刚度的需要，框架横梁及柱的截面尺寸可参照下列数字取值。

框架横梁截面高度 $h = (1/12 ~ 1/8)L$（L 为横梁跨度），横梁截面宽度 $b = (1/3 ~ 1/2)h$

框架横梁截面可按 $(0.5 ~ 0.7)M_0$ 进行初步估算（M_0 为按简支梁计算的跨中弯矩）。

框架柱截面可按 $(1.2 ~ 1.4)N$ 进行初步估算（N 为轴向压力）。

3.4 框架结构的运用与建筑艺术技巧的配合

框架结构既可用于多层建筑，也可以用于高层建筑，它有很多的优点，已普遍应用在工程中。如果能够运用和发挥框架结构的优势，来塑造富有艺术的建筑造型，收到建筑与结构共同的良好效果。

下面讨论有关几个框架结构运用与建筑艺术技巧的有效配合问题。

3.4.1 框架悬挑与建筑艺术的有效结合

连续梁端部适当悬挑有利于减少跨中弯矩，把建筑底层以上的室内空间向周边延伸，这是现代建筑中比较多用的一种设计手法（图3-5）。这种方法的设计思想起源于：意图以"底层收进"使立向上下强烈对比的愿望。采用悬挑框架梁，不必打断柱子的竖向连续性而取得底层收进的设计做法，不仅对结构有利，且扩大了建筑使用面积，同时室内空间艺术处理也有新意。

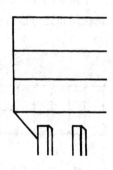

图3-5 室内空间向周边延伸

有些建筑物把底层的楼盖悬挑出很厚的周边雨篷（图3-6），可使高层建筑立面给人以高中有宽，耸而不危，周边开阔舒坦的感觉。这种多层次空间处理，也是现代建筑中常用的一种设计手法。上面两种设计手法都是框架悬挑的巧妙运用。

框架悬挑的外伸长度要讲究局部与整体的比例关系，悬挑的长度不能单从建筑美学上的比例来考虑，而且还要从力学结构上的经济合理来考虑。从力学结构的角度来说，悬臂外伸越长（跨中弯矩减少），悬臂的挠度也就越大（因挠度随

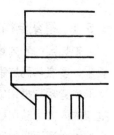

图3-6 周边雨篷

跨长的四次方而增长），故悬挑太长就可能会造成受力不合理和经济的浪费。所以，经济合理的悬臂外伸长度应以悬臂弯矩与内梁跨中弯矩的大小差不多为适宜（这样，悬臂支座与内梁跨中的配筋数量将比较接近）。

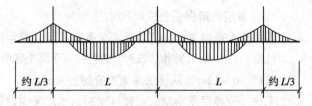

图3-7　均布荷载下框架悬挑的外伸长度

　　影响弯矩大小的因素是：荷载情况，内梁跨度和外伸长度之间的多种关系。所以，外伸长度应为多少不能绝对地一概而论。一般地，均布荷载作用情况下，外伸长度不应大于1/2内跨长度，也不宜小于1/4内跨长度，比较合适的是约为1/3内跨长度左右且一般小于2.1m（图3-7）。

　　框架的悬挑，最好是框架的两端同时挑出，这样，结构上可以维持框架外形的对称而减少侧移。而且最好是纵横两向框架同时悬挑，这样，对框架角柱的受力和建筑造型更能达到合理协调。

　　建筑上"幕墙"的做法与悬挑类似，建筑效果主要是为了获得完全通透的整片玻璃立面，但在结构效果上却不如悬挑。因"幕墙"离开柱轴线不远，而且"幕墙"材料也很轻，它可直接挂在楼板上面而不需要框架横梁悬挑外伸的处理。

3.4.2　在复杂的平面体型上进行简单的框架柱网布置

　　框架柱网网布置得越简单、规则、整齐对结构就越有利，经济效果就越好。但是，从建筑角度出发，高层建筑常常采用周边复杂的形式以提高建筑艺术的效果。因此，在复杂的建筑平面形式上，力求简单的框架柱网布置，这是一个重要的建筑、结构配合问题。图3-8中列出了几种典型的房屋平面形式及其柱网布置方法。

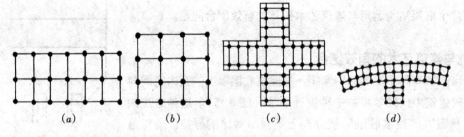

图3-8　框架柱网布置方式
（a）横向框架结构；
（b）纵向框架结构；
（c）双向横向框架结构；
（d）弧形横向框架结构

3.5　框架结构的适用层数和高宽比要求

3.5.1　框架结构房屋最大适用高度

　　根据国内外大量震害调查和工程设计经验，为了达到既安全又经济合理的要求，多层与高层钢筋混凝土房屋高度不宜太高。在水平荷载作用下，框架的变形或弯矩与框架的层数密切的关系，框架层数越多，产生的水平位移越大，框架的内力也随层数的增加而迅速增长。当框架超过一定高度后，水平荷载产生的内力远远超过竖向荷载产生的内力。这时，水平荷载对设计起主要控制作用，而竖向荷载对设计已失去控制作用，框架结构的优越性就不能表现出来，层数越多，框架柱的截面也就越大，甚至达到不合理的地步。对于框架的适用层数正是从这个意义上提出的。

首先，从强度方面来看，由于层数和高度的增加，竖向荷载和水平荷载（风力、地震作用）产生的内力都要相应加大，特别是水平荷载产生的内力增加得更快。因此，当高度达到一定数值后，在框架内将产生相当可观的内力。其次，从刚度方面来看，框架结构本身柔性较大，随着房屋高度增加，高宽比也逐渐增大，在水平荷载作用下，水平位移成为重要的控制因素。因此，当层数较高时，如果要满足强度和刚度的要求，框架下部的梁、柱截面尺寸就会增大到不经济甚至不合理的地步。

综合以上的讨论和分析可见，框架结构是一种柔性的结构体系，随着房屋高度的增加，侧向力作用的效应更为显著。在水平荷载作用下，房屋层数越多，框架结构"抗侧刚度小，水平位移大"的弱点越明显，对框架越不利。框架结构的合理层数为 6～15 层，最经济的层数是 10 层左右，一般高宽比为 3～5。同时，房屋最大适用高度与烈度、场地类别等因素有关，我国《高层建筑混凝土结构技术规程》JGJ3—2002 规定了框架结构最大适用高度应不超过表3-2 的规定。

房屋最大适用高度（m）　　　　　　　　表 3-2

结构体系	烈　　度			
	6 度	7 度	8 度	9 度
框架结构	60	55	45	25

注：(1) 房屋高度指室外地面至主要屋面高度，不包括局部突出屋面的电梯机房、水箱、构架等；

　　(2) 表中框架不含异形柱框架结构。

表 3-2 所列房屋最大适用高度是指Ⅰ、Ⅱ和Ⅲ类场地上的规则的现浇钢筋混凝土结构，对平面和竖向均不规则的结构或Ⅳ类场地上的结构，应适当降低房屋最大适用高度。

3.5.2　框架结构抗震等级

在同样地震烈度下不同结构类型的钢筋混凝土房屋有不同的抗震要求。例如，次要的抗侧力结构单元的抗震要求可低于主要抗侧力结构，如框架—抗震墙结构中的框架，其抗震要求可低于框架结构中的框架。再如，多层房屋的抗震要求可低于高层房屋，因为前者的地震反应小，延性要求可低于后者。《建筑抗震设计规范》GB 50011—2001 根据房屋设防烈度、结构类型和房屋高度，将框架结构和框架—抗震墙结构划分为四个抗震等级并规定不同抗震等级的结构应符合相应的计算和构造措施。框架抗震等级可查表 3-3。

	框架结构的抗震等级						表 3-3
结构体系与类型		设防烈度					
	烈　　度	6		7		8		9
框架结构	高　度（m）	≤30	>30	≤30	>30	≤30	>30	≤25
	框　　架	四	三	三	二	二	一	一
	剧场、体育馆等大跨度公共建筑	三		二		一		一

3.5.3　规则结构与不规则结构

地震震害调查表明，在抗震设计中，对不规则结构如未采取妥善处理，则会给建筑带来不利影响甚至造成严重震害。区别规则结构和不规则结构的目的，是为了在抗震设计中予以区别对待。对不规则结构的不利部位，应采取有效措施，以提高其抗震能力；对规则结构则应按《建筑抗震设计规范》GB 50011—2001 的一般规定进行设计。

根据理论分析和设计经验，框架结构和框架—抗震墙结构，平面、立面尺寸和刚度沿房屋平面和高度变化符合下列各项要求时，结构扭转效应和鞭鞘效应都较小，同时，楼层屈服强度系数沿房屋高度分布也比较均匀。因此，可以认为是规则结构。

结构平面要求：

（1）平面宜简单、规则、对称，减少偏心；

（2）平面长度不宜过长，突出部分长度 l 不宜过大（图3-9），L、l 等值宜满足表3-4的要求；

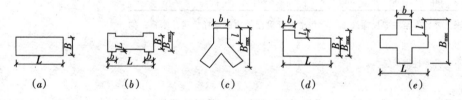

（a）　　　　　（b）　　　　　（c）　　　　　（d）　　　　　（e）　　　　　图3-9　建筑平面

	L、l 的限值		表 3-4
设防烈度	L/B	l/B_{max}	l/b
6、7 度	≤6.0	≤0.35	≤2.0
8、9 度	≤5.0	≤0.30	≤1.5

（3）不宜采用角部重叠的平面图形或细腰形平面图形。

结构竖向布置要求：

（1）竖向体系宜规则、均匀、对称，避免过大的外挑和内收；

（2）结构上部楼层收进部位到室外面的高度 H_1 与房屋高度 H 之比大于 0.2 时，上部楼层收进后的水平尺寸 B 不宜小于下部楼层水平尺寸的 0.75 倍（图3-

10a、b）；当上部结构楼层相对于下部楼层外挑时，下部楼层的水平尺寸 B 不宜小于上部楼层水平尺寸 B_1 的 0.9 倍，且水平外挑尺寸不宜大于 4m（图 3-10c、d）。

当不能满足上述各项要求时，应调整建筑平、立面尺寸和刚度沿房屋平面和高度的分布，选择合理的建筑结构方案，避免设置防震缝。因为《建筑抗震设计规范》GB 50011—2001 规定的防震缝宽度，有时仍难免相邻结构局部碰撞而造成装修损坏，但防震缝宽度过大，又会给建筑立面处理和抗震构造带来较大的困难。

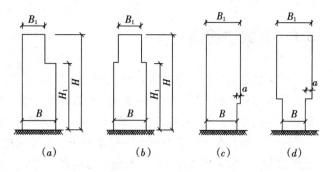

图 3-10　结构竖向收进和外挑示意

3.5.4　框架结构的布置要求

在抗震设防区，框架体系房屋的建筑体型以及结构布置应注意如下要求：

（1）房屋的平面、立面宜简单、规则。

平面和立面不规则的体型，在水平荷载作用下，由于体型突变，受力比较复杂，因此建筑体型在平面及立面上尽量避免部分突出及刚度突变。若不能避免时，则应在结构布置上局部加强。立面上有局部突出和刚度突变的建筑，应考虑地震力作用下突变部分的影响，震害调查表明，房屋顶部突出结构，包括女儿墙以及屋顶的烟囱、水箱、电梯间等部位，地震时破坏率最大，这主要是由于地震力作用下的鞭梢效应。因此，房屋顶部不宜有局部突出和刚度突变，若不能避免时，凸出部分应逐步收小，使刚度不发生突变，并需作抗震验算。同时抗侧力结构的布置应尽可能使房屋的刚度中心与地震力合力作用线接近或重合且刚度均匀不应过分悬殊，如过分悬殊则使房屋产生扭转变形，并在框架柱中产生由于扭矩而引起的附加内力。在地震烈度较高时，即使通过计算增加柱子配筋，但仍有可能使一些构件破坏，特别是非结构构件，如填充墙、门窗等。

（2）楼、电梯间不宜布置在结构单元的两端和拐角部位。

在地震力作用下，由于结构单元的两端扭转效应最大，拐角部位受力更是复杂，而各层楼板在楼、电梯间处都要中断，致使受力不利，容易发生震害。如果楼、电梯间必须布置在两端和拐角处，则应采取加强措施。

（3）各层楼板应尽量设置在同一标高上，尽可能不采用复式框架。框架因楼板中断，柱子刚度又相差过大，且结构刚度沿高度分布不均匀，容易引起震害。

（4）房屋高低层不宜用牛腿相连，宜用缝分开。

由于高低层相连，高度和自重相差悬殊，震动时频率不同，必然互相推拉挤压，使牛腿连接处产生很大的应力集中，在反复的拉力、压力作用下，容易引起牛腿破坏。

3.6 无梁楼盖结构

无梁楼盖结构是一种类似的框架结构。顾名思义，这种结构是没有楼盖的，因而它具有板底平整、室内净高可有效利用、便于管道在室内天棚架设等优点，所以它广泛用于冷藏库、仓库，也可用于商场和多层工业厂房等建筑中。

无梁楼盖与有梁楼盖的主要不同点在于：钢筋混凝土板直接支承在柱上，没有次梁或主梁，板的厚度则较有梁楼盖的厚。柱的上端与板整体连接处尺寸加大，形成"柱帽"，作为板的支座（图 3-11）。

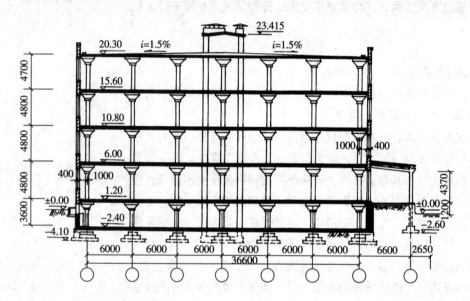

图 3-11　无梁楼盖和
柱帽形式

3.6.1 现浇无梁楼盖结构

无梁楼盖除整体浇筑外，也可做成装配式结构，还可采用升板法施工。本节简单介绍现浇无梁楼盖结构。

无梁楼盖结构由板、柱帽及柱子组成。

无梁楼盖的柱网通常布置成正方形或矩形。正方形的区格比较经济，跨度很少超过 6m，当采用矩形柱网时，长跨与短跨比值一般不大于 1.33。楼盖四周边可支承在墙上或支承在边柱上的圈梁上，或悬臂伸出边柱以外。采用伸出柱外的方法，能使边区格的弯矩值与中区格的接近，因而节省混凝土和钢筋的用量。此外，还能使柱帽的形式一致，方便施工。常用柱帽形式及构造如图 3-12 所示。柱子与板直接通过柱帽连接适用于较轻荷载，如图 3-12 (a) 所示；柱帽上部再加宽或设柱帽顶板，适用于楼盖承受较大荷载情况，如图 3-12 (b)、(c) 所示。

无梁楼盖的静力分析，通常是把楼板在纵横两个方向上假想地划分为两种板带，即"柱上板带"及"跨中板带"。前者可视为弹性的柔软支座，后者支承于其上。

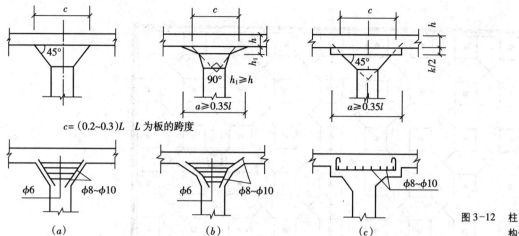

$c=(0.2\sim0.3)L$　L 为板的跨度

$\phi6$　$\phi8\sim\phi10$　(a)

$\phi6$　$\phi8\sim\phi10$　(b)

$\phi8\sim\phi10$　(c)

图 3-12　柱帽形式和构造处理

无梁楼盖板的厚度：当采图 3-12（a）的柱帽形式，板厚不宜小于（$1/35\sim1/32$）跨度，当采用图 3-12（b）和（c）的柱帽形式，板厚不宜小于（$1/40\sim1/35$）跨度。一般板厚为 $160\sim200\text{mm}$。

柱子的尺寸由计算确定，当楼盖荷载较大时，层高与柱子截面宽度比值不宜大于 $1/10$，当楼盖四周的板不伸出边柱外时，在周边应设圈梁。圈梁可支承外墙或兼作过梁用途，抗扭主筋不宜小于 $4\Phi12$。

3.6.2　无梁楼盖结构实例

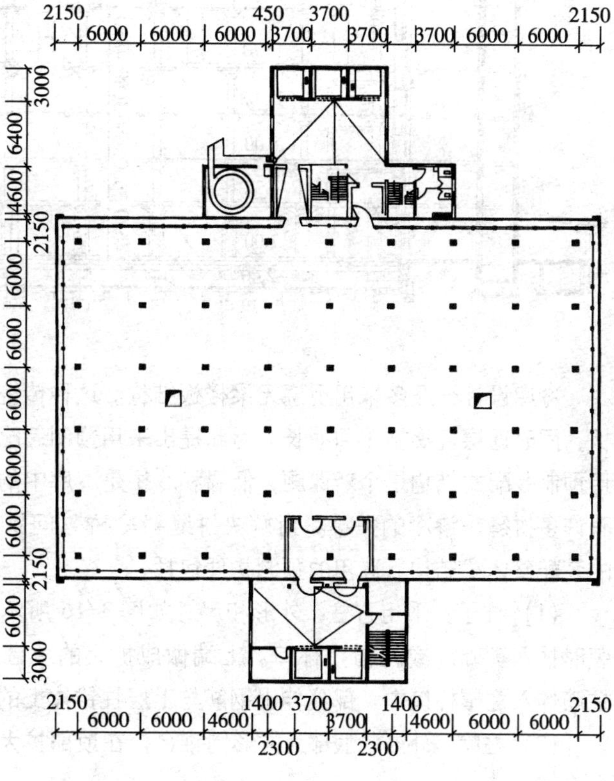

上海水产供销公司冷库位于上海杨浦区军工路，东临黄浦江。主库的外包尺寸为 $34.54\text{m}\times52.54\text{m}$，层高为（$4.61+3.68\times3+4.88+6.90$）m，柱距 $6\text{m}\times6\text{m}$，建筑面积为 10888m^2，共 6层。底层为速冻间，二～四层为冷藏库，五层为冰库，六层为制冰间。其平面如图 3-13 和图 3-14 所示，剖面如图 3-15 所示。

该冷库结构采用预制装配整体式无梁楼盖，在预制楼板装配后浇筑混凝土形成叠合板。该工程场地土质软弱，因上部结构荷载较大，故采用桩基。钢筋混凝土方桩断面为 $450\text{mm}\times450\text{mm}$，长 $2.4\sim6\text{m}$，桩尖进入上海地区灰绿色粉质黏土层约 1m 左右，通过测试桩的单桩承载力为 90t。每个桩台下用 7 根桩，共用桩 378 根。

图 3-13　冷库平面图

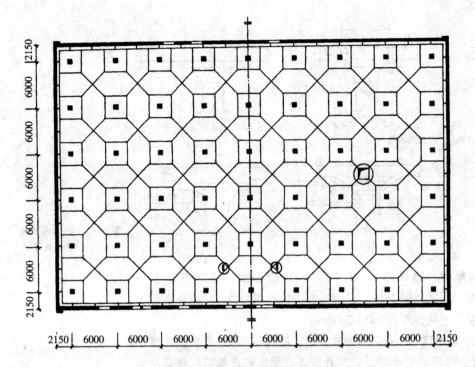

图 3-14　冷库柱网平面图

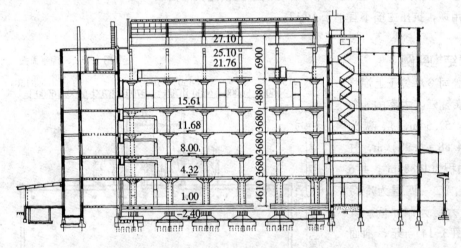

图 3-15　冷库剖面图

　　冷库设计一般多采用现浇无梁楼板结构。这种传统做法施工时需要大量模板，同时逐层浇捣施工周期长。为此提出来用预制装配式结构。在冷库工程采用预制装配式结构是个新课题，低温和冷桥是冷库中的主要问题，而装配结构有许多拼缝是渗冷的关键。为解决拼缝"冷桥"问题，选用半预制、半现浇的装配整体式结构。选用的预制构件包括：

　　（1）柱子：采用方柱，外形和尺寸如图 3-16 所示。下端做成锥台体，安装时插入基础（或柱帽）杯口。上端做成扩大的承台，用以支承柱帽，上端柱筋伸入柱帽杯口内，部分伸出钢筋与上层柱锥体上的预埋件焊接。

　　（2）柱帽：外形的底部为方形倒锥台，在顶部扩大成折线形柱帽顶板，中留空腔成杯口以便上层柱的底部锥台插入。柱帽的剖面尺寸如图 3-16（*b*）所示。

（3）预应力六（五）角形板：楼板中央区格采用六角形板，四周边区格采用五角形板，厚度为 750mm，其外形和尺寸如图 3-16（*c*）所示。

（4）顶层制冰车间为常温车间，采用的吊车梁、二铰拱屋架和槽形瓦均为一般预制构件。以上顶制构件都在制品厂加工，混凝土的强度等级 C40。

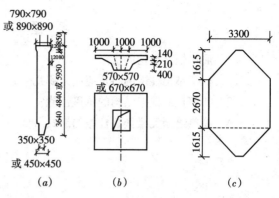

图 3-16　柱和柱帽的外形和尺寸

安装顺序：吊装设备除柱子采用履带式吊车外，其他均由一台 2～6t 塔吊安装。由于平面尺寸长，中央部分构件无法安装，因此将平面分成两个区域，中间留出一个开间作为吊车通道，待两区的构件全部吊装完毕，最后才安装中间的构件。

构件吊装的顺序为：将柱子插入基础杯口，柱子校正垂度后，即进行固定。吊装柱用水平尺对柱帽上口抄平并用垫片垫平，随即用电焊与柱顶焊接以承受平面铺板时的倾覆力矩。在安装六（五）的形板前，对柱帽四角用水平仪复校一次并立水泥柱标志，标志间则用砂浆填满，吊好六（五）角形板，待一个柱网间四块板的拼缝基本平齐，即将六（五）边形板四角伸出筋与柱帽用电焊临时固定。拼缝若有不平时，用螺栓和垫板将相邻的板关紧，然后灌缝。接着将上层柱插入柱帽，校正就位后将下柱伸出的钢筋与上柱底部顶埋件焊接。用 C40 混凝土浇满柱帽空腔，待全部预制构件（包括屋架和槽瓦）吊装完毕后，配置楼板弯矩钢筋，浇捣 650mm 厚 C30 混凝土后浇层，使之与预制六（五）角形板形成装配整体式无梁楼盖，从而堵住了"冷桥"通道。

（5）围护结构的处理：一般围护结构均采用封闭式砖墙。为了消除冷桥，一方面砖墙必须和冷库楼板脱开，另一方面又要防止临空砖墙失稳，必须给墙设置横向支承点。习惯做法是在楼板上设置少量连杆与墙相连，尽量减少"冷桥"影响。冷库使用时库内温度下降，平均温度可达（40～50）℃，模板收缩使墙体向内移动，但靠近墙角一段因受到垂直方向砖墙的约束不能内移，会产生温度应力集中的现象。通常采取将角部做成圆弧以缓和应力集中，但即使这样做，这一段温度应力的计算还是比较复杂，一般在砖缝内配置钢筋网片来解决。据此，如墙体能在角上断开，使墙体能自由平移，则应力集中现象自然消失。因此，在四个墙角设置伸缩缝，并在缝内连续贴油毡、但在角缝处设"膨胀环"，外用柔性油膏将缝封闭，且通过计算将砖墙厚度改为 240mm。

（6）经济效果：本工程全部预制构件实际吊装期为 54d，最快速度为 7d 一层，平均速度为 9d 一层。结构施工期要比全现浇的快得多，结构的经济指标也是好的。

习 题

3.1 简述框架结构的优点。

3.2 框架结构柱网的布置应满足哪几个方面的要求？

3.3 如何提高框架结构的抗震性能？

3.4 简单绘制无梁楼盖柱帽的形式。

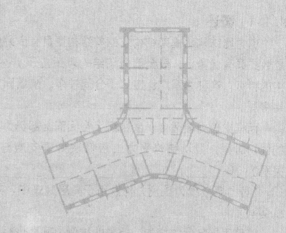

第4章 剪力墙结构体系

本章介绍剪力墙结构的特点、类型及适用范围。主要介绍剪力墙结构体系的种类、框架剪力墙结构、剪力墙结构、框支剪力墙结构和简体结构的结构刚度和变形特点、适用情况，简要对比各种结构体系的适用高度、适用建筑类别和经济指标。

4.1 剪力墙结构的概念

4.1.1 概述

剪力墙结构比框架结构或框剪结构更具有良好的整体刚度，其适应高度或层数更具有优势，一般全剪力墙结构可适应于 16～40 层房屋。根据剪力墙结构的特点，这种体系广泛应用于分间较多、隔墙固定的旅馆、公寓、住宅等民用房屋。

而框支剪力墙适合于底层需大空间而上部仍为小空间的旅馆、公寓、住宅的民用房屋，但从结构受力上应解决好框支层与剪力墙标准层的刚度过渡关系。

"剪力墙"作为抗侧力构件用于高层建筑中，其主要效能在于提高房屋的抗侧刚度。

随着房屋高度的增加，所需的抗侧力刚度也相应增长。为了满足高层房屋对刚度的要求，必须运用"剪力墙"组成的新型结构体系。当前，剪力墙结构体系主要有：框架—剪力墙结构、剪力墙结构、框支剪力墙结构、简体结构等四大类。

本章对剪力墙结构体系、框支剪力墙结构体系的布置原则及主要构造要求作了较为详细的介绍，并列举了几个已建的工程实例，供学习时参考和分析。

有关剪力墙的特点、类型、适应范围、结构布置及主要构造要求对于指导具体工程实践是很有实际意义的。

4.1.2 剪力墙的概念和结构作用

房屋层数和高度增加到一定的程度（一般当房屋层数超过 25 层以上）时，水平荷载对房屋的影响将更大，如果采用框架—剪力墙体系，则需要设置的剪力墙数量将要大幅度增加，以至整个房屋中剩下的框架寥寥无几，为简化设计和施工起见，宜全部采用剪力墙结构。

剪力墙，一般为刚度较大的钢筋混凝土的墙片（图4-1）。此墙片在水平力作用下的工作犹如悬臂的深梁（图4-2）。由于深梁的抗弯惯性矩大，其抗侧刚度与抗剪能力均大大高于框架柱。这种墙片为整个房屋提供很大的抗剪强度和刚度，所以一般称这种墙片为"抗剪墙"或"剪力墙"。

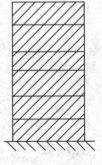

图4-1　剪力墙墙片

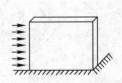

图4-2　水平力作用下的墙片

4.2 剪力墙结构体系的类型、特点和适用范围

4.2.1 剪力墙的分类

1. 按施工工艺分类

（1）大模现浇剪力墙结构体系；

（2）滑模现浇剪力墙结构体系；

（3）全装配大板结构体系；

（4）内浇外挂剪力墙结构体系。

在我国目前已建成的高层剪力墙建筑中，高层住宅占绝大多数。上述4种施工工艺中，大模现浇剪力墙结构体系的施工工艺及机械设备相对较简单，又有较好的技术经济指标，比较适合我国国情，有很好的发展前景。据统计，北京、上海、天津的高层剪力墙住宅中，大模体系已经占据主导地位，北京内浇外挂体系应用也较多。

在高层建筑结构体系的选型中，应充分考虑工程的施工条件和具体的施工工艺等因素。

2. 按剪力墙的整体性（墙体开洞大小）分类

（1）实体剪力墙（图4-3a）

当剪力墙未开洞或开洞较小时，剪力墙的整体工作性能较好，整个剪力墙犹如一个竖向放置的悬臂杆，剪力墙截面内的正应力分布在整个剪力墙截面高度范围内呈线性分布或接近线性分布。

（2）双肢剪力墙（图4-3b），墙面上开有一排洞口的墙称双肢墙；

（3）联肢剪力墙（图4-3c），当剪力墙沿竖向开有一列或多列较大的洞口时，这时剪力墙称为由一系列连梁约束的墙肢所组成的联肢墙；

（4）壁式框架（图4-3d）

剪力墙开洞面积很大，连系梁和墙肢的刚度均比较小，整个剪力墙的受力与变形接近于框架，几乎每层墙肢均有一个反弯点，这类剪力墙称为壁式框架。

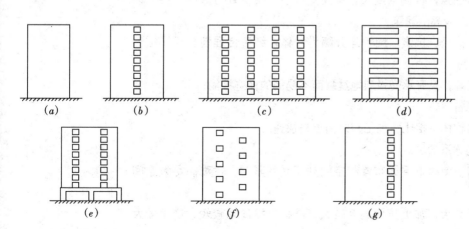

图4-3　各型剪力墙示意图

（a）实体墙；（b）双肢墙；（c）联肢墙；（d）壁式框架；（e）框支墙；（f）错洞墙；（g）带小墙肢的开间墙

（5）框支剪力墙（图4-3e），框支剪力墙是指在框支剪力墙结构（在转换层的位置）上部布置的剪力墙，一般多用于下部要求大开间，上部住宅、酒店且房间内不能出现柱角的综合高层房屋。

框支—剪力墙结构抗震性能差，造价高，应尽量避免采用。但它能满足现代建筑不同功能组合的需要，有时结构设计又不可避免此种结构形式，对此应采取措施积极改善其抗震性能，尽可能减少材料消耗，以降低工程造价；

（6）错洞剪力墙（图4-3f），墙面上开有错行或错列洞口的剪力墙称错洞剪力墙；

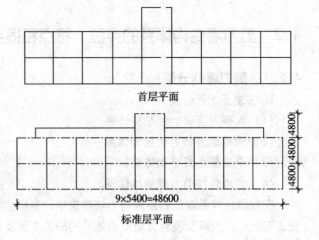

首层平面

9×5400=48600

标准层平面

图4-4 底部大空间剪力墙结构布置

（7）带小墙肢的剪力墙（图4-3g），墙肢与其余部分墙体尺寸相比较较小的称带小墙肢的剪力墙。

为满足底部大空间的建筑要求，可将底部剪力墙改为框架，常称为底部大空间剪力墙结构。图4-4为大连市友好广场高层住宅的结构布置，该建筑为15层，采用大模板施工。

在进行底部大空间剪力墙结构布置时，应控制建筑物沿高度方向的刚度变化不要突变太大。一般做法是将部分底部剪力墙改为框架，增加落地剪力墙的厚度，把落地剪力墙布置成筒状或工字形等来增加结构底部的总抗侧刚度，使结构转换层上下刚度较为接近。

联肢剪力墙及壁式框架一般用于外墙，带小墙肢的剪力墙用于内墙，框支墙一般用于上部为住宅、旅馆、下部为大空间公共建筑的情况。

4.2.2 剪力墙体系的特点

1. 剪力墙结构体系的优点

（1）结构整体性强，抗侧刚度大，侧向变形小，在承载力方面的要求易得到满足，适于建造较高的建筑；

（2）集承重、抗风、抗震、围护与分隔为一体，经济合理地利用了结构材料；

（3）抗震性能好，具有承受强烈地震裂而不易倒的良好性能；

（4）用钢量较省；

（5）与框架结构体系相比，施工相对简便与快速。

2. 剪力墙结构体系的缺点

（1）墙体较密，使建筑平面布置和空间利用受到限制，较难满足大空间建筑功能的要求；

（2）结构自重较大，加上抗侧刚度较大，结构自振周期较短，产生较大的地震作用。

4.2.3 剪力墙结构体系的适用范围

剪力墙结构对于需要很多隔墙的高层住宅公寓及高层旅馆的标准层十分适用。为了适应下部设置大空间公共设施的高层住宅、公寓和旅馆建筑的需要，可以使用框支剪力墙体系，即在底层或1~3层把部分剪力墙改换为框架，其余剪力墙仍落至基础，使与其相接层次的刚度不发生太大的突变。

对抗震要求较高的房屋，采用框支剪力墙结构宜经过专门的试验研究。

4.3 剪力墙的形状和位置

剪力墙结构体系主要依靠剪力墙抵抗水平侧向力。只有正确选择剪力墙的形状，恰当地布置剪力墙的位置，才能真正收到理想的抗侧效果。

4.3.1 剪力墙的形状

根据建筑的需要，剪力墙的形状并无任何限制，但由于剪力墙对水平荷载的反应与它的形状及方向有很大关系，因此，除截面为一字形的以外，常将剪力墙结合建筑分隔或专门从受力角度考虑，设计为 L 形、Z 形、T 形、I 形、[形以及封闭型的口形、△形、○形（图4-5）。

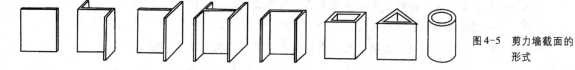

图4-5　剪力墙截面的
形式

4.3.2 剪力墙布置的位置

（1）剪力墙在平面上应沿建筑物主轴方向布置。当建筑物为矩形、T 形和 L 形平面时，剪力墙应沿两个主轴方向布置；建筑物为△形、Y 形、十字形平面时，剪力墙应沿主轴方向布置；对于○形平面，则可沿径向布置成辐射状（图4-6）。

（2）剪力墙片应尽量对直拉通，否则，不能视为整体墙片。但当两道墙错开距离 $d \leqslant 3b_w$（b_w 为墙厚度）时，或当墙体在平面上为转折形状、其转角 $\alpha \leqslant 15°$ 时，才可近似当作整体平面的剪力墙对待（图4-7）。

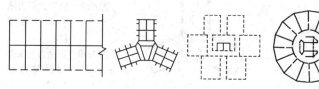

图4-6　剪力墙在平面
上的布置

（3）剪力墙结构的平面形状力求简单、规则、对称，墙体布置力求均匀，使质量中心与刚度中心尽量接近。

（4）剪力墙结构应尽量避免竖向刚度突变。墙体沿竖向宜贯通全高，墙厚度沿竖向宜逐渐减薄，在同一结构单元内宜避免错层及局部夹层。

（5）全剪力墙体系宜把剪力墙布置均衡。横向剪力墙的间距，从经济考虑，不宜太密，一般不小于 $6\sim8m$。纵向剪力墙一般设为二道、二道半、三道或四道（图4-8）。

（6）对有抗震要求的建筑，应避免抗震性能不良的鱼骨式的平面布置（图4-9）。

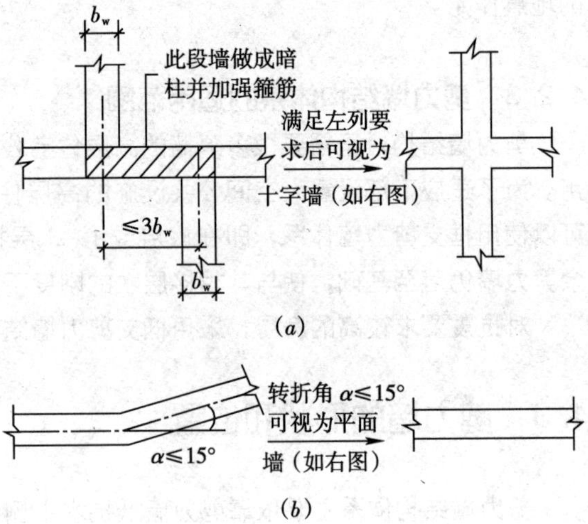

（7）当建筑平面形状任意时，在受力复杂处，剪力墙应适当加密（图4-10）。

（8）剪力墙宜设于建筑物两端、楼梯间、电梯间及平面刚度有变化处，同时以能纵横向相互连在一起为有利，这样，对增大剪力墙刚度很有好处。

（9）剪力墙的平面布置有两种方案

横墙承重方案：横墙间距即为楼板的跨度，通常剪力墙的间距为 $6\sim8m$，较经济。

纵横墙共同承重方案：楼板支承在进深大梁和横向剪力墙上，而大梁又搁置在纵墙上，形成纵横墙共同承重方案。

在实际工程中以横墙承重方案居多数，有时也采用纵横墙共同承重的结构方案。

（10）当建筑使用功能要求有底层大空间时，可以使用框支剪力墙，但一般均应有落地剪力墙协同工作。

（11）框支剪力墙与落地剪力墙协同工作体系中，以最常见的矩形建筑平面为例，落地横向剪力墙数量占全部横向剪力墙数量之百分比率：非抗震设计时不少于30%，抗震设计时不少于50%。

（12）落地剪力墙的间距 L 应满足的条件

非抗震设计时：$L\leqslant3B$，$L\leqslant36m$（B 为楼面宽度）

抗震设计时：$L\leqslant2B$，$L\leqslant24m$（底部为 $1\sim2$ 层框支层时）

图4-7 内外墙错开或转折时的要求
(a) 墙体错开时；(b) 墙体转折时

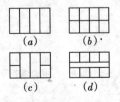
(a)   (b)
(c)   (d)

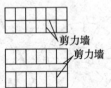

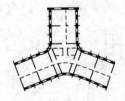
剪力墙
剪力墙

图4-8 纵向剪力墙布置图（左）

图4-9 鱼骨式剪力墙平面布置图（中）

图4-10 在受力复杂处加密剪力墙（右）

（13）上下层剪力墙的刚度比 γ 宜尽量接近于1。非抗震设计时，γ 不应大于3；抗震设计时，γ 不应大于2。

（14）框支剪力墙托梁上方的一层墙体不宜设置边门洞，且不得在中柱上方设门洞。落地剪力墙尽量少开窗洞，若必需开洞时宜布置在墙体的中部。

（15）转换层楼板混凝土强度等级不宜低于C30，并应采用双向上下层配筋。楼板开洞位置尽可能远离外侧边，大空间部分的楼板不宜开洞，与转换层相邻的楼板也应适当加强。

（16）框支梁、柱截面尺寸

框支梁宽度 b_c 不宜小于上层墙体厚度的2倍，且不小于400mm。框支梁高度 h_c：当进行抗震设计时不应小于跨度的1/6；进行非抗震设计时不应小于跨度的1/8，也可采用加腋梁。框支柱的截面宽度 b_c 宜与梁宽 b_b 相等，也可比梁宽度 b_b 大50。非抗震设计时 b_c 不宜小于400mm，框支柱截面高度 h_c 不宜小于梁跨度的1/15；进行抗震设计时 b_c 不宜小于450mm，h_c 不宜小于梁跨度的1/12，柱净高与截面长边尺寸之比宜大于4。

（17）框支梁、柱的混凝土等级均不应低于C30。

（18）对于底层大空间，上层鱼骨式剪力墙结构，当建筑总高度不超过50m，抗震烈度为7～8度时，纵横方向的落地剪力墙与框支剪力墙宜采用如图4-10所示的平面布置方式。图4-11（a）表示在一个结构单元（一般不宜超过60m）中，落地剪力墙纵横向集中为筒体，布置在结构单元的两端；图4-11（b）表示当结构单元较长时，可在中部加一道落地剪力墙，如结构单元再加长时，如图4-11（c）所示那样，在中间设一个落地筒体。

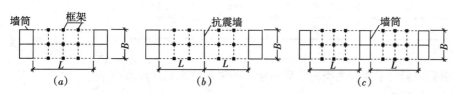

图4-11　落地剪力墙（筒）与框支剪力墙的平面布置

4.4　剪力墙的主要构造

4.4.1　剪力墙的材料要求

剪力墙的混凝土强度等级不应低于C20；

剪力墙的配筋：剪力墙厚度小于200mm者，可单层配筋；剪力墙厚度不小于200mm者，应两层配筋。山墙及相邻第一道内横墙、楼梯间或电梯间墙及内纵墙等都应双层配筋。

4.4.2　剪力墙的厚度要求

按一、二级抗震等级设计时，剪力墙的厚度不应小于楼层高度的1/20，且不应小于160mm；按三、四级抗震等级和非抗震设计时不应小于楼层高度的

1/25，且不应小于160mm。有边框即嵌在框架梁柱间时，剪力墙厚度不小于墙体净高的1/30，且不小于120mm。

4.4.3 剪力墙所适应的最大高度和高宽比

钢筋混凝土结构的最大适应高度和高宽比应分为 A 级和 B 级（B 级高度的高层建筑结构的最大适用高度和高宽比可较 A 级适当放宽，其结构抗震等级、有关构造措施应按规范规定相应严格）。

A 级、B 级高度钢筋混凝土乙类和丙类高层剪力墙结构体系适用的最大高度分别于表4-1、表4-2中列出。该表中对全部落地剪力墙及部分框支剪力墙给出了不同高度数值的限制，可以看出，部分框支墙的最大高度限制比无框支墙更严格些。

A 级高度剪力墙建筑结构体系适用的最大高度（m）　　表4-1

结构体系	非抗震设计	抗震设防烈度			
		6 度	7 度	8 度	9 度
全部落地剪力墙	150	140	120	100	60
部分框支剪力墙	130	120	100	80	不应采用

B 级高度剪力墙建筑结构体系适用的最大高度（m）　　表4-2

结构体系	非抗震设计	抗震设防烈度		
		6 度	7 度	8 度
全部落地剪力墙	180	170	150	130
部分框支剪力墙	150	140	120	100

A 级、B 级高度钢筋混凝土乙类和丙类高层剪力墙结构体系的高宽比限值不宜超过表4-3、表4-4的数值。

A 级高度剪力墙结构体系建筑高宽比限值　　表4-3

非抗震设计	抗震设防烈度		
	6 度、7 度	8 度	9 度
6	6	5	4

B 级高度剪力墙结构体系建筑高宽比限值　　表4-4

非抗震设计	抗震设防烈度	
	6 度、7 度	8 度
8	7	6

4.4.4 剪力墙墙体上开洞的基本要求

剪力墙墙体上开洞的位置和大小会从根本上影响剪力墙的分类及其相应的受力状态与变形特点。设计中要求建筑、结构、设备等专业协作配合，合理布置墙体上的洞口，避免出现对抗风、抗震不利的洞口位置，对于较大的洞口应尽量设计成上下洞口对齐成列布置，使能形成明确的墙肢和连梁，尽量避免上下洞口错列的不规则布置。

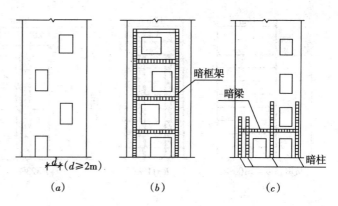

图4-12 错洞剪力墙
(a) 一般错洞墙；(b) 叠合错洞墙；(c) 底层局部错洞墙

（1）如由于建筑使用功能要求而上下洞口不能对齐成列而需要错开时，应根据《高层建筑混凝土结构技术规程》JGJ 3—2002 的规定进行应力分析及截面配筋设计。

对于错洞墙工程实践中常采取下列措施：

①一般错洞墙 当必须采用错洞墙时，洞口错开距离不宜小于2m，如图4-12 (a) 所示。

②叠合错洞墙 抗震设计及非抗震设计中均不宜采用叠合错洞墙，当必须采用时，应按图4-12 (b) 所示的暗框式配筋。

③底层局部错洞墙 当采用这种形式的剪力墙时，其标准层洞口部位的竖向钢筋应延伸至底层，并在一、二层形成上下连续的暗柱，二层洞口下设暗梁，并加强配筋。底层墙截面的暗柱应伸入二层，如图4-12 (c) 所示。

（2）对于宽墙肢（即剪力墙的截面高度过大），一般当其截面高度大于8m 时可开门窗洞（若建筑使用功能许可）或开结构洞（若建筑使用功能在该部位不需要开洞），事后再行堵砌，如图4-13 所示，使一道剪力墙分为若干较均匀的墙肢。各墙肢可以是整体墙、小开口墙、联肢墙或壁式框架，各墙肢的高宽比均不宜小于2。

（3）洞口位置距墙端要保持一定的距离，以使墙体受力合理及有利于配筋构造，可按图4-14 所示要求来保证洞口位置距墙端保持必要的距离。

图4-13 宽墙肢留结构洞

（4）门窗洞口的设置中应避免出现宽度 $B < 3b$（b 为墙肢厚度）的薄弱小墙肢，研究表明，这种薄弱小墙肢在地震作用下会出现早期破坏，即使加强纵向配筋及箍筋也很难避免。

关于上述剪力墙开洞与不开洞相比，不仅受力效能不同，而且计算方法也不一样。总之，剪力墙以不开洞比开洞好；少开洞比多开洞好；开小洞比开大洞好；单排洞比多排洞好；洞口靠中比洞口靠边好。

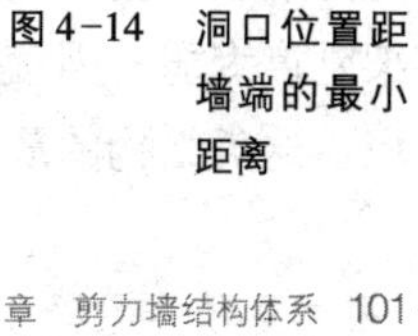

图4-15 (a) 中表示实体剪力墙，原抗剪强度为100%。图4-15 (b) 是三联单独剪力墙，它的抗剪强度仅等于实体墙的11%。如将洞口改成图4-15 (c) 所示的形式，抗剪强度可提高至23%；如果开成图4-15 (d) 所示的形式，使上、下层洞口错开，剪力墙能起一定的整体作用，它的抗剪强度就可提

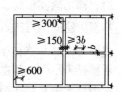

图4-14 洞口位置距墙端的最小距离

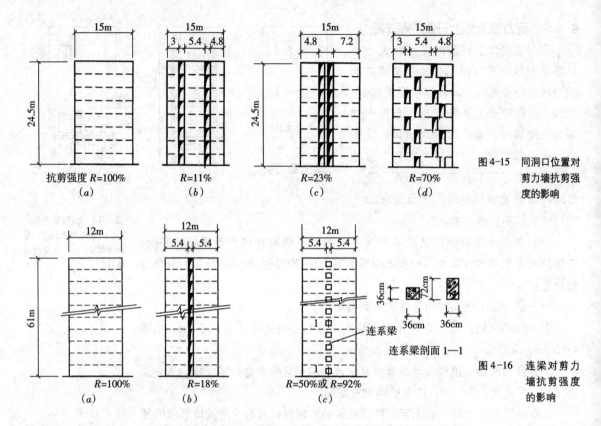

图 4-15　同洞口位置对剪力墙抗剪强度的影响

图 4-16　连梁对剪力墙抗剪强度的影响

高到实体墙的 70%。若将洞口沿竖向成列布置，而使上下洞口之间的连梁有足够尺寸，同样可以保证抗剪强度的要求。

如图 4-16（b）所示无连梁的两段剪力墙，其抗剪强度仅等于实体墙的 18%。如采用有连梁的剪力墙，如图 4-16（c）所示，将连梁截面高度作为 36cm 时，其抗剪强度可增至 50%；若将连梁高度增加到 72cm，则抗剪强度可达到 92%。

4.4.5　框支剪力墙

属剪力墙结构的一种特殊形式，对于上部为小开间的住宅、旅馆而下部为大空间的公共福利设施、商贸娱乐设施的高层建筑，往往由于建筑功能的需要而采用框支剪力墙结构。采用剪力墙结构体系的高层建筑，可能在底部一层甚至三层范围内，因使用上要求做成大空间，迫使一些剪力墙不能全部直通到底，而由底部框架、梁柱来抬上部的剪力墙，这样就成为框支墙了。这种底部具有大空间的框支剪力墙结构体系，在实用上已经较广泛采用，在科学试验上也积累了一些成果，其震害特点为：由于底层的竖向荷载和水平荷载全部由底层框架来承受，其主要特点是侧向刚度在底层楼盖处发生突变。从已有的框支剪力墙震害资料表明：这种结构在地震作用下往往由于上下刚度突变，底层框架刚度太弱、强度不足、侧移过大、延性不足而出现破坏，甚至导致结构倒塌，这类结构的震害是严重的。

归纳设计中常遇的一些问题分述总结如下：

（1）框支墙与落地墙的比例。在地震区，一般要限制框支墙的总榀数不超过全部横墙榀数的50％，即框支墙占墙体总数的比例宜控制在1/2以内。

（2）增加落地剪力墙的厚度（但不宜超过原墙厚的2倍），提高落地剪力墙与框架柱的强度等级，减少洞口尺寸，控制落地剪力墙的间距不宜大于建筑物宽度的2.5倍；把落地剪力墙组合布置成筒状或工字形等来增加结构底部的总抗侧刚度。

（3）避免在框支楼盖顶处发生刚度急剧突变，为了保证刚度的变化能顺利地传递和转变，必须对框支楼盖层的设计作特殊的要求，如板厚不宜小于180mm，采用现浇钢筋混凝土且强度等级不宜低于C30，并应采用双向上下配筋，配筋率不宜低于0.25％；楼板的外侧边可利用纵向框架梁或底层外纵墙加强。楼板开洞位置距外侧边应尽量远一些，在框支墙部位楼板则不宜开洞。

（4）根据建筑使用功能，也可将底层框架扩展为2～3层，刚度随层高逐渐变化，使刚度逐渐减弱而避免突变。

（5）在框架的最上面一层设置设备层，作为刚度的过渡层（即转换层），使结构转换层上下刚度较为接近。

（6）框支梁、柱截面的确定。框架梁柱是底部大空间部分的重要支承，它主要承受垂直荷载及地震倾覆力矩，其断面尺寸要通过内力分析，从结构强度、稳定和变形等方面确定。框架梁高度一般可取（1/8～1/6）梁跨；框架柱截面应符合轴压比 $N/f_c bh \leqslant 0.6$，N 为地震力及竖向荷载作用组合的计算轴力，f_c 为柱混凝土轴心受压设计强度。

其他在结构上还有若干措施，如在剪力墙肢端增设暗柱，以及规定一些最小配筋率及搭接长度等，其结构加强措施视具体情况酌情处理和采用，在此不赘述。

综上所述，框支剪力墙在竖向布置时为防止刚度突变应采取各种措施，使其大空间底层的层刚度变化率（γ）接近于1，不宜大于2；不宜在地震区单独使用框支剪力墙结构，即需要时可采取框支剪力墙与落地剪力墙协同工作结构体系。见图4-17。

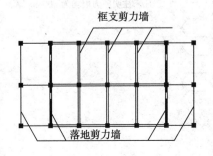

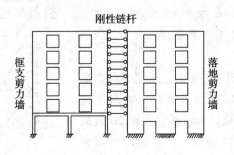

图4-17 框支剪力墙与落地剪力墙协同工作结构体系

4.4.6 工程实例

1. 广州白云宾馆剪力墙结构（图4-18）

该建筑共33层，其中地下室1层，高106.6m，横向布置钢筋混凝土剪力墙，纵向走廊的两边也为钢筋混凝土剪力墙，墙厚沿高度由下往上逐渐减小，混凝土强度等级也随高度而降低。见表4-5。

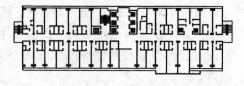

图4-18 广州白云宾馆标准层平面

广州白云宾馆剪力墙情况 表4-5

横向剪力墙			纵向剪力墙		
层 数	混凝土强度等级	墙厚（cm）	层 数	混凝土强度等级	墙厚（cm）
29以上	C20	16	24层以上	C20	20
25～28	C20	16			
21～24	C20	18	21～24	C20	25
17～20	C25	20	17～20	C25	
13～16	C25	23	9～16	C25	27
9～12	C25	26			
5～8	C30	29	1～8	C30	30
1～4	C30	32			

楼盖采用现浇钢筋混凝土梁板结构。地下室为现浇钢筋混凝土箱形基础，并采用大型钻孔灌柱桩，直径为1m，锚入岩层50～100cm。

该建筑的计算顶点水平侧移值为96mm，约为建筑总高度的1‰，层间相对位移影$\delta/h < 1/960$，h为层高。钢筋用量为66kg/m²，水泥用量为306kg/m²。

2. 北京西苑饭店剪力墙结构（图4-19）

该饭店建成于1984年，主楼建筑面积62500m²，749间客房，标准层平面为L形，系剪力墙结构。

该楼剪力墙间距为4m，客房采用预应力叠合板楼盖结构。标准层客房锯齿形外墙做成复合预制板外墙。墙板一端伸出环形钢筋与现浇剪力墙浇成整体，由剪力墙每层向外悬挑考虑。山墙为400mm厚复合剪力墙（外层为100mm厚配筋陶粒混凝土外墙板，内浇300mm厚现浇墙）。

西苑饭店自第四层开始为标准层，剪力墙每4m一道，三层以下为公共层，墙间距为8m。因而在三层顶板处需设承托上部20层荷载的大梁，在设计中将四、五层的墙加厚为

图4-19 北京西苑饭店标准层平面（未注明尺寸单位均为mm）

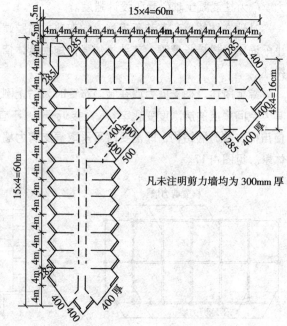

凡未注明剪力墙均为300mm厚

300mm，利用两层高的墙（5.8m高）作为托墙梁，按深梁计算，既省材料，又争取了空间。

此饭店顶层塔楼设置的旋转餐厅是由中心混凝土筒向周围悬挑伸出（中心筒为不等边的八角形），而餐厅外墙面要形成一个等边八角形，其悬挑长度各个方向不完全相等（为6.7～10.3m）。

3. 北京粮食公司高层商店住宅框支剪力墙结构（图4-20）

该高层商店住宅1984年建成，建筑面积为12950m²，共17层，其中地下室2层，采用剪力墙结构，标准层平面为通常的一字形。内外剪力墙均应用了陶粒混凝土。

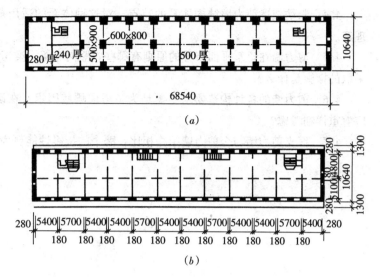

图4-20 北京粮食公司高层商店住宅
(a) 一层平面；(b) 标准平面

在底层，则作为框支剪力墙，使标准层中间6道横向剪力墙不落地面做成框架，形成较大空间作为商店营业厅用。在两个营业厅之间的一道落地横墙加厚到500mm，中柱截面为600mm×800mm，框支梁截面为500mm×900mm，内部剪力墙厚240mm，四周外墙厚280mm，底层均采用普通钢筋混凝土。一层的楼板则加厚至200mm，以增加交接层楼板刚度，不使楼板产生较大变形。

4. 德国不来梅扇形22层单身职工大楼剪力墙结构（图4-21）

该大楼每层9户，除尽端2户为二室户外，其余均为一室户，但其起居、用餐、卧室均有适当的位置，空间开敞。每户一个凹阳台和通长的窗户，也起到扩大室内空间的作用。

在扇形一侧布置一个主要楼梯、两部电梯和一个消防疏散楼梯组成的交通中心，该交通中心光线敞亮，并附有室外花园露台，空间富有变化。

结构上采用了现浇钢筋混凝土承重剪力墙和隔热混凝土外墙，与钢筋混凝土楼板组成一个整体。该大楼建筑无论是平面还是立面，均以其鲜明的特征给人留下深刻的印象。

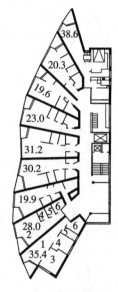

图4-21 德国不来梅22层扇形大楼平面

1—起居室；2—起居室兼卧室；3—卧室；4—厨房；5—浴室；6—储存间

习　题

4.1　剪力墙结构一般适用于多少高度以上的建筑？一般广泛用于何种功能的建筑？

4.2　剪力墙按墙体开洞大小（剪力墙的整体性）分有哪几类剪力墙结构形式？

4.3　何谓框支剪力墙？在应用时为不使刚度突变一般应作何考虑？

4.4 归纳叙述剪力墙结构体系的特点，对这种体系的适用范围做进一步理解。

4.5 剪力墙在建筑平面布置的原则有哪些？竖向布置主要考虑何种因素？采取的措施是什么？

4.6 剪力墙的各种构造要求主要是为了考虑哪些因素？在设计哪个阶段应着重详细考虑？

4.7 框支剪力墙与全剪力墙结构相比，哪个的抗震性能更为良好？

建 筑 结 构 选 型

第 5 章　高层建筑结构

本章介绍高层建筑的定义和特点，高层建筑的发展历史、高层建筑在我国的发展状况及其采用的结构体系，简要介绍高层建筑的发展趋势。高层建筑结构的特点、类型，阐述了高层建筑结构选型的一般原则。

5.1　高层建筑的发展概况

5.1.1　20世纪50年代以前的高层建筑

高层建筑是近代经济发展和科学技术进步的产物。城市人口集中、用地紧张以及商业竞争的加剧，促使了近代高层建筑的出现和发展。世界上第一幢近代高层建筑是美国芝加哥家庭保险（Home Insuranee）公司大楼，10层，55m高，建于1884~1886年。该楼采用铸铁框架承重的结构，标志着一种区别于传统砌体结构的新结构体系的诞生。

从1884年到19世纪末，高层建筑已经发展到了采用钢结构体系，建筑物的高度越过了100m，1898年建成的纽约Park Row大厦（30层，118m高）是19世纪世界上最高的建筑。

1931年建成的"摩天大楼"纽约帝国大厦成为高层建筑发展第一阶段的典型代表。它有102层，高381m，采用逐渐阶梯形内收成为塔尖的古典风格。该工程所用的钢材强度不是很高，用钢量为190kg/m²。它保持了世界上最高的建筑物的纪录达41年之久。

钢筋混凝土高层建筑于20世纪初开始兴建，世界上最早的钢筋混凝土高层建筑Ingalls大楼（16层，64m）1903年在美国辛辛那提市建成。

由于第二次世界大战的影响，高层建筑在20世纪30~40年代暂停了10余年。

图5-1　原纽约世界贸易中心大厦（已经被撞倒塌）

5.1.2　20世纪50~70年代高层建筑的发展

20世纪50年代初，玻璃、铝合金等新型外墙材料开始使用，形成了该时期现代主义的新建筑风格并迅速取代了上一个时期的古典主义风格，成为这一时期高层建筑的主流。现代主义的新建筑风格是以简单的几何形体、大面积的金属和玻璃墙为代表的"玻璃盒子"作为现代化的标志。典型作品是纽约的利华大厦和联合国大厦。这一时期高层建筑的发展具有如下特点：

1. 高层建筑迅速增加，层数和高度都有大幅度的突破

到1979年，已建成200m以上的高层建筑50幢以上，其中大部分在美国。1972年，原纽约世界贸易中心大厦建成（110层，412m，图5-1），打破了帝国大厦保持了41年的381m的纪录，而用钢量仅为160kg/m²。1974年，芝加哥建成了当时世界最高的西尔斯大厦，110层，高443m，加上天线达500m（图5-2）。

同一时期，欧洲建成了波兰华沙的Palac Kulturyi Nauki一号大楼

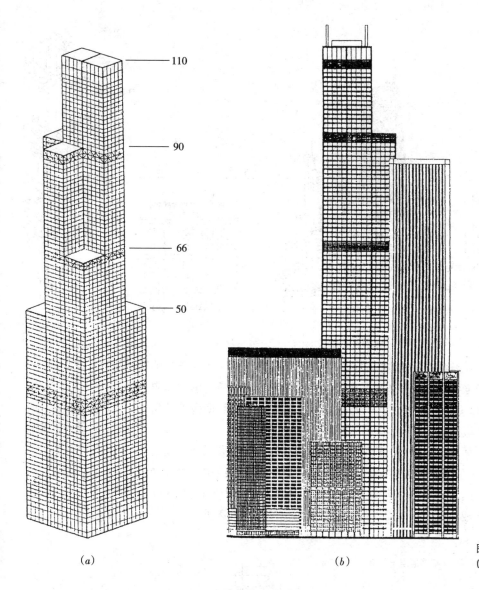

(a)   (b)

图 5-2　西尔斯大厦
(a) 结构布置；(b) 立面

（47 层，241m），至今仍为欧洲最高建筑。

日本于 1964 年废除了建筑物高度不得超过 31m 的限制，于 1968 年首次建成了 36 层的霞关大厦，以后陆续兴建了超过 100m 高度的 50 幢高层建筑。

在非地震区，这一时期，香港建成了 65 层的合和中心（216m），成为亚洲最高的钢筋混凝土高层建筑。

2. 结构体系新颖多变，建筑材料丰富多彩

在 20 世纪 50～70 年代，除了传统的框架、框架 – 剪力墙和剪力墙体系以外，新的结构体得到了广泛应用。其中，框架 – 简体结构、简中简结构和成束简结构成为突破新高度的主要结构手段。原世界贸易中心采用了简中简结构（412m），西尔斯大厦采用了成束简结构（443m），芝加哥约翰·汉考克大厦（344m，图 5-3）采用了桁架简结构。

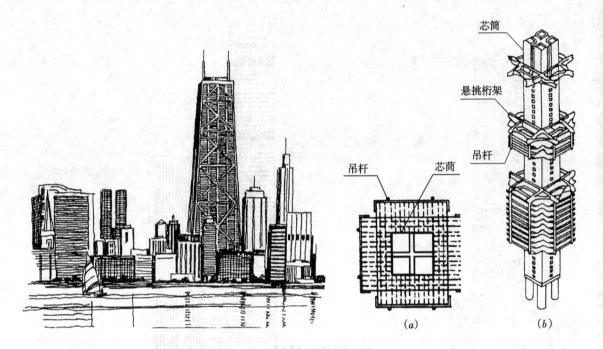

图 5-3 芝加哥约翰·
汉 考 克 大 厦
（左）
图 5-4 南非约翰内斯
堡标准银行大
楼 结 构 示 意
（右）
(a) 结构平面；(b) 结
构立面

悬挂结构、悬挑结构在旅馆和办公建筑中应用也越来越多，其中著名的有南非约翰内斯堡标准银行（悬挂结构，37 层，图 5-4）、德国慕尼黑广播中心（悬挂结构，17 层，图 5-5）等。同一时期，巨型框架结构和巨型桁架结构也开始应用，如新加坡 54 层的华侨银行（图 5-6）。

在建筑材料方面，这一时期，除了钢结构高层建筑继续发展以外，建成了高达 74 层、262m 的芝加哥水塔广场大厦，采用了钢筋混凝土结构。最高的全部采用轻混凝土的建筑是美国休斯敦贝壳广场大厦（50 层，218m，图 5-7），它也在这一时期建成。此外，钢筋混凝土混合结构也得到了迅速发展。

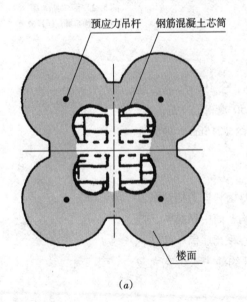

(a)

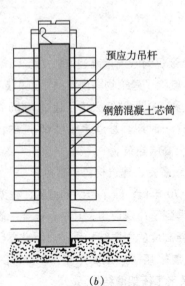

(b)

图 5-5 德国慕尼黑广
播中心
(a) 结构平面；(b) 结构
剖面

3. 高层建筑结构抗震设计水平大幅度提高

对于高层建筑结构的抗震设计，美国在西海岸以加利福尼亚为中心进行了广泛深入的研究，颁布了一系列抗震设计的法规，建成了地震区最高的钢筋混凝土建筑——洛杉矶的加利福尼亚联合银行大厦（62 层，262m）。而在大洋另一边，日本在冲破 31m 限制高度后，全力进行钢结构和型钢混凝土结构的抗震设计方法研究，建成了大批 100m 以上的高层建筑。

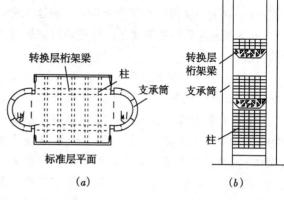

图5-6 新加坡华侨银行大楼结构示意图

（a）结构平面；（b）结构剖面

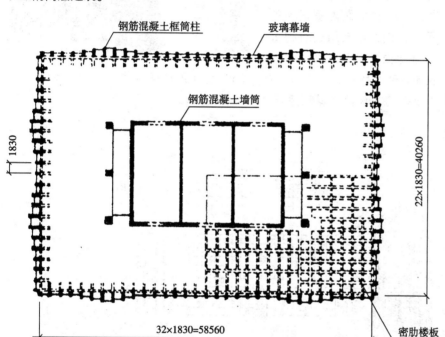

图5-7 美国休斯敦贝壳广场大厦平面图

5.1.3 20 世纪 80 年代的高层建筑

进入 20 世纪 80 年代，受后现代主义思潮的影响，高层建筑的风格又有了新的变化，建筑物的体型由单纯追求"简洁就是美"而转向多样化，在色彩、线条、质感上更为丰富多变。

这一时期，美国的高层建筑在高度上尚未有突破，仅处于一个酝酿期中。当时，几座高度超过 500m 的建筑物正在规划、设计中，如纽约的电视城（509m）、凤凰塔（515m），一旦建成，高度将突破 500m 大关。在这一时期，美国建成了最高的钢筋混凝土建筑——芝加哥沃克大街 1 号大楼（80 层，295m，图 5-8）和沃克大街 311 号大楼（65 层，296m）。

在 20 世纪 80 年代，亚洲地区的高层建筑却得到非常迅速的发展，日本东京都府大厦（48 层，高 43.3m，图 5-9）为当时日本最高的建筑。新加坡建成的海外联合银行大厦（63层，高80m），是当时仅次于香港中国银行大厦的亚洲第二高建筑物。

在我国台湾省和香港地区，高层建筑发展也十分迅速。

除了上述各种结构体系以外，美国还建成了One Mellon 银行大厦，采用了应力蒙皮结构，将航空和造船工业的技术引入建筑结构领域。蒙皮结构是在纵、横肋（柱、梁）上蒙上一层薄金属板（蒙皮），形成共同工作体系。蒙皮主要在面内受力（正应力和剪应力），相当于连续分布支撑（图5-10）。由于作为蒙皮的钢板在平面内有很大的拉、压和剪切强度，所以，应力蒙皮结构有很好的承载力和刚度，而重量却很轻。图右上为除去蒙皮后的结构布置，竖向骨架（纵肋）为外柱，柱距3m。为了形成有效蒙皮，窗口面积只为墙面面积的25%。外蒙皮厚度：下部楼层8mm，上部楼层5mm。

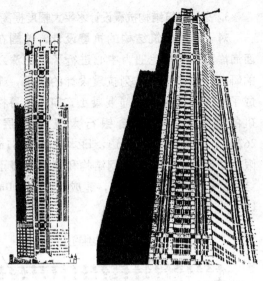

图5-8 芝加哥沃克大街1号大楼

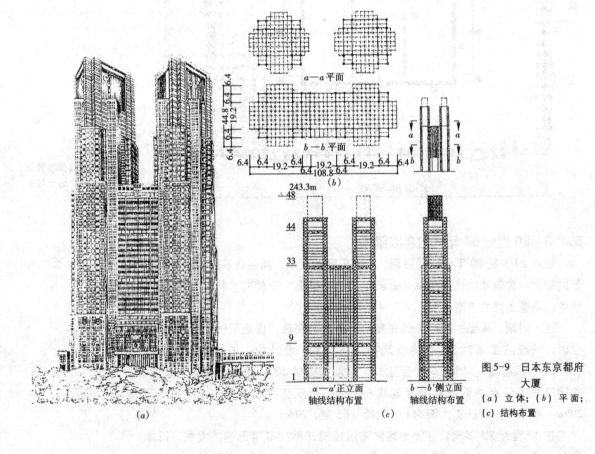

(a)

a—a平面

b—b平面

243.3m

48

44

33

9

1

a—a'正立面
轴线结构布置

(c)

b—b'侧立面
轴线结构布置

图5-9 日本东京都府大厦
(a) 立体；(b) 平面；
(c) 结构布置

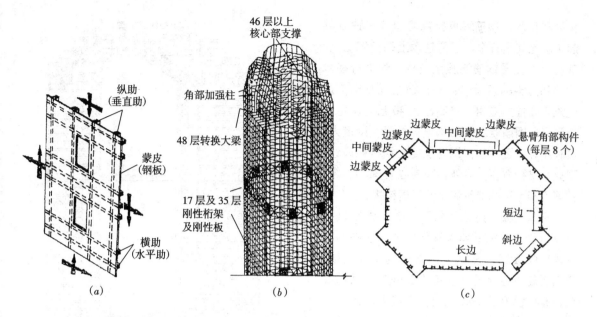

图5-10 美国 One Mel-
lon 银行大厦
(a) 应力蒙皮结构局部示
意；(b) One Mellon 银行
中心上部楼层骨架（已除
去表面蒙皮）；(c) One
Mellon 银行中心示意图
（表示蒙皮与骨架关系）

5.1.4 20 世纪 90 年代的高层建筑

进入 20 世纪 90 年代，高层建筑虽然在高度上未有新的突破，但各国都在应用各种高强、轻质的建筑材料，采用先进的结构理论和高效的计算机技术及应用新型施工技术方面不断创新。美国、日本等国家都在研究、设计 500m 以上高度的建筑。21 世纪初，已出现高度超过 500m 的高层建筑。

1993 年，日本建成了横滨标志大厦，地下 3 层，地上 73 层，高度 296m，成为当前日本最高的建筑物。

随着层数与高度的增长，钢筋混凝土建筑物的层数已超过 80 层，为减小墙、柱截面尺寸，高强混凝土、钢管混凝土和型钢混凝土都得到了广泛应用。美国西雅图 58 层的双联广场大厦，其 65% 的竖向荷载由中央四根直径 3m 的钢管混凝土柱支承，钢管厚 30mm，充填 C135 高强混凝土，其余荷载由周边 14 根小钢管混凝土柱承受。C80 以上混凝土在美国也得到广泛应用。

在 20 世纪 90 年代，亚洲成为经济发展最快的地区，陆续建成超过 200m、300m 的建筑物。在进入 20 世纪 90 年代后期，在亚洲地区高层化更为迅速，日本先后建成了大阪世界贸易中心、东京花园塔楼等超高层建筑。新加坡 UOB 广场大厦已达 62 层。日本是传统钢结构高层建筑的国家，进入 20 世纪 90 年代，采用混凝土建造了不少高层建筑（主要用于住宅），层数为 20～40 层，框架或框架—剪力墙结构。1995 年，马来西亚吉隆坡建成了世界最高的建筑—彼得罗纳斯大厦。我国在 1997 年也建成了世界第三高楼—上海金茂大厦（88 层，420m）。

5.1.5 目前国外高层建筑的发展趋势

1. 高强混凝土、钢管混凝土和型钢混凝土的应用

进入 20 世纪 90 年代，值得注意的发展趋势是：原来从高层钢结构起步的

美国和日本，钢筋混凝土高层建筑迅速发展起来。尤其是日本，以前基本上采用钢结构，现在大力发展钢筋混凝土结构，除进行基本构件和结构的抗震研究外，钢筋混凝土高层建筑正在推广应用，最高已达40层。其主要原因是：钢筋混凝土结构整体性好，刚度大，位移小，舒适性佳；钢筋混凝土结构耐腐蚀、耐火，维护方便。另外，即使在美国和日本，钢筋混凝土结构造价还是低于钢结构。

日本大阪市建成了梅田大厦（图5-11），这是抗震设计的最典型连体结构。它在两座高层建筑顶部，设置了钢结构的屋顶花园。梅田大厦为钢结构，连接体部分在地面组装后，整体提升、安装就位。梅田大厦的设计进行了三维空间结构的详细分析。类似的立面开洞、连体建筑使用增多，如法国巴黎太平洋大厦、法国里昂站前开发大厦、奥地利多瑙市双塔大厦等。

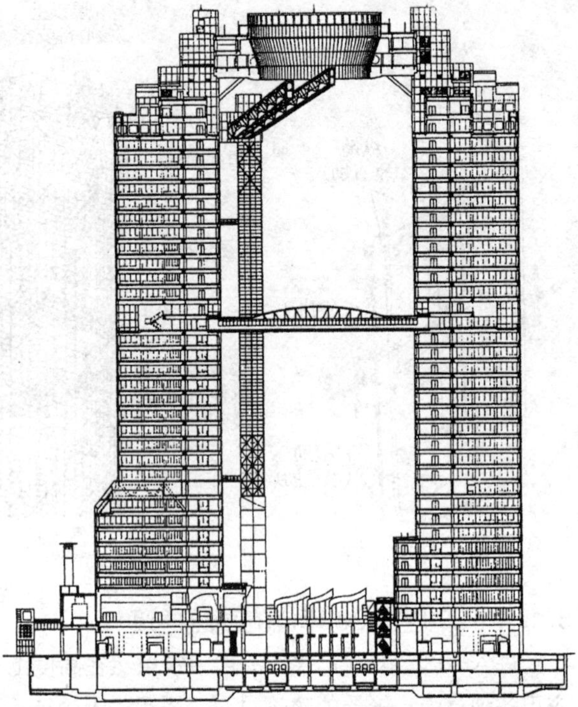

图5-11　日本大阪梅田大厦

2. 复杂体型的高层建筑不断兴建

近年来，复杂体型的高层建筑不断出现，其中，立面开洞和连体建筑是新出现的形式。图5-12为巴黎德方斯大门，它由两座高110m的办公楼连接而成，门宽110m，连体部分为三层高的预应力混凝土箱形大梁。该建筑未考虑抗震设计，地震设防建筑采用这类结构难度要大得多。日本是多台风、多地震国家，自20世纪60年代建造高层建筑以来，一直是采用对称、均匀的平面，上、下均匀的立面。但进入20世纪90年代以后，情况有所改变，复杂体型的建筑也日益增多。

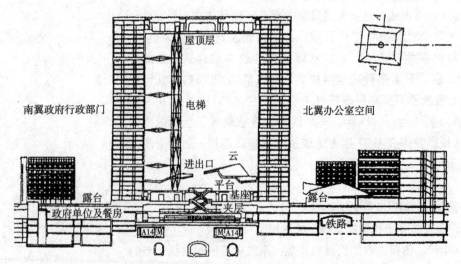

图5-12　巴黎德方斯大门

1995 年建成的马来西亚吉隆坡的彼得罗纳斯大厦（即石油大厦，或称城市中心大厦，是世界最高建筑）。它由两座姊妹楼组成，塔高 95 层，450m，于 1996 年完工。总建筑面积 67m×10000m，地下 5 层。平面为 46.2m×46.2m，上层逐渐内收，内收时采用斜柱，避免出现托梁。核心筒和柱、墙采用 C80 混凝土，核心筒尺寸 23m×23m，至上部收为 22m×18m。墙厚由底部 750mm 收至顶部 350mm。外柱尺寸由 2400mm 收至顶部 1200mm。设计时，考虑 50 年一遇的 3s 阵风，10m 高度处设计风速为 35m/s。结构自振周期为 9s。楼面为钢梁（跨度 12.8m）、压型钢板组合楼面。在 40～43 层处有一个钢结构的人行天桥，从 29 层向上加了人字形的钢斜撑。

3. 新结构体系广泛采用

进入 20 世纪 90 年代，无论是钢结构还是钢筋混凝土结构，都出现了大量的、非常规则的结构形式，以满足建筑艺术和建筑功能的多样化要求。图 5-13 为日本东京世纪大厦，钢结构，采用了大 K 形支撑。

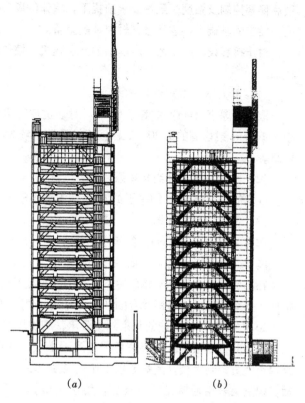

(a)　　　　(b)

图 5-13　日本东京世纪大厦

(a) 剖面；(b) 立面

5.1.6　减轻自重的途径

1. 选用合理的楼盖结构形式

楼盖重量约占高层建筑总重量的 40% 左右，选用合理的楼盖结构形式，恰当地确定楼盖结构的截面尺寸，是减轻高层建筑总重量的有效途径。

根据已有的资料分析表明：现浇平板、现浇梁和平板、现浇密肋楼板、预制预应力空心板及预制预应力双 T 板的混凝土折算厚度，其中以现浇密肋楼板为最小，为 $128mm/m^2$，这不仅意味着混凝土用量最省，而且自重最轻。在钢材用量方面，预制预应力空心板最省，为 $9.6kg/m^2$。根据《高层建筑混凝土结构技术规程》JGJ 3—2002 和 J 186—2002 的规定，抗震设计的框架—剪力墙结构高度不超过 50m 时，采用装配式楼盖，当设防烈度为 6～7 度时，宜隔层设整筑层（现浇配筋面层）；8～9 度时，应每层设整筑层，面层厚度不应小于 40mm，按此规定，采用预制预应力楼盖所减轻的自重，会被现浇配筋面层增加的重量所抵消，这样就显示不出预应力楼板在减轻重量上的优越性。

2. 尽量减轻墙体的重量

高层建筑中，墙体有承重墙体与非承重墙体之分，在满足结构层间侧移及顶点侧移控制及强度、延性要求前提下，墙体的厚度要适当。在满足结构抗震设防要求的基础上，宜尽量减轻墙体的重量。

对于抗震设防烈度为 8 度以下的高层建筑，墙体厚度可参考下列式子进行粗估。

(1) 剪力墙（抗震墙）体系

取墙的厚度（cm）约等于 $0.9N$。对于抗震等级为一级的墙体，墙厚不应小于 160mm 或层高的 1/20；二、三级抗震墙，墙厚不应小于 140mm 或层高的 1/25。

(2) 框架—剪力墙结构体系

取墙的厚度（cm）约等于 $1.1N$，但不应小于 160mm，或层高的 1/20。

(3) 筒中筒结构体系

取内筒墙的厚度（cm）约等于 $1.2N$，但不应小于 250mm。

其中 N 为所考虑墙体截面的所在高度以上的建筑层数。

在高层建筑框架结构体系中，四周的围护墙及内部的隔断墙均属于非承重构件，是采用轻质材料最适合的部位，对减轻建筑自重十分有利。

20 世纪 70 年代建成的北京外交公寓，围护墙采用加气混凝土块填芯、预制钢筋混凝土挂板，内隔墙采用加气混凝土块，其标准层自重仅 $10.8kN/m^2$。天津市外贸谈判大楼，围护墙采用加气混凝土块填芯、预制钢筋混凝土复合挂板，内隔墙采用轻钢龙骨石膏板，使该大楼标准层自重减少到 $9.5kN/m^2$ 左右。据统计，采用石膏板作隔墙，其自重仅为砖墙的 10%，可减轻建筑自重约 1/3，室内有效使用面积比砖墙增加约 8%~10%。

3. 采用轻质高强的结构材料

前面阐述的主要是针对非承重墙采用轻质材料的效益，由于它仅为每层自承重，所以对材料强度要求不高。对于承重构件，为减轻自重，就应当采用轻质高强材料。在传统的建筑材料中，钢材符合既轻质又高强的条件，在国外高层建筑中，很多采用钢结构体系。鉴于我国国情和条件，绝大部分高层建筑都采用钢筋混凝土结构体系。

5.1.7 高强混凝土在高层建筑中的应用

1. 高强混凝土的特性

高强混凝土性质较脆，应力—应变曲线下降段陡。为保证其延性，应控制其轴压比 μ_N 或提高配箍率 ρ_A。由于采用高强混凝土的主要目的是要减少柱的截面尺寸，所以不宜将轴压比 μ_N 控制过严。提高延性的主要途径是增加配箍量，美国、新西兰、欧洲（CEB）大体上都采用这种方法。

图 5-14 表示了混凝土的应力—应变曲线，一般以极限位移 Δu 和屈服位移 Δy 的比值作为延性标准。一般要求延性达到 3。

图 5-14　等效屈服位移和极限位移的确定

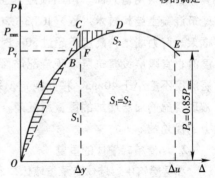

2. 采用高强混凝土的效益

高层建筑层数多，高度大，承受的荷载也大。所以在高层建筑结构中采用高强混凝土有很重要的意义：

（1）采用高强混凝土将减小构件的截面。梁截面高度减小可压低层高；柱截面尺寸减小将增大使用面积。如果每层梁高压低 0.1m，30 层就可以多出一层而无须加大总高度；如果柱截面面积减小，使结构面积从占楼房面积的 5% 降到 4%，则 5 万 m^2 的建筑物将多得 $500m^2$ 的有效使用面积，而且建筑布局更美观、更方便。

（2）采用高强混凝土，将节约大量的水泥和钢材。辽宁省工业技术交流馆为 18 层框剪结构，原设计全部混凝土强度等级为 C30，后将 1～12 层柱的混凝土强度等级提高到 C60，就节省钢筋 15.4t，混凝土 $115m^3$，节约 10 万元。

3. 高强混凝土在高层建筑结构设计中的一些问题

（1）控制轴压比 μ_N

高强混凝土（C60 级以上）与一般混凝土相比，更有脆性破坏的倾向，为保证必要的延性，柱的截面尺寸还不能太小。所以柱的轴力要控制得更低一些，尽量减少出现小偏心受压的受力情况。但是考虑到采用高强混凝土的实际效益，主要还是通过配箍率来提高延性而不再降低轴压比 μ_N，以使截面尺寸不要过大。因此，在实际工程中，μ_N 是按表 5-1 的数值来控制。

考虑地震作用组合的框架柱轴压比 N/f_{cA} 限值　　　　表 5-1

类　别	抗震等级		
	一级	二级	三级
框架柱	0.7	0.8	0.9
框支柱	0.6	0.7	

（2）适当提高配箍率 ρ_v

为提高高强混凝土的延性，就要加强对混凝土的约束，提高 ρ_v 是有效的措施。在早期的工程中，C60 混凝土的体积配箍率按下式考虑：

$$\rho_{v60} = \rho_{v40} \frac{f_{c60}}{f_{c40}}$$

式中　ρ_{v60}，ρ_{v40}——分别为 C60 和 C40 混凝土的体积配箍率；

f_{c60}，f_{c40}——分别为 C60 和 C40 混凝土的强度。

用 C60 混凝土时，体积配箍率约增大 50%，箍筋用量增加较多，施工也比较困难。根据近几年的工程经验，可以适当调整，C60 混凝土的配箍率可以按表 5-2、表 5-3 选用。

C60 级混凝土框架柱加密区的复合箍筋最小体积配箍百分率（%）　表5-2

抗震等级	设计轴压比								
	0	0.2	0.3	0.4	0.5	0.6	0.7	0.8	0.9
一级	0.6	0.8	0.9	1.0	1.1	1.4	1.7	—	—
二级	0.4	0.6	0.7	0.8	0.9	1.2	1.5	1.9	—
三级	0.2	0.4	0.5	0.6	0.7	1.0	1.3	1.7	2.0

C60 混凝土柱的体积配箍率　　表5-3

抗震等级 μ	≤0.3	0.4	0.5	0.6	≥0.65
一级	1.0	1.2	1.4	1.7	2.0
二级	0.8	1.0	1.2	1.4	1.7
三级	0.6	0.8	1.0	1.2	1.4

（3）处理好梁柱节点区

实际工程中，往往柱采用高强混凝土，而梁还是一般混凝土，因此，施工时，应采取措施保证节点区的强度不低于柱子本身的强度。

常用的办法是节点区混凝土和梁的混凝土分别搅拌，分别浇灌。由于高强混凝土非常黏稠，明显不同于一般混凝土，施工时不会混淆。

如果梁端 $2h_{b0}$ 区段范围内也浇筑高强混凝土，则梁端截面可按高强混凝土考虑，使梁端负钢筋截面面积可以减少，便于施工。

（4）与柱相连的剪力墙

框架柱采用高强混凝土后，与柱相连的剪力墙如果仍采用普通混凝土，则施工非常困难，一个整层高的墙、柱分界面很难留出。所以，剪力墙可以适当减薄厚度，也采用高强混凝土。这样，全部竖向结构处于同一强度等级，既便于设计，也便于施工。

（5）梁柱交界处不同强度混凝土的分界

在梁柱节点区，柱和核心区的高强混凝土应先浇灌，然后浇灌梁、板的普通混凝土，不留施工缝。分界线定在距柱边 1.5～2 倍梁高处，采取插木条临时挡住先浇灌的混凝土，当后浇混凝土落入后，即抽出木条，通过振捣形成整体。将节点区的高强混凝土向梁中央延伸一段距离（1.5～2.0 倍梁高）对改善梁端的延性很有好处。一方面，可在计算梁端负弯矩配筋时考虑该截面混凝土为高强度的，可以减少受拉纵筋用量，另一方面，可降低梁端截面受压区高度 x 值，x 值愈小，梁端塑性铰的延性越强，对抗震越有利。按美国规范（AC 1318—77）计算可见，梁截面的曲率延性比，大致与混凝土抗压强度成正比，与受拉筋配筋率成反比。所以梁端也采用高强混凝土，不仅提高梁端抗剪能力，增强梁端延性，也减少了柱核心区的剪力，改善了梁纵筋在核心区中的锚固性能。

（6）多层柱的设计

高层建筑中的柱子，往往截面连续几层不变，因而柱的轴压比各层是变化的，表 5-1 提供的轴压比和含箍率的关系分得很细，这就有利于在设计时分层按实际轴压比确定用箍量。在一层之内，也不是所有柱子的轴压比都一样，也可以分别取不同的箍筋，这样做可以节约钢箍用量，施工并不困难。

（7）多层框支柱的设计

目前，上部为剪力墙、下部几层采用框支柱的高层建筑愈来愈多，而且框支层数增多，底盘增大。如丹东商场总共 27 层，底部框支 8 层，这种结构的抗震等级多属于二类，对下部几层的框支柱，表 5-1 要求轴压比上限为 0.6，如都按 $\mu_N = 0.6$ 设计，柱截面仍然很大。改为仅将转换层和其下的相邻层的柱子按 $\mu_N = 0.6$ 设计，以下各层仍按 $\mu_N = 0.7$ 设计。由于底部框支部分本身是由框剪体系组成，高层部分有一定的剪力墙落地，大底盘中又增设一定数量的剪力墙，柱子只是在转换层和与之相邻层的受力较复杂，对变形要求应更严一些，然后过渡到受力比较稳定的框剪体系中，剪力主要由剪力墙承担，柱子所受剪力不大，变形要求可放松。因此，对框支层数大于 3 层的柱子，只要在转换层和相邻层按框支柱设计，再下面的柱子仍可按框架柱设计。

（8）型钢配筋高强混凝土柱设计

当柱子轴力大于 10000kN 以后，高强混凝土型钢配筋常会取得好的效果，加型钢后，柱轴力扣除型钢承担的部分再由混凝土承担，使柱截面可明显缩小。在沈阳农贸大厅设计中作了比较，该建筑柱轴力达 11000kN，按 C30 混凝土，柱截面为 1200mm×1200mm；第二次改为 C50 混凝土，柱截面为 1000mm×1000mm。由于底部 2 层为汽车可进出的贸易大厅，仍嫌柱间净距过小，最后改为 C50 型钢筋混凝土柱，截面减小到 650mm×650mm，柱网尺寸由最初的 9.2m×7.8m 减少到 8.4m×7m。

（9）箍筋的构造处理

①箍筋的形式以井字形套箍最为有利，同样的含箍率，井字形套箍与正方形箍比，延性比可提高 30% ~ 40%。

②采用 II 级钢或冷轧螺纹钢等高强度钢箍，比 HPB235 对柱子的约束效果明显增大，使柱的强度和延性提高。

③箍筋的间距小更好。日本的混凝土柱箍筋加密区的净距小到 50mm，英国的混凝土柱箍筋往往将两根箍重合一起使用。当用箍量较大而又不想用更大直径时，可以将箍距改为 70 ~ 80mm。

④必要时，在加密区采用焊接箍筋，单面搭接焊的焊缝长度为 10d（图 5-15）。

⑤纵向钢筋的间距缩小到 150mm 以下，以便与加密的箍筋配合，对截面核心混凝土构成密方格网式的强力约束，可提高柱子的延性。

（10）柱子纵筋最小配筋率

高层框剪结构中的柱子，当截面尺寸由轴压比控制时，一般分析结果大多为构造配筋，柱纵筋按最小配筋率采用。试验表明，柱子屈服位移角随纵筋配筋率线性增大。考虑高强混凝土的特点，为使柱子的变形能力增大，建议适当

图 5-15　焊接箍筋

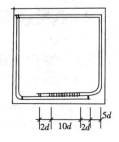

提高纵筋配筋率。与一般混凝土相比，C60 级混凝土约提高 0.2%，C50 级混凝土约提高 0.1%。

（11）后期强度的利用

用高效减水剂配制的高强混凝土，早期强度增长快，后期强度增长也较好，半年强度较 28d 强度可增长 15% 左右，一年强度可增长 20%~30% 左右。这个增长百分率虽较普通混凝土低些，但增长绝对值很大，而高层建筑的施工工期长，遇到相应设防烈度的地震时间更长，因此可以考虑在设计柱子时利用其后期强度，如取 56d 或 90d 强度作为设计强度等。但应注意，利用后期强度一般指轴压比按后期强度计算，截面验算仍按 28d 强度，但相应柱子的配箍率应按后期强度的对应要求加以提高。

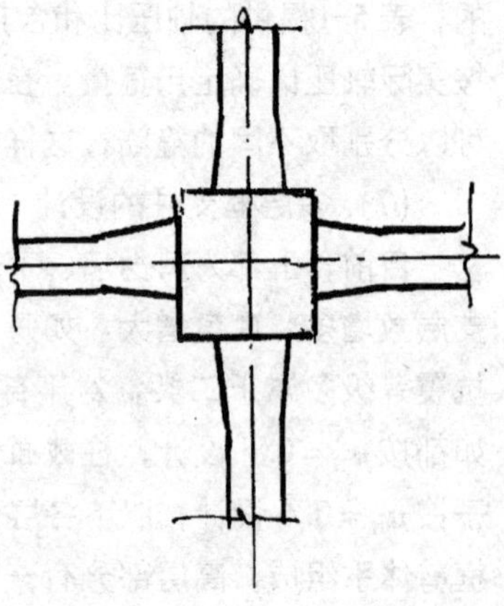

图 5-16　采用加腋扩大梁端截面宽度

（12）节点核心区设计

节点的混凝土宜与柱子的强度等级一样，配箍不小于柱端加密区的配箍。关于节点核心区的抗剪验算，清华大学等单位的试验表明，可按《混凝土结构设计规范》GBJ 50010—2002 规范进行。对节点的增强，除验算外，更主要的应从构造上采取措施，为保证梁宽不小于柱宽的 1/2，增强梁对柱的约束。对边、角柱，宜使外墙适当外移，采取加挑梁的结构布置方案，使节点处于四面均有梁（包括挑梁）的约束之中。在试点工程中大多采取这一布置方法。个别工程柱子宽达 1m，为了避免梁宽加大过多，采取梁端水平方向加腋的方法（图 5-16）。

（13）在大荷载情况下采用钢管高强混凝土柱

采用高强混凝土柱，有可能进一步扩大柱网尺寸，进一步减小截面尺寸，可以提供建筑功能上更大的自由。在大荷载的情况下，为保证必要的承载力和延性，可以在混凝土柱外包以钢管，形成钢管混凝土柱。

钢管混凝土柱中，钢管对其内部混凝土的约束作用使混凝土处于三向受压状态，提高了混凝土的抗压强度；钢管内部的混凝土又可以有效地防止钢管发生局部屈曲。研究表明，钢管混凝土柱的承载力高于相应的钢管柱承载力和混凝土柱承载力之和。钢管和混凝土之间的相互作用使钢管内部混凝土的破坏由脆性破坏转变为塑性破坏，构件的延性性能明显改善，耗能能力大大提高，具有优越的抗震性能。此外，采用钢管混凝土柱还可以方便施工，大大缩短工期，提高钢管的抗火、防火和耐腐蚀性能。

5.2　高层建筑结构的侧移控制

5.2.1　关于划分高层建筑的层数或高度的界限

对于多少层数、多大高度的建筑才算高层建筑，目前世界各国尚无统一划分标准和界限。从一般原则来讲，当建筑物的高度导致它在规划、设计、施工、设备及消防等方面与多层建筑有显著不同时，常将其划分为高层建筑。表

5-4列出我国相关规范的规定。

我国相关规范对高层建筑起始层数与起始高度的规定　　　　表5-4

我国有关规范	划分为高层建筑的	
	起始层数 N	起始高度 H（m）
《钢筋混凝土高层建筑结构设计与施工规程》 JGJ 3—2002	$N \geqslant 10$	$H > 28$
《高层民用建筑设计防火规范》 GB 50045—95	$N \geqslant 10$	$H > 24$
《住宅建筑设计规范》 GB 50096—1999	$N = 7 \sim 9$ 为中高层住宅	
	$N = 10 \sim 30$ 为高层住宅	

联合国科教文组织所属世界高层建筑委员会曾提出高层建筑可划分为四类，见表5-5。

世界高层建筑委员会对高层建筑的分类　　　　表5-5

高层建筑的类别	层　数	高度（m）	高层建筑的类别	层　数	高度（m）
1 类高层建筑	$9 \sim 16$	< 50	3 类高层建筑	$26 \sim 40$	< 100
2 类高层建筑	$17 \sim 25$	< 75	4 类高层建筑	> 40	> 100

近年来，随着科学技术的发展，高层建筑的高度有了大幅度的增长，出现了超高层建筑，目前世界各国对超高层建筑的划分高度及层数也没有统一规定。一般来说，目前国际上把高度在100m以上或层数在30层以上的高层建筑称为超高层建筑。日本把30层以上的旅馆、办公楼及20层以上的住宅规定为超高层建筑。国内超高层建筑的划分和国际上基本相同。

5.2.2　高层建筑结构设计的主要特点

1. 水平荷载在高层建筑结构设计中起控制作用

在多层建筑中控制结构设计的是以重力为代表的竖向荷载，而在高层建筑中，即使重力荷载仍然对结构设计具有重要的影响，但起控制作用的则是水平荷载（风荷载和地震作用）。通常，在竖向荷载作用下，竖向构件中的轴力 N 随结构高度 H 呈线性关系增长，而水平荷载作用下的结构底部弯矩 M 则是随结构高度 H 的二次方关系而急剧增长（图5-17）。

因此，在高层建筑结构体系选型中，必须采用可靠的抗侧力结构体系来有效抵抗水平荷载的作用。

2. 侧向位移在高层建筑结构设计计算中必须加以限制

随着建筑高度 H 的增大，水平荷载作用下结构的侧向位移急剧增大。结构顶点侧移 Δ 与建筑高度 H 呈四次方的

图5-17　建筑物高度与内力及位移的关系

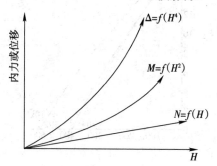

关系（图 5-17）。

3. 轴向变形在高层建筑的侧移中占有重要的份额

在水平荷载作用下，高层框架的柱轴力较大，由柱子轴向变形产生的侧移也较大，它在高层框架的侧移中往往占有重要的份额，在设计计算中不容忽视，否则就会使侧移的计算结果产生很大的误差。

以一栋三跨 12 层的框架结构为例，在水平荷载作用下，柱轴向变形所产生的侧移可以是梁、柱弯曲变形产生侧移的 40%，故在顶层最大侧移中，柱轴向变形产生侧移所占的比例相当大。

以 20 层的双肢剪力墙结构为例，在水平荷载作用下的内力和水平侧移的计算结果见图 5-18。由图可见，不考虑剪切变形影响的误差不很显著，而不考虑轴向变形的影响误差是非常明显的。

轴向变形对高层建筑的侧移有一规律：层数越多，轴向变形的影响越大。《高层建筑混凝土结构技术规程》JGJ 3—2002 规定，对 50m 以上或高宽比大于 4 的结构，宜考虑柱和墙肢的轴向变形。

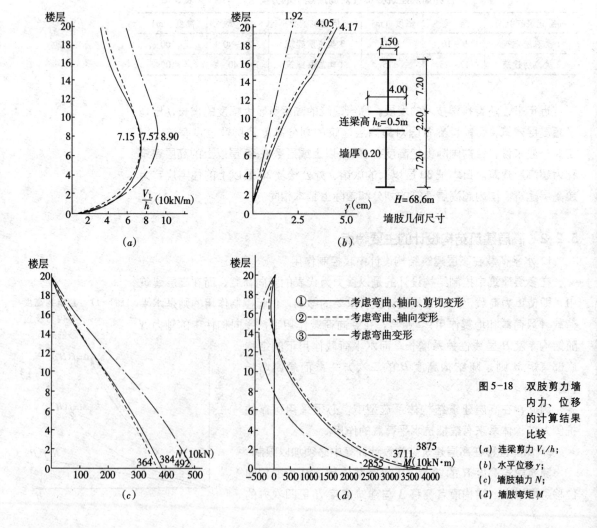

图 5-18　双肢剪力墙内力、位移的计算结果比较
(a) 连梁剪力 V_L/h；
(b) 水平位移 y；
(c) 墙肢轴力 N；
(d) 墙肢弯矩 M

以上三点是高层建筑结构设计最主要的特点，这也是进行高层建筑结构体系选型的主要理论基础。

5.2.3　非地震区高层建筑结构体系

1. 风荷载作用在非地震区高层建筑结构设计中起控制作用

在非地震区，起控制作用的水平荷载就是风荷载。

风是由于大自然中空气大范围流动而形成的。风荷载是在建筑物表面的一种直接作用，它可以表现为作用在建筑物表面的压力或吸力，并与建筑物的体型、高度、表面积及地形地貌等因素有关。

在风荷载作用下，高层建筑可能出现：①层间位移过大，导致高层建筑的承重构件（梁、柱、墙等）或非承重构件（填充墙等）出现不同程度的损坏；②摆动幅度过大，使在高层建筑中居住和工作的人感到不舒服。

所以，高层建筑的抗风设计不仅要使结构在强度、变形方面满足要求；而且还要使结构在风荷载作用下产生的振动控制在人对不适感的容许限度范围之内。前者的目的是保证结构的安全，防止结构开裂、损坏、倾覆和丧失稳定；防止非结构构件（如填充墙、幕墙、室内装修）因位移过大而损坏。后者的目的是保证高层建筑中人居住和工作的舒适性与安全感。

2. 风荷载作用下钢筋混凝土高层建筑层间位移及顶点位移的限制

《高层建筑混凝土结构技术规程》JGJ 3—2002 和 J 186—2002 规定：风荷载作用下按弹性方法计算的高层建筑楼层层间位移与层高之比 d/h 不宜超过规范规定的限值。

《高层建筑混凝土结构技术规程》JGJ 3—2002 和 J 186—2002 还规定：风荷载作用下按弹性方法计算的高层建筑结构顶点位移△与总高度 H 之比 Δ/H 不宜超过规范规定的限值。

3. 高层建筑风振不适感的控制

（1）人体对风振的感受

在强风作用下，会使高层建筑产生顺风向振动、横风向振动和扭转振动，造成在高层建筑中居住和工作的人感到不舒服，从而影响人们的工作和休息。现有的资料表明，满足侧移限值要求的高层建筑，不一定能满足风振舒适度的要求。1970 年，美国波士顿建成一栋高层建筑，在 0.98kN/m^2 的风压作用下，尽管结构顶点的位移角（u/H）被控制在 1/700 的限值以下，但楼内的居民仍然感到不舒适。可见用顶点位移角限值来控制高层建筑的侧移，并不能概括人体对运动的反应和耐受程度。

风工程学者根据大量的试验研究，掌握了衡量人体对风振不适感的规律和尺度，认为加速度（线加速度和角加速度）是衡量人体对高层建筑风振感受的最好尺度，而振幅和周期又是表征加速度大小的重要指标。

（2）人体对风振反应的分级

①按振辐和周期分级研究发现，人的不同性别、年龄、体形、姿势、人体

方位、视觉与听觉意向等因素都会对人们对风振的反应有影响，研究者通过试验最后得到平均感觉与忍受限值的结果。图 5-19 是 F. K. Chang 提出的关于人体风振反应按振幅和周期的分级曲线。左图中的曲线是以结构自振周期 T 为横坐标、结构风振的峰值振幅为纵坐标绘制的。图中的分级标准是：A. 无感觉；B. 有感觉；C. 令人烦躁；D. 令人非常烦躁；E. 无法忍受。

②按加速度分级若将图中所示的人体风振反应按振幅和周期分级的曲线，转换为按加速度分级，其结果就如图 5-19 所示。

若将结构风振加速度 "采用重力加速度 g 的百分数来衡量，则人体风振反应的分级标准见表 5-6。

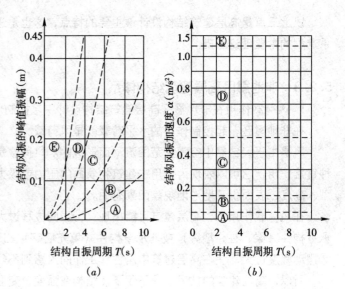

图 5-19　人体风振反应曲线
（a）人体风振反应按振幅和周期分级；（b）人体风振反应按加速度分级

人体风振反应的分级标准　　　　　　　　表 5-6

结构风振加速度 a	<0.005g	0.005~0.015g	0.015~0.05g	0.05~0.15g	>0.15g
人体反应	无感觉	有感觉	令人烦躁	令人非常烦躁	无法忍受

（3）我国《高层民用建筑钢结构技术规程》JGJ—98 规定：钢结构高层建筑在风荷载作用下结构顶点的顺风向和横风向的最大加速度不宜大于下列所示的加速度限值：

公寓建筑　0.2m/s² （约 0.02g）；

公共建筑　0.3m/s² （约 0.03g）。

4. 强风作用对高层建筑造成的灾害

迄今为止，尚未见到世界各国关于高层建筑在强风作用下倒塌的事故报道资料，但在国外，尤其高层建筑众多的美国，强风作用下高层建筑外墙玻璃裂、碎等破坏的事故却常有发生。例如：美国波士顿的汉考克大厦，60 层高，仅在1972 年夏至 1973 年 1 月期间，由于强风作用造成外墙玻璃破碎所需的维修费用就高达 700 万美元，而且还延误了该大厦的使用期。此外，尚有国外对强台风摧毁高层建筑外墙玻璃的报道。所以，在非地震区（特别是风荷载较大的地区）高层建筑结构体系选型及结构设计中，应对风荷载作用引起足够的重视。

5. 非地震区高层建筑抗风结构体系选型的基本原则

（1）宜选用有利于抗风作用的高层建筑体型。即选用风压较小的建筑体型形状，比如圆形、椭圆形等流线型体型。

法国巴黎的法兰西大厦，体型为椭圆形，计算表明，其风荷载数值比相应采用矩形平面的体型减少27%。一般来说，圆形平面比同一尺度矩形平面体型约可减少风荷载20%～40%，结构的风振加速度也相应减小。

作用在高层建筑表面单位面积上的风荷载与体型系数有关，对于特殊体型的高层建筑体型系数，尚须进行专门的试验来确定。此外，由下往上逐渐变小的截锥形体型也有利于减少风荷载引起的倾覆力矩，因为顶部尺寸变小，有利于减小顶部较大数值的风荷载。此外，由于外柱倾斜，抗推刚度增大，能使高层建筑侧移值减少10%～15%，有利于减小风振时的振幅和加速度。根据工程计算分析资料，一幢40层的高层建筑，当立面倾斜度为8%时，其侧移值可比棱柱体体型减少约50%左右。

（2）在高层建筑的一个独立结构单元内，宜使结构平面形状和刚度分布尽量均匀对称，以减轻风荷载作用下扭转效应对结构内力和变形的不利影响。

（3）非地震区钢筋混凝土高层建筑结构体系适用的最大高度应符合表5-7的要求。

非地震区钢筋混凝土高层建筑结构体系适用的最大高度（m）　表5-7

结构体系		非抗震设计
框架	现浇	70
	装配整体	50
框架—剪力墙 框架—筒体	现浇	140
	装配整体	100
现浇剪力墙	无框支墙	150
	部分框支墙	120
筒中筒及成束筒		200

注：1. 房屋高度指室外地面至檐口的高度，不包括局部突出屋面的水箱、电梯间等部分的高度。
2. 当房屋高度超过表中规定时，设计应有可靠依据并采取有效措施。

（4）在高层建筑的抗风设计中，不仅要考虑总体风荷载的作用，而且还要考虑局部风荷载对某些部位、某些构件（例如：阳台、雨篷、遮阳板等悬挑构件，或外墙挂板、玻璃幕墙等围护构件）的不利作用，并进行必要的验算。

为了减轻高层建筑在竖向棱角部位的局部风压集中，对于矩形及三角形平面的高层建筑可在其转角部位切角或形成圆角。例如日本东京的新宿住友大厦和香港的新鸿基中心等。

（5）为使高层建筑的风振加速度控制在允许范围以内，应当控制高层建筑的高宽比，使之满足《高层建筑混凝土结构技术规程》JGJ 3—2002 的限位要求。对于我国沿海台风区，对高宽比的控制宜更严一些。

（6）在设计中，可将高层建筑的某层或某几层形成通透，对风荷载的作用就如同设置了排风口，可使风荷载作用下迎风面的气流从透空层泄出，以减小风荷载对结构的作用。图5-20 为设置透空层的日本 NEC 大楼，它是通过风洞试验对气流的研究而设计的。这种处理在建筑造型上也取得了很好的效果。

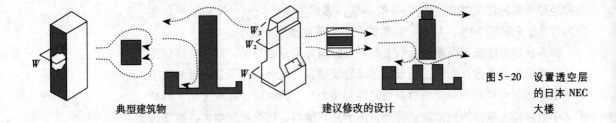

典型建筑物　　　　　　　建议修改的设计

图5-20　设置透空层的日本 NEC 大楼

5.2.4 地震区高层建筑结构体系

1. 地震作用的本质特征

在自然界和人类社会中的很多现象都会引起地球震颤，统称地震。但在各种地震中，占地震绝大多数且影响最大、最受工程界关注的是由于地质断层相对位移所引起的构造地震。地震时由于地震波的作用产生地面运动，并通过房屋基础影响上部结构，使上部结构产生振动，这就是地震作用。地震波会使房屋产生水平振动与竖向振动。由于一般对建筑的破坏主要是由水平振动造成的，所以通常结构抗震设计主要考虑水平地震作用，只有震中附近的高烈度区，或竖向振动会对结构产生严重后果时才在抗震设计中同时考虑竖向地震作用。

地震作用使建筑产生的运动称为该建筑的地震反应，包括位移、速度与加速度。加速度将引起惯性力。所以地震作用本质上讲是一种惯性力，它属于一种间接作用，它与建筑的动力特性、所在场地的地质条件及地震的频谱特性等因素有关。

2. 基本烈度

基本烈度是指一个地区今后一定时间内（一般指100年），在一般场地条件下可能遭遇的最大烈度，是抗震设防的基本依据。

3. 建筑重要性分类

为了针对重要性不同的建筑，相应采取不同的抗震设防标准，《建筑抗震设计规范》GB 50011—2001 将各种建筑物按其重要性之不同划分为甲、乙、丙、丁四类；甲类建筑等级最高，丁类建筑等级最低。

4. 抗震设防标准和设防烈度

抗震设防是指对建筑进行抗震设计，包括地震作用、抗震承载力计算、变形控制及采取必要的抗震措施，以达到抵御地震的效果。

抗震设防标准的依据是设防烈度，一般情况下采用基本烈度。

《高层建筑混凝土结构技术规程》JGJ 3—2002 规定：高层建筑抗震设计考虑在6~9度范围内设防。其地震作用应按以下规定计算：

甲类建筑应按专门研究的地震动参数（如地面运动加速度峰值，反应谱值，或地震影响系数曲线）计算，并且应按提高设防烈度1度设计。

乙、丙类建筑当6度设防时Ⅰ~Ⅲ类场地上的建筑不必进行抗震计算；Ⅵ类场地上的较高建筑及7~9度设防的建筑，应按本地区设防烈度进行抗震计算。

5. 抗震设防目标

《建筑抗震设计规范》GB 50011—2001 对于建筑抗震设防目标总的指导思想是：在建筑的使用寿命期间，对不同频度和强度的地震，要求建筑具有不同的抵抗能力，具体提出"三水准"的抗震设防目标：

第一水准：当遭受多遇的、低于本地区设防烈度的地震（或称"小震"）作用时，建筑物一般不应受损坏，或不需修理仍能继续使用。

第二水准：当遭受本地区设防烈度的地震作用时，建筑物可能有一定的损坏，经一般修理或不经修理仍能继续使用。

第三水准：当遭受高于本地区设防烈度的罕遇地震（或称"大震"）作用时，建筑物不致倒塌，或发生危及生命的严重破坏。

上述的第一、二、三水准，可归纳为"小震不坏、大震不倒、中震可修"。为达到这个抗震设防目标，《建筑抗震设计规范》GB 50011—2001 规定采取两个阶段的设计方法：

第一阶段设计：按小震作用效应和其他荷载效应的基本组合，验算结构构件的承载能力，以及验算小震作用下结构的弹性变形，以满足第一水准的抗震设防目标要求。

第二阶段设计：在大震作用下验算结构的弹塑性变形，以满足第三水准的抗震设防目标（防止倒塌）要求。

至于对第二水准的抗震设防目标要求，是通过抗震构造措施来加以保证的。

6. 钢筋混凝土高层建筑结构的抗震等级

《高层建筑混凝土结构技术规程》JGJ 3—2002 规定，钢筋混凝土高层建筑结构的抗震设计应根据设防烈度、结构类型和房屋高度采用结构抗震等级。抗震等级的划分体现了对不同结构构造措施的严格程度，并相应地体现了不同的设计计算方法。

钢筋混凝土高层建筑结构的等级中一级要求最严，四级最低。

7. 地震区高层建筑结构体系（或称高层建筑抗震结构体系）选型的基本原则

地震区高层建筑结构体系选型的基本原则，实际上属于抗震概念设计范畴，是对震害规律及工程经验的高度概括和总结，它以宏观的概念为指导，正确地解决高层建筑的总体方案（其中主要是高层建筑结构体系的合理选型）、材料使用和构造措施，以达到合理抗震，满足规范对抗震设防的要求。

概念设计比数值设计更为重要，地震区高层建筑结构体系选型的基本原则概括如下：

（1）当有条件选择建筑场地时，应掌握工程地质和地震活动情况的有关资料，根据工程的需要，按《建筑抗震设计规范》GB 50011—2001 对各类地段的划分原则，对建筑场地作出综合评价。

宜选择对抗震有利的地段；避开对抗震不利的地段。当无法避开对抗震不利的地段时，采取适当的抗震措施。

（2）高层建筑基础的选型应根据上部结构情况、工程地质、施工条件等因素综合考虑确定，宜选用整体性较好的箱形、筏形或交叉梁式基础。当经过经济比较采用天然地基造价较高时，可考虑选用桩基础。

（3）对高层建筑抗震结构体系的一般原则要求

①具有明确的计算简图和合理的地震作用传递途径；

②具有多道抗震防线，避免因部分结构或构件破坏而导致整个结构体系丧失抗震能力（或对重力荷载的承载能力）；

③具有必要的强度和刚度、良好的变形能力和吸能能力，结构体系的抗震能力表现在强度、刚度和变形能力恰当地统一；

④具有合理的刚度和强度分布，避免因局部削弱或突变形成薄弱部位，产生过大的应力集中或塑性变形集中。

（4）地震区钢筋混凝土高层建筑结构体系适用的最大高度应符合规范的要求。

（5）钢筋混凝土高层建筑结构的高宽比不宜超过规范的限值。

（6）地震区高层建筑结构的平面布置

高层建筑的开间、进深尺寸和选用的构件类型应减少规格，符合建筑模数。与非地震区相同，地震区高层建筑的建筑平面也宜选用风压较小的形状，并考虑邻近建筑对其风压分布的影响。

地震区高层建筑结构的平面布置应符合下列要求：平面布置宜简单、规则、对称，减少偏心；平面长度 L 及结构平面外伸部分长度 l 均不宜过长。

（7）地震区高层建筑结构的竖向布置

地震区高层建筑的竖向体型应力求规则、均匀，避免有过大的外挑和内收使竖向刚度突变，导致在一些楼层形成变形集中，最终产生严重的震害。

（8）设缝的一般原则

在抗震设计中，用防震缝将结构分成若干段，把不规则结构变为规则结构。震害资料表明：设置防震缝的建筑在地震中往往由于防震缝宽度不够而导致相邻两部分建筑发生碰撞破坏；如防震缝宽度留得过大，则又会给其他方面（例如建筑、结构、设备的设计等）带来困难。

国内许多高层建筑结构通过合理的计算模型、构造处理及施工措施，采取不设缝或少设缝的做法，实践表明，这样的做法是成功的。

《高层建筑混凝土结构技术规程》JGJ 3—2002 规定：在设计中，宜调整平面形状和尺寸，采取构造和施工措施，不设伸缩缝、沉降缝和防震缝。当需要设缝时，应将高层建筑结构划分为独立的结构单元。

（9）伸缩缝设置的原则

①当高层建筑结构未采取可靠措施时，其伸缩缝间距按规范控制。

②当屋面无保温或隔热措施时，或位于气候干燥地区、夏季炎热且暴雨频繁地区的结构，可适当减小伸缩缝的间距。

③当混凝土收缩较大，或室内结构因施工外露时间较长时，伸缩缝间距应适当减小。

④当采用一定的构造措施和施工措施（如施工后浇带等）减少温度和收缩应力时，可增大伸缩缝的间距。

（10）沉降缝设置的原则

①当建筑物相邻部位荷载悬殊，或地基土层压缩性变化过大，造成较大差异沉降时，宜设置沉降缝将结构划为独立单元。沉降缝的基本要求是相邻单元可自由沉降，并能有效地传递水平力。

②高层建筑与裙房设沉降缝分开时，如二者的基础埋置深度相同，或高差较小，应采取措施保证高层部分的侧向约束。

③高层部分与裙房之间，当采用一定的措施后，可连为整体而不设沉降缝。

④沉降缝和防震缝的宽度应考虑由于基础转动产生结构顶点位移的要求。

（11）防震缝设置的原则

需要抗震设防的建筑，当必须设缝时，其伸缩缝、沉降缝均应符合防震缝的要求。

（12）地震作用下钢筋混凝土高层建筑层间位移及顶点位移应满足规范的限制。

5.2.5 选择有效的房屋形式以控制侧移

1. 外柱倾斜的房屋形式

将房屋的外柱倾斜设置，使房屋成为截锥形，这是一种刚劲的形式，能使房屋刚度增大，侧移将可减少 10% ~ 50%，特别对于高度较高宽度较窄的房屋结构影响最大。根据一些计算结果表明，外柱只要倾斜 8%，就能使一幢40层的房屋侧移减少 50%。

现代建筑中，美国芝加哥汉考克中心大楼就是采用外柱倾斜的角锥体房屋形式（图5-3）。

2. 上窄下宽的房屋形式

将外部框架做成上窄下宽，这样做也能有效减少侧移。当上窄下宽的变化延伸到房屋的全高时，结构效益最大。芝加哥 60 层的第一个国家银行的外部钢柱从底部向上收小，直到屋顶以下的 1/3 处才直通到顶。

3. 圆形或椭圆形房屋形式

圆形或椭圆房屋真正垂直于风向的表面积较少，因此风压值比棱柱体房屋的大大减少。国外规范，对于圆形房屋的风荷载数值允许比矩形房屋的减少 20% ~ 40%。

4. 新月形房屋形式

新月形房屋就像一个竖向的悬臂壳体一样（图 5-21）。新月形壳体形状能有效地增强它抵抗侧向力的刚度，它的作用就像波形的屋面

图5-21 新月形房屋形式

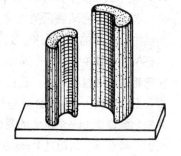

壳体能有效地抵抗重力荷载一样。新月形的壳体形式能有效地抵抗对称作用于它的侧向力。但是，当荷载不对称时则效能较差，这时将产生扭转效应，但这种应力可设置大的竖向边梁来抵抗。

5.3 结构选型与建筑体型的配合

高层建筑设计中，由于水平荷载起主要控制作用，为了考虑水平荷载，结构上必须提供必要的手段去应对。所以，有些人认为高层建筑设计主要是结构方面应考虑得多。而建筑方面没有多少可以考虑的余地，结构在建筑选型中似乎充当主角的地位。这种看法是不全正确的。从前面的讨论已经给我们启示，风荷载不仅在建筑高度上显示着它的作用、而且因建筑形状不同，其作用也有很大差别。所以在高层建筑设计中，不能认为结构束缚了建筑，相反，这正好有力地说明建筑体型与结构选型相互配合的重要性，也说明建筑师与结构工程师充分合作的必要性。在现代高层建筑设计中，有些建筑反映了建筑师对结构工程师的尊重，以结构的构成来表达建筑的完美形式；有些建筑反映了结构工程师对建筑师的理解，以创造性的结构处理去适应建筑功能的要求。

下面所列举的几个国外的建筑实例，较好地反映了建筑体型与结构选型的相互配合。

5.3.1 美国休斯敦第一城市大厦

休斯敦的第一城市大厦是一幢49层的建筑（图5-22）。由于考虑到城市景观，建筑师在建筑立面上设置了凹口，而这些凹口都破坏了利用建筑主要立面建立风荷载支撑系统的可能性。这个建筑对结构提出的难题，是采用中心管筒与外柱协同工作的办法来解决的。平面呈平行四边形，中心的电梯间形成组合的混凝土管筒结构，它们承担来自建筑任何方向的大部分水平风荷载，外部的柱子也参与结构作用。每个打入混凝土中的轻钢支柱只承担垂直荷载，建筑物的端墙在抗风力上只起辅助作用，而设置在各层的隔板能够分担一部分水平风荷载。梁板系统则起到增强钢框架的整体连续性的作用。

图5-22 美国休斯敦第一城市大厦

刚性框架

662

组合式柱

组合式柱核心

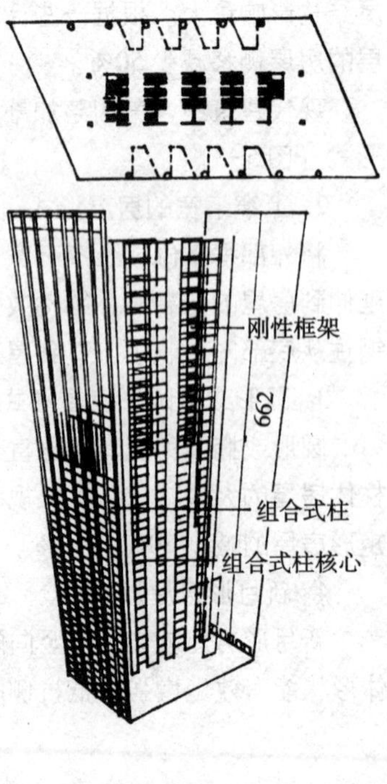

5.3.2 美国迈阿密地铁机关大楼

美国迈阿密地铁机关大楼（图5-23），这幢大楼体现了建筑师与结构工程师的相互支持。这座建筑平面呈扁六边形，高152.5m，下部架空、其中包含一个车站。建筑物下部被设计成一个巨大的抵抗弯矩的门形框架结构，它由端墙和窗下墙18.3m高的大梁共同组成，上部立面上各层的外墙与柱的荷载都由它来承担。对于风荷载，建筑物就像地上一个巨大的悬臂梁一样。当风吹到建筑物主要立面上时，荷载从立面通过15cm厚的楼板传递到端部的剪力墙上。

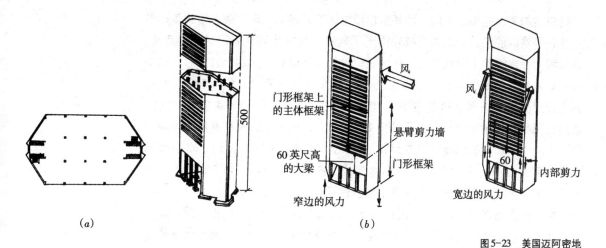

(a)   (b)

图5-23 美国迈阿密地铁机关大楼

5.3.3 纽约电话电报公司总部大厦

纽约电话电报公司总部大厦（图5-24），这幢大厦的结构造型比较独特，地段狭长，建筑平面是简单的长方形。这样的平面形式及其197.3m的高度，而配上一个像高跷一样的门廊，在结构设计中对抵抗风力来说是个潜在的难题。由于建筑长轴方向有足够的刚度，因此如何增强短轴方向的刚度就成为问题的关键。这个设计，在短轴方向采用了四个垂立的钢桁架来增强建筑抵抗风荷载的刚度，并用垂直的钢桁架每隔八层向两边伸出一组"I"形钢板墙搭在前后外墙的柱子上。为了交通需要，在钢板上开了洞口。在建筑的底部设两个巨大的钢板箱，目的在于抵抗水平剪力。

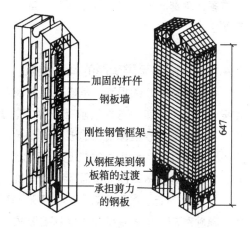

图5-24 纽约电话电报公司总部大厦

5.4 多层与高层房屋地下室的设置与基础类型

5.4.1 多层与高层房屋地下室的设置

在多层与高层房屋的下面一般都设有地下室、这通常出于两种考虑和需要。

一种是出于使用要求。国外多层与高层公共建筑和居住建筑往往需要大面积的停车场和汽车库，为了不与市政建设争地，把它们放在地上显然不如设于地下合理，故都努力向地下发展。另外将仓库、机房、配电间等一类附属用房设于地下，节约地上建筑面积，自然也是合理的。国内目前在高层公共与居住建筑中也开始出现停车场问题，在一些大型宾馆、旅馆门前大量停车影响交通与市容的现象已经出现，在高层住宅中存放自行车问题也较突出。此外，还有人防方面的考虑。所有这些都要求我们着眼于地下，向下发展以争取空间。

另一种，也是更主要的，则是出自结构的考虑和需要，因为设置地下室可以减轻地基压力，提高房屋层数，增强抗倾覆能力和改善房屋的抗震性能。高层建筑的总荷载是相当大的，地基负担很重，有时甚至采用了最有效的基础形式也还是难以胜任，所以如何减轻作用于地基上的总荷载具有很现实的意义。如果我们在建筑物下设地下室，从地基中开挖出所需要深度的土方之后，则基底处地基相当于减少了 γh 那么大的压应力（γ 为土的容量，h 为开挖深度）。我们设想因设地下室从地基中挖去 10m 深土方（相当于设 3~4 层地下室），基底处每平方米地基上就相当于减少 18t 的压力，如果建筑物标准层的重量为每平方米 1.0t，建筑物就可以在地基强度允许的情况下比不设地下室时多建 18 层，可见以 10m 深的土方换取了 18 层的上部建筑。所以，地下室的设置为解决荷重与地基强度这一矛盾开辟了新的途径。

国外在高层房屋下设 4~6 层的地下室的情况很多。我国新北京饭店地下部分为 3 层。高层房屋如同一个悬臂构件一样承受水平外荷载，自然地下部分越深其抗倾覆的嵌固能力越高，从而提高了房屋总体的稳定性。同时，国内外的震害调查都表明，在多层与高层房屋下设地下室可以提高房屋总体刚度，减轻震害。

5.4.2 多层与高层房屋的基础类型

基础是建筑物的根基，是建筑物中极为重要的一个组成部分。一幢建筑物如果没有一个坚实的可靠的基础，再好的上部结构也不可能正常地发挥其作用，甚至可能导致上部结构的破坏与倾斜，因为基础类型选择不当或设计与施工不合理造成的工程事故很常见。基础类型的选择往住比上部结构选型更困难，影响因素更多，因而也需要更加谨慎。

1. 单独基础、条形基础和交叉条形基础

单独基础、条形基础和井格基础形式（图5-25），这几种形式的基础由于它们底面积小，地基所能提供给它的承载能力低，一般多应用于层数较少的多层工业厂房和民用房屋中。

当多层框架房屋的地基条件较好，原载力高，土层均匀时，可以考虑采用单独基础，一般以杯形基础应用较多。当荷载较大或地基比较软弱时，多层框架房屋则采用条形基础，以提高基础的承载能力、刚度和整体性，减少基础的不均匀沉降。当采用一般条形基础仍不能满足强度和刚度要求时，可采用交叉条形基础，以进一步增加基础底面积和提高基础刚度。

当地基持力层略深或土层分布不均匀时，也有采用刚性墙单独基础（以刚性墙连接各单独基础）或刚性墙条形基础。

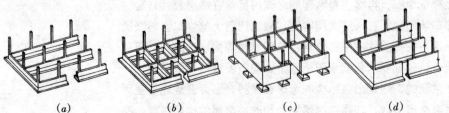

图5-25 单独基础、条形基础和井格基础形式
(a) 条形基础；(b) 交叉条形基础；(c) 刚性墙单独基础；(d) 刚性墙条形基础

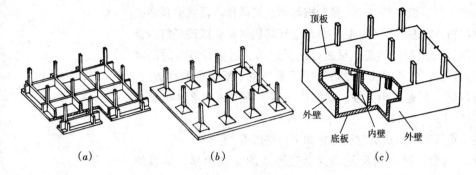

图5-26 片筏基础与箱
形基础形式
(a) 倒交梁楼盖片筏基
础；(b) 倒无梁楼盖片筏
基础；(c) 箱形基础

顶板

外壁

底板　内壁　外壁

(a)　　　(b)　　　(c)

2. 片筏基础与箱形基础

当房屋层数较多或地基很软弱，可考虑采用片筏基础和箱形基础（图5-26）。片筏基础以整个大面积的筏片与地基相接触，因而可以传递很大的上部荷载，它们可以做成倒交梁楼盖的形式，也可以做成倒无梁楼盖的形式，后者板面厚度大，用料多，刚度较差，但施工较方便；前者则折算厚度小，用料省，刚度好，然而施工麻烦，费模板。国外以厚平板式筏片基础应用较多。厚度常达 $2 \sim 3m$，它有利于降低整个房屋重心和提高抗倾覆能力，但它也增加了地基负担（3m 厚，混凝土重 $7.5t/m^2$），尤其是对软弱地基很不利。当房屋层数较少时，宜采用倒交梁楼盖式片筏基础，此类基础在我国应用较多。

箱形基础是一个内顶板、底板和内外壁组成的非常刚强的空间盒子，它具有比上述各种基础都大得多的刚度和整体性。如果把地下室的空间也考虑在内，则其混凝土与钢材的用量不一定比片筏基础消耗大，因而在经济上也是合算的。箱形基础用作高层建筑的基础，无论在国外还是在国内都是相当普遍的。

3. 桩基础

多层与高层房屋也可以采用桩基（图5-27）。当上部结构荷载太大，且地基软弱，坚实土层距基础底面较深，采用其他基础形式可能导致沉降过大而不能满足要求时，常采用桩基，或桩基与其他形式基础联合使用以减少地基变形。另外，对于坚实土层（一般指岩层或密实砾砂层）距基础底面虽深

度不大，但起伏不一（易导致沉降不均）的情况，采用桩基是合理的。它能适应土层起伏的变化。

图5-27 桩基础示意图

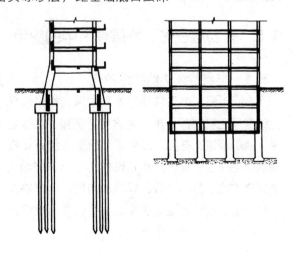

桩基是以表面摩擦力和桩头压力把上部荷载传给下部土层的，根据摩擦力与桩头压力在所传总荷载中的比例可以分为摩擦桩和端承桩两种。摩擦桩主要是通过表面摩擦力传递并扩散荷载至下部地基；而端承桩则主要通过桩头压力传递荷载至下部地基。摩擦桩适用于软弱土层较深的情况；而端承桩则适用于软弱土层下不深处有坚实土层的情况。

根据施工方法的不同，桩又可以分为预制桩和灌注桩两种。预制桩是将桩预制好再通过打桩机打入地基；而灌注桩则是通过现场机械钻孔或现场打入钢管成孔，然后再浇筑混凝土制作的桩。预制桩出于起吊、运输和贯入时的需要，一般用钢量较大，经济性不好而灌注桩则可不配筋或仅配很少的构造筋，用钢量很少，造价较低，且施工也方便。现国内一些工程中采用灌注桩都很成功。

在具体工程中，选择基础形式通常要考虑如下一些因素：

（1）上部结构的层数与荷载情况是决定基础形式的重要因素。层数越多，荷载越大，就要求基础的承载能力越高，总体刚度越大。国外采用片筏厚 2~3m，就是出于提高基础刚度的一种考虑。

（2）上部结构的结构形式和结构体系也直接影响基础形式的选择。不同的上部结构对地基均匀变形的敏感程度是不同的，上部结构对地基不均匀变形越敏感，越应尽可能提高基础的总体刚度。例如框架—剪力墙体系，剪力墙与框架两者对基础的作用是完全不同的，如基础因刚度不足在上述相差极大的力的作用下发生变形（剪力墙下基础局部变形过大），则将完全改变框架剪力墙本来的协同工作情况，这对框架是极为不利和危险的（剪力墙将部分卸荷给框架）。为此，剪力墙与框架最好设在同一个刚性基础上。

（3）地基条件，如地基的上层分布，各土层的强度与变形性质，地下水位情况等，是选择基础形式的最根本依据。同样高度与荷载的房屋，由于地基条件的不同可能选用完全不同的基础形式。当软弱土层厚度不深时，采用箱形基础直接坐落在较好土层上，或采用端承桩是比较合理的；而当软弱土层很深时，则以采用摩擦桩，或者摩擦桩与箱形基础、片筏基础联合使用较为合理。

（4）基础工程无论在工程量、材料消耗和造价上都在多层与高层建筑中占有很大的比例，甚至随房屋高度增加，有使单位建筑面积造价中基础费用提高的趋势。所以，在经济是否合理、施工技术是否可能和方便，也是选择基础形式时必须加以重视的重要因素。

5.5 转换层在多、高层建筑中的应用

5.5.1 高层建筑功能的综合化

在我国高层建筑发展的早期阶段，所设计建造的高层建筑大都为单一用途者，例如：高层住宅、高层旅馆、高层办公楼等。后来陆续开始在高层住宅底层设置生活福利设施，近年来开始大量兴建集吃、住、办公、娱乐、购物、停车等为一体的多功能综合性高层建筑，并已成为现代高层建筑的一大趋势（图5-28）。

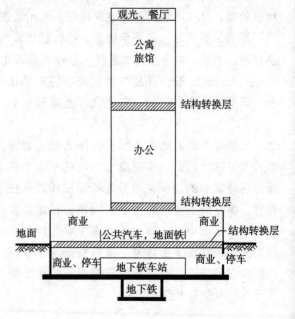

图 5-28　多功能综合性高层建筑

高层建筑功能综合化的优点：

（1）将各种使用功能的建筑单元集中布置并上下组合在一起，使用上更方便省时，为人们提供良好的生活环境和工作条件，适应现代社会高效率、快节奏生活的需要；

（2）集中紧凑的建筑布置，相应集中紧凑的管道线路，有利于节约建设投资及减少能源消耗，也有利于物业管理，节约管理费用；

（3）可减少建筑占地面积，节约土地费用。

5.5.2 多功能综合性高层建筑结构体系的特点

从建筑使用功能而言，在设计中，通常将大柱网的购物商场、餐厅、娱乐设施设于多功能综合性高层建筑的下层部分，而将较小柱网、较小开间的住宅、公寓、旅馆、办公功能的建筑设于中、上层部分。这种建筑使用功能的特点相应决定了多功能综合性高层建筑结构体系的特点。由于不同建筑使用功能要求不同的空间划分布置，相应地，要求不同的结构形式，如何将它们之间通过合理地转换过渡，沿竖向组合在一起，就成为多功能综合性高层建筑结构体系的关键技术。这对高层建筑结构设计提出了新的问题，需要设置一种称为"转换层"的结构形式，来完成上下不同柱网、不同开间、不同结构形式的转换，这种转换层广泛应用于剪力墙结构及框架—剪力墙等结构体系中。

5.5.3 转换层的类型及其工程实例

按照不同的结构转换功能，转换层可分为三种类型：

（1）高层建筑上层与下层的结构形式不同，通过转换层完成其从上层至下层不同结构形式的变化。

①工程实例之一——墨西哥城的日光饭店，地面以上38层，地下4层，总高度为138.4m。上部客房为剪力墙结构，通过转换层到下部变为大空间的框架结构，如图5-29所示。

②工程实例之二——北京南洋饭店。地面以上24层，总高度为85m。第1～4层为框架结构，第6层以上为剪力墙结构，第5层为转换层，剪力墙的托梁高度 $A = 4.5m$，底层柱最大直径 $D = 1.6m$（图5-30）。

③工程实例之三——广东肇庆星湖大酒店，34层，总高度为118.4m，6层以上客房采用剪力墙结构，5层处设置转换大梁，截面尺寸为 $0.5m \times 2.5m$，转换为下层的框架结构（图5-31）。

（2）高层建筑上层与下层的结构形式不变，但通过转换层完成其从上层至下层不同

图5-29 墨西哥城日光饭店

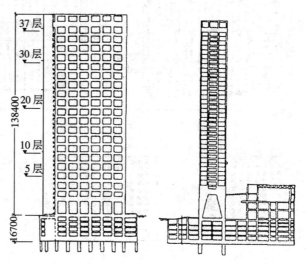

柱网轴线布置的变化。

①工程实例之一——香港新鸿基中心，51 层，总高度为 178.6m，筒中筒结构体系。1～4 层为大空间商业用房，5 层以上为办公楼。外框筒柱距为 2.4m，为解决底层大柱网入口处上、下不同结构柱网轴线的转换，采用截面尺寸为 2.0m×5.5m 的预应力混凝土大梁，将下层柱距扩大为 16.8m 和 12m（图 5-32）。

②工程实例之二——香港康乐中心，52 层，总高度为 178.7m，筒中筒结构体系，外筒为薄壁剪力墙筒，墙厚由底部的 500mm 变化到顶部的 150mm，墙上开有圆形的窗洞。在底层入口进行了转换：通过采用截面尺寸为 2.2m×3.56m 的预应力混凝土大梁作为转换大梁，将外筒全部竖向荷载通过 10 根外柱传至下部基础（图 5-33）。

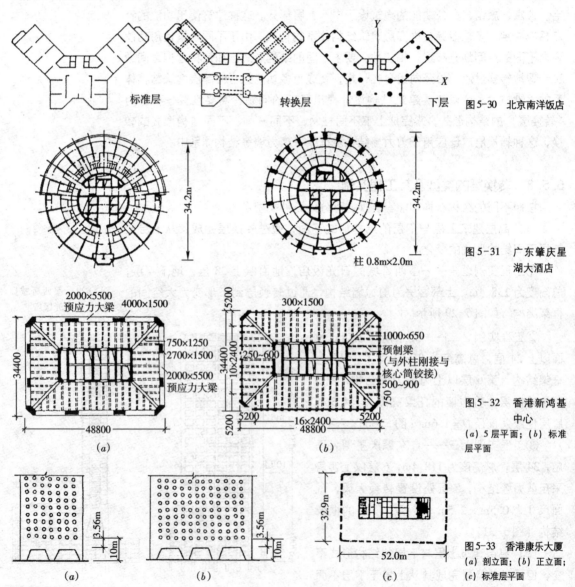

图 5-30 北京南洋饭店

图 5-31 广东肇庆星湖大酒店

图 5-32 香港新鸿基中心
(a) 5 层平面；(b) 标准层平面

图 5-33 香港康乐大厦
(a) 剖立面；(b) 正立面；(c) 标准层平面

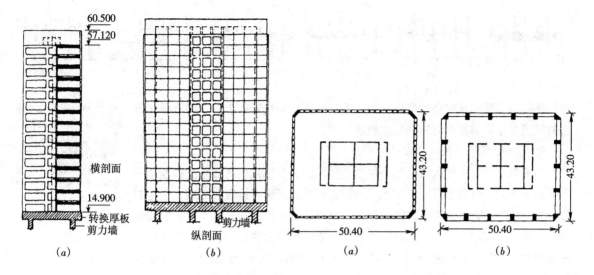

图 5-34 捷克布拉迪斯拉发市基辅饭店(左)
(a) 横剖面；(b) 纵剖面
图 5-35 香港 Harbour Road Development 大厦(右)
(a) 标准层平面；(b) 纵剖面

（3）.通过转换层同时完成高层建筑上层与下层结构形式与柱网轴线布置的变化。

①工程实例之———捷克布拉迪斯拉发市的基辅饭店。19层，总高度60m，上层客房采用密柱网的框架结构，下层采用大空间剪力墙结构，在第4层顶部通过1400mm的钢筋混凝土厚板转换。不仅转换了上、下层的结构形式，而且还改变了上、下层的柱网轴线（图5-34）。

②工程实例之二——香港 Harbour Road Development 大厦。49层，总高度180m，上层为小柱距框筒结构，通过截面尺寸为1800m（b）×4250m（h）的预应力混凝土大梁的转换，将下层柱距扩大为9.6m和12m（图5-35）。

5.5.4 内部结构采用的转换层结构形式

为实现高层建筑内部上、下层结构形式与柱网的变化，可以用图5-36所示的各种转换层结构形式。

1. 梁式转换层（图5-36a，图5-36b）

由于它受力明确，设计与施工简单，一般用于上层为剪力墙结构、下层为框架结构的转换。当纵、横向同时需要转换时，可采用双向梁布置的转换方式（图5-36b）。前述北京南洋饭店、广东肇庆星湖大酒店、广州金鹰大厦、北京国际贸易中心国际旅馆，都是采用梁式转换层。此外，国内采用梁式转换层的工程还有：深圳四川大厦、深圳航空大厦、成都岷山饭店等一批高层建筑。可见，梁式转换层的应用是较广泛的。

2. 板式转换层（图5-36c）

当上、下柱网、轴线有较大的错位，不便用梁式转换层时，可以采用板式转换方式。板的厚度一般很大，以形成厚板式承台转换层。它的下层柱网可以灵活布置，不必严格与上层结构对齐，但板很厚，自重很大，材料用量很多。本节前述之基辅饭店就采用的厚板式转换层。此外，香港的绿杨新村，35层板支剪力墙住宅，由于它跨越在铁路线上方建设，需将按上层布置的剪力墙转

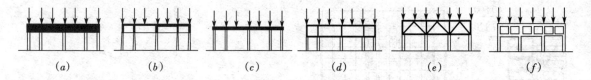

图 5-36 内部结构采
用的转换层
结构形式
(a) 单向梁式;(b) 双向
梁式;(c) 板式;(d) 箱
式;(e) 桁架式;(f) 空
腹桁架式

换到按铁路间距布置轴线的底层柱上,上下柱网、轴线对不上,于是就采用厚板转换层,从而满足了建筑功能的要求。

3. 箱式转换层(图 5-36d)

当需要从上层向更大跨度的下层进行转换时,若采用梁式或板式转换层已不能解决问题,这种情况下,可以采用箱式转换层。它很像箱形基础,也可看成是由上、下层较厚的楼板与单向托梁、双向托梁共同组成,具有很大的整体空间刚度,能够胜任较大跨度、较大空间、较大荷载的转换。北京假日艺苑皇冠大厦中采用了箱式转换层,其跨度为 17.95m,宽度为 22.1m,高度为 4.05m,上、下板的厚度为 500mm,侧板厚度为 400mm,中肋宽度为 600mm,上板还有截面为 400mm×1100mm 的横向梁 5 根。

4. 桁架式转换层(图 5-36e)

这种形式的转换层受力合理明确,构造简单,自重较轻,材料较省,能适应较大跨度的转换,虽比箱式转换层的整体空间刚度相对较小,但比箱式转换层少占空间。

5. 空腹桁架式转换层(图 5-36f)

这种形式的转换层与桁架式转换层的优点较相似,但空腹桁架式转换层的杆件都是水平、垂直的,而桁架式转换层则具有斜撑杆。

空腹桁架式转换层在室内空间利用上比桁架式转换层好,比箱式转换层更好。

5.5.5 外围结构采用的转换层结构形式

前述转换层结构形式主要用于内部结构的上、下层转换。对于外围结构(例如框筒),往往由于建筑功能的需要在底部扩大柱距,目前一般有图 5-37 所示的几种结构处理方案。其中,梁式转换(图 5-37a)曾在美国波特兰大厦中采用;桁架式转换(图 5-37b)曾在纽约美国第一威斯康星中心采用;墙式转换(图 5-37c)曾在美国西雅图金融中心采用;合柱式转换(图 5-37e)曾在原纽约世界贸易中心采用;拱式转换(图 5-37f)曾在美国 IBM 大厦采用。

近年来,国内在多功能综合性高层建筑中对转换层结构形式也进行了很多探索和实践,以下介绍两种形式的结构转换。

1. V 形柱式结构转换

重庆银星商城(图 5-38),总建筑面积 49800m²,地上 28 层,总高度 101.2m,为商住、商贸综合楼,1～9 层为商场,基本柱网为 7.80m×7.80m 及 7.80m×9.30m,第 10 层为技术层及物业管理,第 11～26 层为住宅,第 27

层及第28层为电梯技术间及水箱间。由于上部住宅的柱网、轴线与下部商场不能完全重合，对前述的一些转换层结构形式经分析都不适于本工程特点，而且材料用量及造价均较高。后经研究决定，在第9层与第10层利用两层空间设置了4根V形柱来完成结构转换，如图5-39所示。

在该设计中，V形柱占据两层层高。其斜度为1/5.3，在上面一层为两肢对称的斜柱，到下面一层合成为实腹的倒梯形柱，双斜柱的截面积之和不小于下面倒梯形柱的截面积。在斜柱的顶部用强劲的拉梁互相联结，同时在斜柱的外跨框架梁采取加腋措施。计算表明，采用V形柱式结构转换时，该层梁的剪力及弯矩均比梁式结构转换要小得多（图5-40）。而采用梁式结构转换时，由于梁的截面很大，配筋复杂，施工有一定难度。而采用V形柱式转换大大改善了构件受力状况，且材料耗量及造价随之大幅度下降。下面图5-41和表

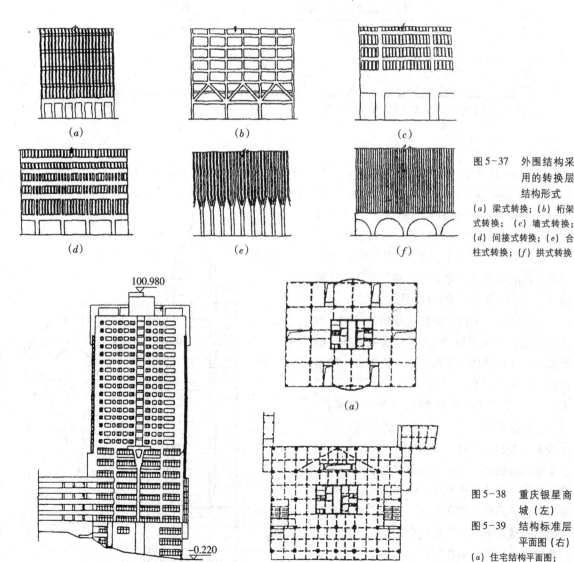

图5-37　外围结构采用的转换层结构形式

(a) 梁式转换；(b) 桁架式转换；(c) 墙式转换；(d) 间接式转换；(e) 合柱式转换；(f) 拱式转换

图5-38　重庆银星商城（左）

图5-39　结构标准层平面图（右）

(a) 住宅结构平面图；(b) 商场结构平面图

100.980

南立面图

−0.220

(a)

(b)

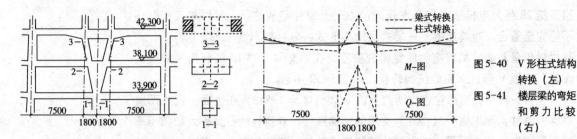

图 5-40 V 形柱式结构
转换（左）

图 5-41 楼层梁的弯矩
和剪力比较
（右）

5-8中表示了 V 形柱式转换与梁式转换的内力和材料耗量及造价比较。表中数字表明，V 形柱式转换梁有传力直接、耗材少、投资省的优点。上列计算中，若再计入转换层楼板厚度的减小，则经济效益将更为显著。

材料耗量及造价比较表　　　　　表 5-8

序号	项目	混凝土（m³）	钢材（t）	直接费（元）
①	V 形柱式转换	22.9	3.9	26400
②	梁式转换	38.3	9.6	63200
③	①/②	0.6	0.41	0.43

注：表中材料耗量及造价为一根 V 形柱式转换比较。

2. 斜柱式结构转换

沈阳华利广场大厦，33 层，总高度 115m，框架—核心筒结构体系（图5-42）。中国建筑东北设计研究院设计。7 层以上用作写字间、公寓，环绕圆形核筒设有 16 根走廊柱，目的是为了减小呈辐射状平面布置的主梁的跨度，并相应减小层高，然而，在 7 层以下，这 16 根环状布置的柱对商场的布置是不需要的，应予去除，这就构成了上、下层结构的转换问题。

在设计中，采用了斜柱双环转换结构。具体做法是将转换层以上 16 根环状平面布置的竖直柱，在两层楼高范围内，一律向核心筒方向转折，最终与核心筒相交（从剖面可以看出）。由于核心筒内设有楼梯、电梯、管道井、楼板，楼板开洞较多，这 16 根斜柱内力的水平分量（在斜柱顶楼层上为向外水平力，在斜柱底部的楼层上则为向内水平力）主要由核心筒外的圆环形楼板来承受。计算表明，在斜柱顶部的楼层梁板出现环向拉力，在斜柱底靠近核心筒的楼层梁板则出现环向压力。于是根据计算结果，相应分别在斜柱顶与斜柱底部设置了抗拉环梁与抗压环梁。斜柱顶部的环梁一楼

图 5-42 华利广场大厦
平面及剖面图

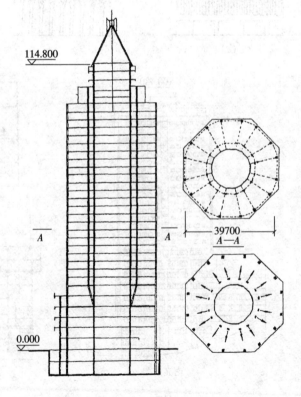

板—辐射梁—斜柱节点构造如图 5-43 所示，在设计中将环梁、楼板、斜柱顶主环梁的中心置于同一水平面上。

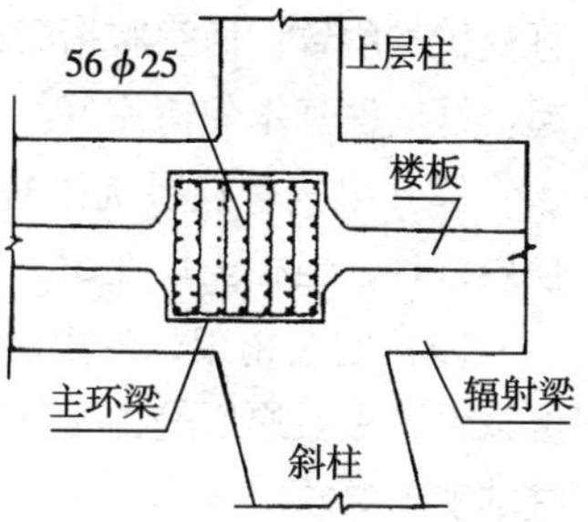

对斜柱式转换结构的讨论：

由于斜柱在其与竖柱相交处产生水平分力作用于楼层，对该水平力最好的处理办法是设法在最短的传力途径上予以平衡消失。就这点来说，斜柱宜成双对称设置。如重庆银星商城大厦的 V 形柱式结构转换，实际上是斜柱成双对称设置情形。而沈阳华利广场大厦虽用的是单斜柱，但它对核心筒呈对称环状分布，在斜柱顶部的环向拉力及斜柱底部的环向压力分别由抗拉环梁与抗压环梁来承担，在斜柱的上、下节点中，由于多向钢筋的汇交可能给施工带来困难，在设计中应结合具体情况对这类有关的配筋构造细节作慎重处理。

斜柱穿越的层数最少是一层，也可根据需要穿越 2~3 层，增多穿越的层数可使斜柱对楼层的水平分力大为降低。沈阳华利广场大厦的设计计算表明，当将斜柱穿越的层数由一层改为两层之后，斜柱顶主环梁的环拉力总值减低为原拉力值的 50%。

图 5-43　环梁—楼板—辐射梁—斜柱节点构造

5.5.6　转换层结构性能特点

转换层结构形式很多，但迄今有关的深入研究、计算资料太少，震害资料尤其缺乏。这里仅介绍同济大学对梁式转换层及空腹桁架式转换层结构模型试件，进行竖向和水平往复荷载作用下的对比试验结果。

试验模型的背景工程是上海兴联大厦，地上 25 层，总高度 77.7m，4 层为结构转换层。为探索合理的转换层结构形式，分别制作了梁式转换层试件及空腹桁架式转换层试件，试件共 5 层，缩尺比例为 1:6，混凝土强度等级为 C30，梁式转换层及空腹桁架式转换层试件如图所示，两个试件均采取相同的加载方式（图 5-44）。

试验得到了如下的主要结论，可供体系选型参考。

（1）在竖向荷载及水平往复荷载的作用下两个试件的破坏形态（图 5-45）截然不同，梁式转换层试件的破坏是由框支柱上、下端相继出现塑性铰而成为

图 5-44　试件图（左）
(a) 梁式转换层试件；
(b) 空腹桁架式转换层试件

图 5-45　试件破坏形态图（右）
(a) 梁式转换层试件；
(b) 空腹桁架式转换层试件

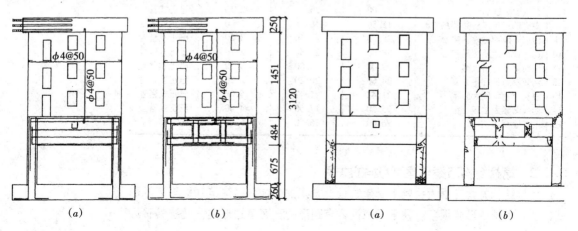

(a)　　　　(b)　　　　(a)　　　　(b)

可变机构所致；而空腹桁架式转换层试件的破坏是由桁架中的一个腹杆剪切引起，框支柱基本保持完好。

（2）梁式转换层试件的水平屈服荷载和极限荷载均略大于空腹桁架式转换层试件，但相差均在5%以内。

（3）空腹桁架式转换层试件的位移延性及可用位移延性均好于梁式转换层试件，主要原因是由于其在水平荷载作用下的变形比较分散，降低了对框支柱的变形要求。

（4）空腹桁架式转换层试件的耗能能力远大于梁式转换层试件，主要原因在于空腹桁架本身的耗能能力远远超过大梁。空腹桁架是高次超静定结构，有塑性内力重分布，加之桁架各杆件的变形较大、裂缝开展较多，也在一定程度上提高了它的耗能能力。

5.6 高层建筑塔楼旋转餐厅的结构设计

5.6.1 国内旋转餐厅概况

自20世纪70年代开始，随着我国旅游业的发展，在一些大城市纷纷建造了旋转餐厅。由于旋转餐厅在建筑塔楼顶部，对建筑物的艺术形象有着重要影响，因此，在设计方面使其实现功能与艺术形式的统一，以及使建筑物与周围环境协调，就成为一个值得探索的问题。建筑设计要求多样化又反过来促进了旋转餐厅设计的多样化。在国内已经建成的旋转餐厅见表5-9。

国内旋转餐厅概况   表5-9

序号	建筑物名称	旋转台直径		旋转台宽度（m）	使用建造情况
		外径（m）	内径（m）		
1	南京金陵饭店	30.58	22.58	4.00	已正式营业
2	广东佛山旋宫酒店	17.45	9.85	3.80	已正式营业
3	北京西苑饭店	31.00	22.00	4.50	已正式营业
4	广州花园酒店	35.00	24.69	5.16	已正式营业
5	深圳国际中心大厦	34.04	22.35	5.85	已正式营业
6	北京昆仑饭店	31.00	25.60	2.70	已正式营业
7	北京国际饭店	32.00	26.60	2.70	已正式营业
8	湖南郴州市工业品贸易中心	15.80	9.80	3.00	已正式营业
9	山东济南劳动培训中心	28.00	21.60	3.20	已正式营业
10	辽宁锦州运西贸易中心	28.00	22.60	2.70	已正式营业
11	江西南昌经济大楼	29.00	22.00	3.50	已正式营业
12	河南郑州黄河平大厦	24.60	20.20	2.20	已正式营业
13	重庆西南华庆大厦	31.42	21.42	5.00	已正式营业
14	汕头国际大酒店	25.50	17.50	4.00	已正式营业
15	上海亚洲宾馆	26.60	16.60	5.00	已正式营业

5.6.2 塔楼结构方案与建筑方案的关系

塔楼结构方案在很大程度上受建筑设计方案的影响。从建筑功能与艺术形式出发，塔楼的形式很多。就平面来说，有圆形的，有多边形的；就旋转餐厅外墙形式来说，有倾斜式的，有垂直式的；就塔楼平面与下层主楼平面相对关系来说，有收进式的，有悬挑式的。

在确定塔楼结构方案时，要考虑到建筑体型的特点和要求，以及上层塔楼与下层主楼平面的相对关系。一般说来，当上层塔楼平面外轮廓位于主楼平面外轮廓之内，即为收进式时（图5-46）可以采用钢筋混凝土结构；当上层塔楼平面外轮廓挑出主楼平面外轮廓，即为悬挑式时（图5-47）一般都做成钢结构，但也有采用钢筋混土结构的（如汕头国际大酒店）。

当采用收进式钢筋混凝土结构时，除了要考虑如何将旋转平台的荷重传递到下层承重结构之外、要考虑高振型鞭梢效应对旋转餐厅的不利影响，加强刚度突变处上下层结构之间的联系。

当采用悬挑式钢结构时，除了要考虑旋转平台荷重的传递和高振型鞭梢效应的影响外，还要着重考虑钢结构的悬挂方案，解决悬挑构件的倾覆平衡问题以及钢结构与混凝土之间的连接问题。矛盾的焦点往往集中在旋转餐厅顶板的结构布置上。

在确定塔楼旋转餐厅结构方案时，除了要考虑建筑方案要求外，还要同时考虑主楼结构体系的特点。下面通过工程实例的介绍，分析塔楼旋转餐厅结构形式的选择。

北京昆仑饭店由北京市建筑设计院设计。塔楼平面呈 S 形，剪力墙结构如图 5-48 所示。第 27 层为旋转餐厅，主楼东部为 24 层，西部为 21 层。塔

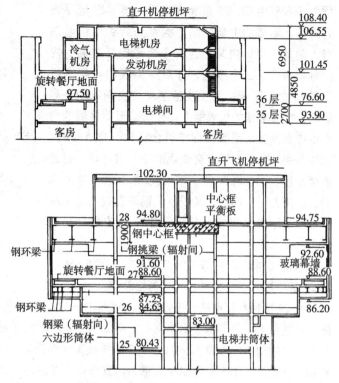

图5-46 南京金陵饭店塔楼剖面(上)

图5-47 北京昆仑饭店塔楼剖面(下)

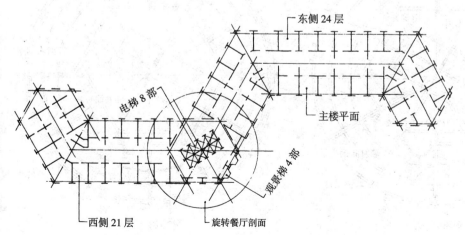

图5-48 北京昆仑饭店平面示意图

楼位于 S 形中部，25 层为六边形，26～28 层平面为圆形。塔楼的主要抗侧力构件为六边形钢筋混凝土筒体，筒体内又包含一个矩形电梯井筒。内力分析考虑了五个振型，计算结果表明塔楼高振型鞭梢效应显著。为了改善刚度突变带来的不利影响，提高塔楼的抗震能力，在六边形筒体墙的角点相中点设置 9 组实腹焊接组合钢柱（图 5-49）。钢柱分别从东西侧刚度突变处的下一层开始，直通塔楼屋顶。钢柱既解决了 27 层顶悬挑钢梁外支点局部压应力过大问题，又提高了钢筋混凝土筒体墙的强度、刚度和延性，起到了第二道抗震设防的作用。

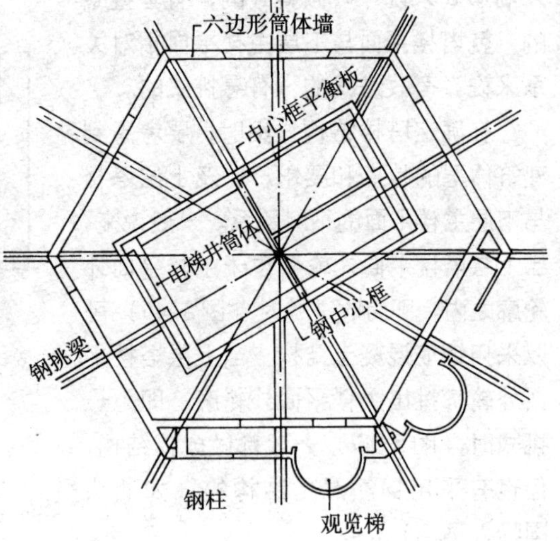

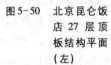

图 5-49 北京昆仑饭店塔楼墙体钢柱示意图

塔楼结构最复杂部位为 27 层顶（图 5-50）。自 25 层顶板开始，塔楼自六边形墙外挑。

在 27 层顶利用电梯并筒设计了平衡钢中心框，中心框沿电梯并筒外沿交圈，在钢框上下两层铺放钢筋网后，浇以 80 cm 厚钢筋混凝土平板自钢中心框向外，沿辐射方向布置 12 根 1.9m 高的焊接工字形钢梁，环向布置 3 道焊接钢环梁。辐射方向的大钢梁以中心框为内支点。外支点为六边形筒体墙。在筒体墙以内这段钢梁上浇钢筋混凝土板；为了减轻悬挑段重量，筒体墙以外的板采用陶粒混凝土。

图 5-50 北京昆仑饭店 27 层顶板结构平面（左）

图 5-51 北京昆仑饭店 26 层顶板结构平面（右）

26 层顶部结构悬挂在 27 层顶上（图 5-51）。自 27 层顶 12 根大钢梁外端，沿旋转餐厅外墙圆周悬挂 48 根钢吊柱，内支点为六边形筒体墙。结合 27 层旋转平台轨道位置，布置 4 道环向钢梁，钢梁上浇钢筋混凝土板，六边形筒体墙以外采用陶粒混凝土。钢结构构件之间采用高强螺栓连接。

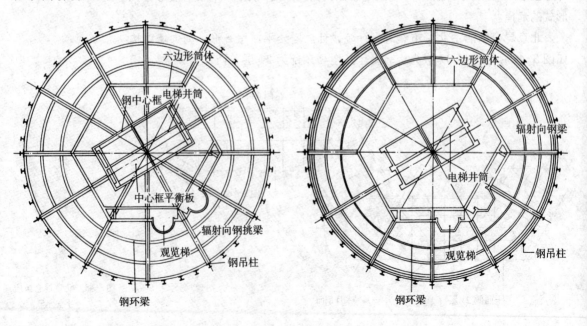

昆仑饭店塔楼旋转餐厅结构设计的特点：利用电梯井筒设计了中心平衡框以解决悬挑钢梁的倾覆问题；在六边形筒体墙的角点设置钢柱，有效地提高了塔楼的抗震能力。塔楼外形比较美观。但由于建筑体型的要求，结构构造比较复杂，施工困难较多，对钢结构制作安装精度要求严格，用钢量也较多。

南京金陵饭店由香港巴玛登纳事务所设计。主楼平面为正方形，塔楼平面收进为圆形（图5-52）。外框内筒结构，外框由两排钢筋混凝土柱组成延性框架，内核为由楼梯、电梯间组成的钢筋混凝土井筒。36层为旋转餐厅，旋转平台轨道支承在截面为 300mm×1020mm 的环向反梁上，平台重量通过反梁传至下一层截面为 150mm×2670mm 的深梁上。为满足隔声要求，深梁与下层楼板离开 30mm，直接支承在内外两排柱上。由于塔楼平面收进，可做成钢筋混凝土结构。这设计的结构构造简单、施工方便，用钢量较省。但塔楼体型欠美观，视线有部分受角筒遮挡。

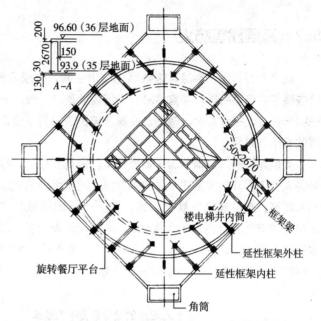

图5-52　南京金陵饭店平面示意图

5.6.3　塔楼方案设计应注意的几个问题

（1）塔楼结构设计在很大程度上受建筑方案的影响。当塔楼平面外轮廓小于主楼平面外轮廓为收进式时，一般可做成钢筋混凝土结构。这种结构设计使结构简化，施工方便，材料节省，造价经济。当塔楼平面外轮廓超出主楼平面外轮廓时，为悬挑式（特别是当悬挑跨度较大，或挑梁高度受塔楼立面限制）时，一般宜做成悬挂钢结构。这种结构设计和施工比较复杂，用钢量和造价也很高。因此，建筑设计应与结构设计密切配合，综合分析各种因素后，再确定塔楼旋转餐厅的方案。

（2）塔楼旋转餐厅的结构设计与主体结构体系密切相关。无论是框架结构、框剪结构、剪力墙结构或筒体结构，在可能情况下应尽量将主楼抗侧力构件自下而上贯通至塔楼顶层。在地震区，为了改善振型鞭梢效应的不利影响，应采取措施，提高建筑物的结构强度和延性。

（3）塔楼作为高层建筑的局部突出部分，在水平地震荷重作用下的动力反应是一个十分复杂的问题，目前在地震区的设计中，常常采用仅将塔楼地震剪力放大的做法是很粗略的，应进一步研究塔楼与主楼之间有高度、刚度、质量分布之间的相互关系作出定性和定量分析，以便为初步设计阶段确定塔楼的结构形式，以及在技术设计和施工图阶段加强关键部位和薄弱环节提供设计依据。

5.7 高层建筑防火

现今世界各国，高层建筑雄踞在都市空间，构成现代化城市的独特风貌。这些建筑的造型各异，丰富多彩，一幢幢圆形、方形、矩形、三角形、多边形的参天塔楼，被混凝土、陶瓷、金属及玻璃装扮得千姿百态，宛如一首首"凝固的音乐"篇章。

高层建筑的发源地美国芝加哥是美国的商业中心，经济发展很快，并在一场特大火灾后开始大量建造耐火的建筑。随着经济的发展，人口的增加，地价越来越高，高层建筑发展很迅速，高层建筑的层数和高度也随之迅猛增加。1974年在芝加哥建成了110层高433m的希尔斯大厦，20世纪70年代中期日本兴建了55层的三井大厦，法国建造了58层的曼·蒙巴拉斯大楼，美国建造的利物浦之塔达139层、高557m。已建成的世界最高十大建筑见表5-10。

已建成的世界最高十大建筑　　　　　　　　表5-10

排名	建筑名称	城市	建成年份	层数	高度（m）	结构材料	用途
1	TAIPEI 101（原名金融中心）	台北	2004	101	508	钢	多用途
2	石油大厦	吉隆坡	1996	88	450	组合	多用途
3	西尔斯大厦	芝加哥	1974	110	443	钢	办公
4	金茂大厦	上海	1998	88	421	组合	多用途
5	帝国大厦	纽约	1931	102	381	钢	办公
6	中环大厦	香港	1992	78	374	钢筋混凝土	办公
7	中银大厦	香港	1989	70	369	组合	办公
8	T&C大厦	高雄	1997	85	348	钢	多用途
9	艾莫科石油大厦	芝加哥	1973	80	346	钢	办公
10	汉考克大厦	芝加哥	1969	100	344	钢	多用途

注：原纽约世界贸易中心110层，417m，当时排名第4，2001年9月11日被两架飞机撞毁。

我国高层建筑的发展较迟，20世纪初随着城市的发展和钢筋混凝土结构的广泛应用，高层建筑也不断涌现。国内高层建筑的类型目前以高层宾馆和住宅为主。它们多为20～66层。高层宾馆如北京的长城、昆仑、西苑、北京等饭店；上海的华亭、上海宾馆及虹桥等饭店；南京的金陵饭店；广州的白天鹅、白云宾馆及中国大酒店、花园酒店等；深圳的国贸中心大酒店、南海大酒店及国际、新园等饭店。高层住宅在大中城市内则比比皆是，其布局常以多幢构成建筑群体，不但使城市空间高低错落、疏密相间，富有时代的特色，又有利于报警、防火等设施的统一安排。我国已建成的内地最高十大建筑见表5-11。

	已建成的内地最高十大建筑				表 5-11
排名	建筑名称	城市	建成年份	层数	高度（m）
1	金茂大厦	上海	1998	88	421
2	地王大厦	深圳	1996	81	328
3	中天大厦	广州	1997	80	322
4	赛格广场	深圳	1998	72	292
5	中银大厦	青岛	1996	58	246
6	明天广场	上海	1998	60	238
7	上海交银金融大厦	上海	1998	55	230
8	武汉世界贸易大厦	武汉	1998	58	229
9	浦东国际金融大厦	上海	1998	56	226
10	彭年广场	深圳	1998	58	222

　　高层建筑是当代建筑领域的一个重要研究课题，它在城市规划、建筑设计、结构设计、施工、通风空调、给水排水及电气等方面，都有特殊的要求，而且均与防火有着非常密切的关系。但是，往往设计常着力于内部功能、中庭空间及外部形象等方面，而对建筑最原始、最基本的功能之一的保卫、安全却往往被忽视。高层建筑因其巨大的高度和复杂的功能，一旦发生火灾便将造成巨大的危害。许多国家都经历过多次重大火灾的惨痛教训，因而对高层建筑防火的重要性有了明确的认识。防火问题若不能妥善解决，高层建筑的存在和发展都将受到严重的威胁。为高层建筑在一旦发生火灾时能保障人民生命财产的安全，高层建筑防火设计这一新的学科便应运而生了。

　　防火设计是属于综合性质的，其内容涉及各个工种，其中建筑则居于最主要的地位，如在设计时完善解决了总体布局、防火分区、安全疏散及耐火构造等方面问题，此建筑设计才能被防火管理部门认可和批准。

　　当今的设计考虑对高层建筑防火的重要性虽已毫不怀疑，但一遇到建筑处理与防火规范发生矛盾时，则又可能与消防部门"顶牛"、"扯皮"，或者相反地被迫将方案作很大的变动。也有设计人员屈服于业主的压力，做了不利于防火要求的改动，这就不利于保障安全，或会妨碍建筑创作的发展。防火设计应由建筑和结构工种合作进行，并与水、电、设备等其他工种密切合作，严格按照我国高层民用建筑防火规范的各项要求，根据建筑不同性质及重要性区别对待，积极采用各种先进可靠的设备与之合理配合，才能有良好的高层建筑防火设计，使生命财产安全及建设成果得到充分的保障。下面介绍几个防火设计的有关具体问题。

5.7.1　结构防火

1. 火灾的因素

在建筑防火设计中，应尽可能利用规程来控制潜在的火灾隐患（热工设备、电气设备）以防止火灾的发生。限制可燃材料在建筑物装修和家具中的用量，能够减弱火势。因为火灾的发生机率与建筑物中可燃物数量（火灾荷载）成正比。

由建筑物的装修和配件构成的火灾荷载，可规定使用特种材料来加以控制由家具、存放物资、燃料等构成的火灾荷载，可以根据统计资料作出估计规程的规定加以控制。

2. 火灾控制

防止火灾由一幢建筑物向另一幢建筑物蔓延，与阻止和减慢火灾在建筑物内部蔓延，这两方面是有差别的。

使建筑物间隔不小于一定的距离，或用外部防火墙将它们隔开，可阻止火灾向相邻建筑物蔓延。

在建筑物内部可以依靠防火分区来抑制火灾的蔓延，也就是用耐火墙体和耐火楼盖把建筑物分成若干区段。自动灭火设备也有助于将火灾限制在建筑物的特定范围内。

3. 消防通道

为使消防车能开到建筑物前，必须有合适的通道。这种通道要有一定的宽度和高度，并有足够的承载力。在建筑物内部应尽可能设置供消防队员接近起火中心的各种安全通道。应有规定尺寸和容量的消火栓为灭火供水。

4. 救护工作

安全疏散通道是火灾发生时保证人身安全的首要条件。这是基本要求。安全疏散通道尽可能不受气体和烟雾的影响。人员众多的建筑物中需有报警系统。

5. 结构防火方式

结构防火可分被动与主动两种方式，以防止火灾在建筑物中蔓延和发展。

①被动防火措施包括：在火灾中保持建筑结构稳定的措施；在水平与垂直两个方向把建筑物划分成可控制火灾的若干区段布置疏散通道。

②主动防火措施包括：火警装置、烟火探测器；自动灭火装置，如喷水器。

5.7.2 防火措施的范围

结构防火的目的是：人身保护和防止建筑物和毗邻财产的物质损失。

1. 人身保护（一级防火）

人身的保护与抢救是任何防火系统都要首先考虑的问题。采取预防措施的内容和范围不能以经济尺度来衡量，而应由一系列对人身潜在危害来决定。在发生火灾时很少或不会对人身有危害的情况下，可相应地减少保护人身的安全措施。

2. 财产保护（二级防火）

为了防止物质的损失，首先应采取各种措施以阻止火势的蔓延和加剧，并防止建筑物倒塌。

　　建筑物本身或毗邻财产的物质损失是可以用货币计算的，可能的损失尤其要受结构防火设施与装置的影响，这可以由支付的保险费来估算和表示。这样，潜在的损失和危害（或保险金额）与所用的防火措施的费用之间建立了一个经济关系。在总体的国民经济利益上，可能的损失额（或为补偿损失而应支付的保险费）和在防火上花的钱应当是一个最小数目。

5.7.3　防火有效时间

　　结构防火的措施只须在一个有限的时间内保持有效，例如：

　　（1）疏散通道应在建筑物内所有人员来得及撤离之前保持安全通行；

　　（2）防火墙和重要的承重构件应在火灾时一直起承重作用。

　　因此，"完全防火"决不是防火的目的。防火保护只在一个有限的范围内和（或）有限的时间内才是需要的。如果这些限额定得过高，就可能造成浪费，其结果使费用超过了实际情况的需要。大多数建筑规程规定有一个相当的范围，以供设计者在给定的情况下，就所需要的防护措施作出自己的决定。

5.7.4　防火程度与范围的标准

　　结构防火提出的要求以及因此而采用措施的范围，取决于许多因素。一般的准则是：在没有可燃物的场所，就没有需加保护的东西；在没有人的地方，就不必考虑人身救护问题。

　　影响这些问题的因素，譬如：

　　（1）在任一指定时间内可能出现于一幢建筑物内的人数。

　　对于集会大厅和百货商店有严格的要求，而对于有屋盖的工业建筑和多层仓库来说就不太严格。

　　（2）建筑物内人员的活动能力。

　　例如，对于医院、儿童之家或老人院等有严格的要求，而相对来说，对学校或体育馆就不那么严格了。

　　（3）建筑物的火灾荷载，也就是它的可燃物总量，对居住建筑和百货商店有严格的要求，而对学校和多层车库来说就不太严格。

　　（4）建筑物平面面积和布置。

　　（5）建筑物的高度，对高层建筑有专门的要求，即其顶部的楼盖要超过标准防火疏散梯所能到达的高度，而对单层和两层建筑的要求就简单得多。

　　（6）消防队员到达前可能的时限，对于自己有工厂消防队的工业厂房，或在整个营业时间有训练有素的消防队员值班的剧场和展览厅等房屋，就不必遵守这项严格要求。

5.7.5　建筑物的稳定性

　　为了能够进行救护和灭火工作，并限制可能遭致的物质损失，一幢建筑物必须在火灾情况下保持稳定性。

高耸结构物（包括多层建筑）的承重结构必须在防火墙经火灾烧毁后仍能残存下来。

维持建筑物的结构稳定性，并不意味着结构构件必须有耐火构造。但这种过分的做法却经常毫无保留地为人们所接受，尽管大家对火灾荷载和构件所处环境的严重程度之间的关系已有充分的理解。

一幢建筑物的各种构件也应按不同的标准加以考虑，其要求随着构件在维持结构稳定性的重要性而改变。这个原则一般是有效的。

5.8 高层建筑实例

5.8.1 广东国际大厦

1. 概述

广东国际大厦位于广州市环市东路，是一幢综合性的大型建筑，总建筑面积约 18 万 m^2，由三个塔楼和环绕的裙房组成，总平面示意如图 5-53。主塔楼 63 层，两个副塔楼分别为 33 层和 30 层，裙房 5 层。除部分区域外，大部分设有 2 层的地下室，局部 4 层。

主塔楼平面为接近正方形的矩形，四角削斜，核心部分为交通区，见图 5-54。4 层地下室（包括夹层）总深度为 14.3m（未计基础埋深）。地面以上 63 层，各层层高为：首层 4.2m，2～5 层 4.5m，6～62 层 3m，63 层（实际上是核心部分从屋顶升高）2.6m。由首层地面（标高 0.95m）起计的总高度为 195.8m。该塔楼 1～5 层与裙房连通作为大堂、餐厅、商场等公共场所，6～22 层为灵活间隔的写字楼，24～60 层（42 层除外）为酒店客房，62 层为观光层，23、42 和 61 层为设备层，核心部分屋面比周围屋面升高 2.6m，形成直升机停机坪。

主塔楼西边和南边在地面上以防震缝与裙房分离（地下室则连成整体），但北边和东边仅有一跨裙房，不作分缝处理。5～22 层楼板沿周边外伸，悬伸长度由 4m 开始往上逐层收缩到 0.5m，形成略有倾斜的外墙面，目的是增加塔楼的稳定感和扩大写字楼的实用面积。

顶上两层外墙面略向内倾斜（图 5-54）。主塔楼四个斜角外墙面和所有窗台均用铝合金板作饰面（与结构面之间有 100mm 的空隙做空气夹层）。其余部分均为铝合金窗，窗框安装在柱的外边之外，构成水平窗带。斜角与水平窗带之间有一凸出的竖线（由饰面构造形成）直通全高。该

图 5-53 总平面示意图

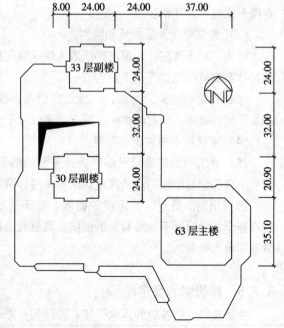

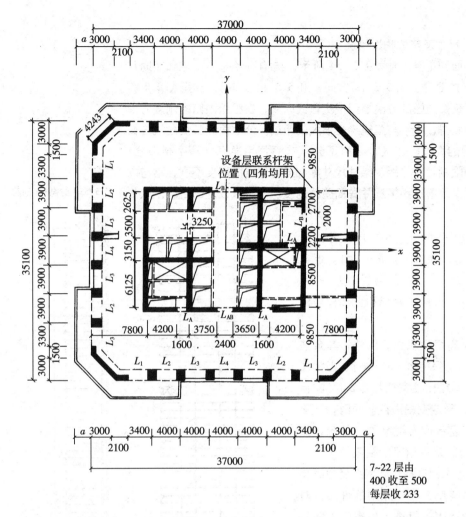

设备层联系杆架
位置（四角均用）

7~22 层由
400 收至 500
每层收 233

图 5-54　结构平面图

大厦已于 1992 年建成使用。

2. 结构设计概况

主塔楼采用现浇钢筋混凝土筒中筒结构、无粘结部分预应力钢筋混凝土平板楼盖。用这种结构形式建造近 200m 高的超高层建筑，目前世界上尚属少见。设计经验不足，参考资料较缺乏，加上这个高度已超出现行《钢筋混凝土高层建筑结构设计与施工规定》所适用的高度范围、为了取得较充分的设计依据和理论计算或实验的对比，除了应用不同方法的电算程序进行多方面的计算外，还请些专业技术部门做了多项调查、实验和理论计算工作。

结构计算除作基本荷载（恒载加折减后的活载，风荷载和地震作用）作用下的分析外，还利用该空间程序加以技术处理，作了模拟施工过程在自重作用下竖向构件轴向变形影响的分析和温度影响的分析。

由于没有可直接应用的规范，该设计除按照《钢筋混凝土高层建筑结构设计与施工规定》外，还参考《高层建筑结构设计建议》，并对有关限值或指标控制得紧一些，使其安全度有一定的富余，而在抗震构造上则提高一度考虑。

3. 结构布置、尺寸及整体构造措施

该塔楼结构平面和主要尺寸如图 5-54 所示，结构沿竖向的变化和竖向尺寸见图 5-55，相应的高宽比为 5:3（x 方向）和 5:6（y 方向）。该塔楼采用筒中筒结构，利用建筑交通区的分隔墙组成实体式内筒，在组织内筒的刚度方面可以通过调整墙厚获得，不致与建筑产生很大的矛盾。外框筒则颇受建筑方面如客房开间及窗洞的高度、宽度（客房部分）或者使用净高（写字楼部分）以及建筑构造等的限制，使柱距、梁柱尺寸等部分对外框筒刚度不利，难与内筒相匹配。为了尽量改善这种情况并提高整体刚度、与建筑设计配合，采取如下措施：

（1）各中柱截面宽度（框架方向尺寸）沿全高保持 1.2m 不变（保持与窗宽一致）。但在截面高度上尽量取大一些，由底层的 1.7m 开始分 6 次收缩至 0.5m，形成了底部和上部柱截面矩形方向不利。

（2）裙梁截面高度除底部 5 层外，其余按最大可能取为 0.7m（保持 2.3m 净高），但截面高度则取与柱宽相同或比柱宽增加 0.2m（配合窗台外凸的做法），形成宽扁型梁。同时，凡建筑有窗台处，均把窗台作为裙梁的一部分，如图 5-56 所示。因此，这些裙梁的横截面实际上是"L"形的。但考虑到这种形式的梁受力时会出现扭曲，竖肢的高度大。有深梁的性质，对抗震不利。配筋构造比较复杂，与施工工序有矛盾，经研究对比，将这些梁用水平缝分成两根独立的各自成矩形的叠放梁，见图 5-56。这样，虽然在抗弯刚度上有所降低。但抗剪刚度基本不变，仍保持裙梁的特性，而前述存在问题就可解决。

（3）角柱是关键部位，根据建筑形式做成八字形的墙体。但取较大的厚度以充分发挥它在抗弯抗剪方面的作用。

（4）为更好地控制位移量，在三个设备层（第 23、42、61 层）处给予特别的加强，即把设备层上、下的裙梁做得大一些（图 5-56），使之成为一个加强层。经计算表明、这样做在抑制侧向位移方面取得较明显的效果。

（5）考虑到内外筒的联系全靠各层平板式

图 5-55 结构纵剖面图

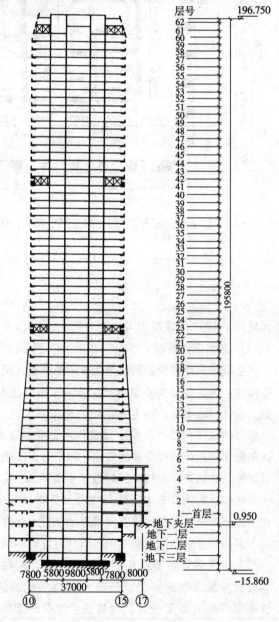

楼板，较为单薄，对内外筒的共同工作不利，为此在三个设备层处每个方向各加四个内外筒联系桁架（图 5-54 和图 5-55 以下简称联系桁架），为钢结构。所以来用钢桁架是考虑到设备层管道布置的需要，而且可以在设备进场之后才安装。

（6）内外筒之间的楼板，结合预应力的需要考虑与内外筒弹性嵌固，在分析中视为板带参与整体工作，以适当增加整体刚度。内筒以内仍用普通肋形楼盖、仅作为内筒体的横隔板。

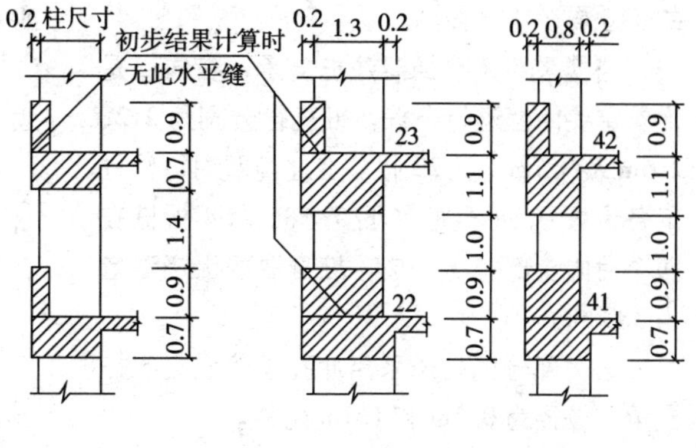

图 5-56　裙梁截面图

4. 结构的各项指标

塔楼总面积约 85000m²，其中标准层面积为 1200m²。塔楼总高度 195.8m，标准层层高为 3m，总重量约 160000t，其中砖墙、非承重混凝土墙、粉刷、地面装饰层和铝合金墙面（连骨架）及铝合金窗等共重 29300t，活载 10600t；钢筋混凝土部分重 120000t。平均混凝土量 1.45t/m²。

钢筋用量为 110kg/m³，结构面积与建筑面积之比，由底层的 12% 至顶层 4%，平均为 8%。

5.8.2　深圳国际贸易中心大厦

概述

深圳国际贸易中心大厦位于深圳巿罗湖区中心。占地约 20000m²，总建筑面积约 100000m²。于 1984 年底建成。主体建筑为 53 层的塔式商业办公楼，地面以上 50 层。地面以下 3 层，塔楼面积为 65000m²，高出地面约 160m，平面为正方形，外包尺寸 35.4m×35.4m。塔楼第 2 层以上为办公室，共 41 层，第 24 层为避难层和机房，第 49 层为旋转餐厅。塔楼顶面为直升机停机坪。

塔楼内筒布置楼梯、电梯、设备机房、卫生间和管井等公用设施。电梯共 12 台，其中 6 台为高速梯，服务于高层区。塔楼外筒的北向侧壁另设有三台观光电梯，可供人们从底层休息大厅（2、3、4 层楼）乘电梯直达第 42 层并转到旋转餐厅就餐。塔楼地下室为设备及管理服务用房。

大厦内各层设有烟雾报警、自动喷淋系统等消防安全设施，办公楼每层装有空调、供水供电、电讯及现代电气设施，所有这些设备运行情况均由电脑室进行监控。

裙房部分为 5 层（地面以上 4 层，地下 1 层），地下室设有停车场、机房、地下餐厅等。地上四层为超级商场、各式餐厅、咖啡间等。裙房中间为带玻璃顶盖的大空间内庭园，各层围绕庭园用走廊相连，裙房与塔楼 1~4 层相通。

塔楼全部采用铝合金玻璃幕墙围护，裙房部分采用茶色玻璃，整个大厦的立面造型和空间组合美丽壮观，为深圳特区市容增添了景色，图 5-57 为大厦的正立面及横剖面图。

塔楼采用大孔径灌注桩支承，在内筒是沿着主要筒壁进行布桩，桩直径分别为 2.2、2.6m 及 3.1m，计 22 根。在外筒四周每根柱下各设置了 58 根桩（图 5-58）。58 根桩在两个月内全部施工完成，桩身混凝土浇灌量为 3800m³。

裙房部分的柱子采用冲孔灌注混凝土桩支承，校径为 0.8m 和 1.1m 两种。

上部结构塔楼和裙房均采用钢筋混凝土结构。塔楼外筒结构每边由 6 根排列较密的矩形截面柱子与每层的矩形截面窗裙联结。从第 7 层开始因楼面有挑出阳台板、窗裙梁只能在楼板与下一层窗洞顶之间布置，这样决定了 7 层以上的窗裙梁高均为 0.85m。同时，结合建筑立面造型的需要，在外筒四角布置了刚度很大的"L"形角柱，及外筒顶部布置了高达 6.9m 的圈梁。这两部分实际

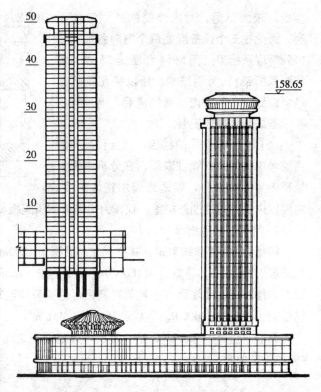

图5-57 深圳国际中心大厦正立面和剖面图

上构成了外筒结构的强大边框，是外筒结构的重要组成部分，提高了结构的抗侧移刚度。外筒的地面以上为 43 层，呈正方形平面（图 5-59）。

塔楼内筒结构的墙体布置，主要适应电梯井、楼梯、卫生间和机房、管道竖井等平面布置的需要，形成 19.3m×19.1m 的矩形平面，在每个方向有 4 片主要墙体贯通构成井格式筒体。

塔楼内、外筒之间采用整浇宽梁、连续板楼面，宽梁截面全部为 500mm×500mm，所有标准层的板厚均为 110mm；内筒里的走道板为 110mm 厚平板，其余为 80mm 厚。这些水平方向都对称，形心与刚心相重合，有利于发挥筒中

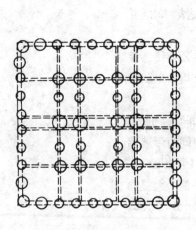

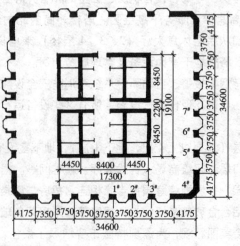

图5-58 桩布置图(左)
图5-59 塔楼标准平面（右）

筒结构在水平荷载作用下抗侧力的整体刚度、强度和整体稳定作用，为了支承上部结构的巨大垂直荷载和传递筒体底部总的水平力，全部墙体和柱子都向下延伸到地下室的底部，并将内筒在地下室的纵墙主要墙体都延长到同外筒柱下的地下墙体相交，以形成一个四边封闭的棋盘形平面。同时，为加强在底层和底层以下2.2m处楼板平面内的刚度，采用了400mm厚的整浇楼板。

墙和柱的横截面变化都统一在第11，21，31层改变，内筒墙体则在第41层处再作一次改变，外筒柱的表面宽不变，只变化墙体和柱的厚度，由底层向上依次为1000，900，750mm和600mm。内筒的外墙厚度，在底层为600mm，逐步减为500，400，300mm，到41层以上为250mm；主要内墙从500mm减为400，300，250mm，到41层以上为200mm；内隔墙为150mm及200mm两种，沿全高厚度不变。

旋转餐厅由内筒的墙体支承，楼板的旋转部分为钢、木平台，平台支承于导轨上，导轨支承于下面悬挑式梁板结构的楼面上。旋转餐厅楼面的外径加6m。

塔楼结构设计所需的混凝土立方强度为：底层到第15层为45N/mm^2；第16~25层为40N/mm^2；第26层以上为30N/mm^2。钢材的设计抗拉强度为340N/mm^2；裙房工程为一般框架结构，主要钢柱为7.5m×7.5m方格布置，其柱距是塔楼外筒柱距的两倍。裙房结构与塔楼外筒为铰支连接。

习　题

5.1　简述高层建筑定义。

5.2　高层建筑有哪几种结构类型并叙述其特点？

5.3　简述高层建筑与多层建筑的区别。

5.4　试列举部分知名高层建筑，并叙述其结构布置特点。

5.5　如何控制高层建筑的侧移？

5.6　如何加强和提高高层建筑的抗震性能？

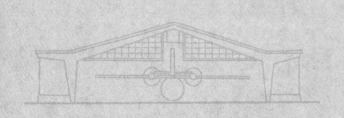

第 6 章 门式刚架结构

本章叙述单层门式刚架的特点和适用范围，说明门式刚架的类型及其受力特点，讨论门式刚架结构选型时应考虑的影响因素，介绍门式刚架中常见的构造做法。学习时应与其他平面结构体系的知识联系起来加以理解掌握。

6.1 门式刚架的结构特点和适用范围

刚架结构通常是指由直线形杆件（梁和柱）通过刚性节点连接起来的结构。建筑工程中习惯把梁与柱之间为铰接的单层结构称为排架，多层多跨的刚架结构则常称为框架。框架已在第 2 章加以介绍。本章讨论的是单层刚架，因单层单跨刚架 Π 字形的外形之故，习惯上称为门式刚架。

6.1.1 门式刚架结构的结构特点

图 6-1 将门式刚架与外形相同的排架在垂直均布荷载作用下的弯矩图加以对比。刚架由于横梁与立柱整体刚性连接，节点 B 和 C 是刚性节点，能够承受并传递弯矩，这样就减少了横梁中的跨中弯矩峰值。排架由于横梁与立柱为铰接，节点 B、C 为铰接点，所以在均布荷载作用下，横梁的弯矩图与简支梁相同，跨中弯矩峰值较刚架大得多。在一般情况下，当跨度与荷载相同时，刚架结构比屋面大梁（或屋架）与立柱组成的排架结构轻巧，并可节省钢材约 10%，混凝土约 20%。单层刚架为梁柱合一的结构，杆件较少，结构内部空间较大，便于利用。而且刚架一般由直杆组成，制作方便，因此，在实际工程中应用非常广泛。横梁为折线形的门式刚架更具有受力性能良好、施工方便、造价较低和建筑造型美观等优点。由于横梁是折线形的，使室内空间加大，适于双坡屋面的单层中、小型建筑，在中小型厂房、体育馆、礼堂、食堂等中小跨度的建筑中得到广泛应用。门式刚架刚度较差，受荷载后产生跨变，因此用于工业厂房时，吊车起重量不宜超过 100kN。但与拱结构相比，刚架仍然属于以受弯为主的结构，材料强度不能充分发挥作用，这就造成了刚架结构自重较大，用料较多，适用跨度受到限制。

门式刚架按其结构组成和构造的不同，可以分为无铰刚架、两铰刚架和三铰刚架等三种形式（图 6-2）。在同样荷载作用下，这三种刚架的内力分布和大小是有差别的，其经济效果也不相同。刚架结构的受力优于排架结构，因刚架梁柱节点处为刚接，在竖向荷载作用下，由于柱对梁的约束作用而减小了梁跨中的弯矩和挠度。在水平荷载作用下，由于梁对柱的约束作用减少了柱内的弯矩和侧向变形，如图 6-3 所示。因此，刚架结构的承载力和刚度都大于排架结构。

无铰门式刚架（图 6-4*a*）的柱脚与基础固接，为三次超静定结构，刚度好，结构内力分布比较均匀，但柱底弯矩比较大，对基础和地基的要求较高。因柱脚处有弯矩、轴向压力和水平剪力共同作用于基础，基础材料用量较多。由于其超静定次数高，结构刚度较大，当地基发生不均匀沉降时，将在结构内

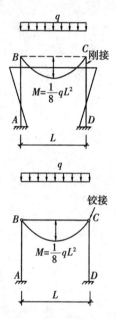

图 6-1 刚接刚架与铰接刚架的弯矩比较

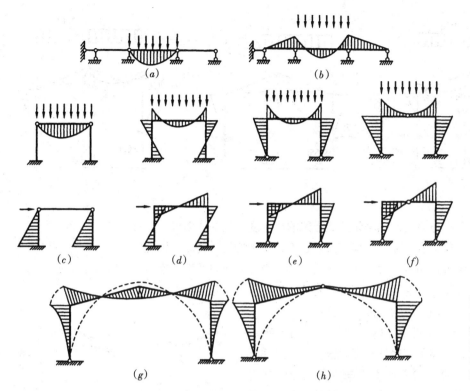

图6-2 弯矩图对比

(a) 单跨梁;(b) 连续
梁;(c) 排架;(d) 无铰
刚架;(e) 双铰刚架;
(f) 三铰刚架;(g) 双铰
刚架;(h) 三铰刚架

产生附加内力,所以在地基条件较差时需慎用。

两铰门式刚架(图6-4b)的柱脚与基础铰接,为一次超静定结构,在竖向荷载或水平向荷载作用下,刚架内弯矩均比无铰门式刚架大。它的优点是刚架的铰接柱基不承受弯矩作用,构造简单,省料省工;当基础有转角时,对结构内力没有影响。但当两柱脚发生不均匀沉降时,则将在结构内产生附加内力。

三铰门式刚架(图6-4c)在屋脊处设置永久性铰,柱脚也是铰接,为静定结构,温度差、地基的变形或基础的不均匀沉降对结构内力没有影响。三铰和两铰门式刚架材料用量相差不多,但三铰刚架的梁柱节点弯矩略大,刚度较差,不适合用于有桥式吊车的厂房,仅用于无吊车或小吨位悬挂吊车的建筑。钢筋混凝土三铰门式刚架的跨度较大时,半榀三铰刚架的悬臂太长致使吊装不便,而且吊装内力较大,故一般仅用于跨度较小(6m)或地基较差的情况。

在实际工程中,大多采用三铰和两铰刚架以及由它们组成的多跨结构,如图6-5所示。无铰刚架很少采用。

门式刚架的高跨比、梁柱线刚度比、温度变化、支座移动等均是影响门式刚架结构内力的因素,门式刚架结构选型时应合理加以考虑。

刚架结构在竖向荷载或水平荷载作用下的内力分布不仅与约束条件有关,而且还与梁柱线刚度比有关。在跨中竖向荷载作用下,当梁的线刚度比柱的线刚度大很多时,柱对梁端转动的约束作用很小,仅能够阻止梁端发生竖向位

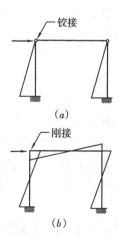

图6-3 在水平荷载作用下刚架与排架弯矩图对比

(a) 排架;(b) 刚架

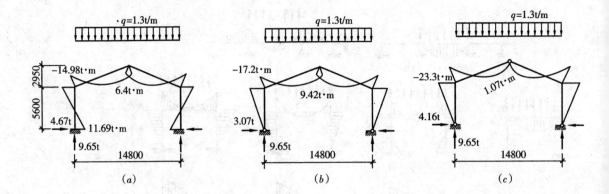

图 6-4　三种不同形式的刚架弯矩图

(a) 无铰刚架；(b) 两铰刚架；(c) 三铰刚架

移，这时梁的内力分布与简支梁相差无几。当梁的线刚度比柱的线刚度小得多时，柱子不仅能阻止梁端发生竖向位移，而且还能约束梁端发生转动，则柱对梁端的约束作用可看成是相当于固定端的作用，梁的内力分布与两端固定梁十分接近。当梁两端支承柱刚度不等时，则梁两端负弯矩值也不等，柱刚度大的一侧梁端负弯矩大，柱刚度小的一侧梁端负弯矩小。

在顶端水平集中力作用下，刚架结构的内力分布也与梁柱刚度比有关，当梁刚度比柱刚度大很多时，梁柱节点可看成是无任何转动，梁仅作水平向平移而无任何弯曲，柱子上下端仅有相对平移而没有相对转动，故柱反弯点应在柱高的中点。当梁刚度比柱刚度小很多时，则梁的

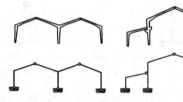

图 6-5　多跨刚架的形式

刚度几乎无法约束柱端的转角变形，梁仅起到一个传递水平推力的作用，相当于两端铰接的连杆，结构内力分布与排架甚为接近。对于两个柱刚度不等的情况，则刚度大的柱承受较大的侧向剪力和弯矩。

门式刚架的高度与跨度之比，决定了刚架的基本形式，也直接影响结构的受力状态。刚架高度的减小将使支座处水平推力增大。从改善基础受力的角度考虑，门式刚架的高度与跨度之比不宜取得过小。

温度变化对静定结构的三铰刚架没有影响，但在无铰刚架、两铰刚架这样的超静定结构中将产生附加内力。内力的大小与结构的刚度有关，刚度越大，内力越大。产生结构内力的温差主要有室内外温差和季节温差。对于有空调的建筑物，室内外温差将使杆件两侧产生不同的热胀冷缩，从而产生内力。季节温差则是指刚架在施工时的温度与使用时的温度之差，也将使结构产生变形和内力。当产生支座位移时，同样将使超静定结构产生变形和内力。如图 6-6 所示。

图 6-6　支座位移引起的变形图与弯矩图

6.1.2　门式刚架结构的适用范围

单层刚架结构的杆件较少，结构内部空间较大，便于利用。而且刚架一般由直杆组成，制作方便，因此，在实际工程中应用非常广泛。

一般情况下，当跨度与荷载相同时，刚架结构比屋面大梁（或屋架）与

立柱组成的排架结构轻巧，并可节省钢材约 10%、混凝土约 20%。横梁为折线形的门式刚架更具有受力性能良好、施工方便、造价较低和建筑造型美观等优点。由于横梁是折线形的，使室内空间加大，适于双坡屋顶的单层中、小型建筑，在工业厂房和体育馆、礼堂、食堂等民用建筑中得到广泛应用。门式刚架刚度较差，受荷载后产生跨变，因此用于工业厂房时，吊车起重量不宜超过 10t。

6.2 门式刚架结构的类型与构造

6.2.1 门式刚架的类型

门式刚架的建筑形式丰富多样如图 6-7 所示，除了根据结构受力条件，可分为无铰刚架、两铰刚架、三铰刚架之外；按结构材料分类，有胶合木结构、钢结构、混凝土结构；按构件截面分类，可分成实腹式刚架、空腹式刚架、格构式刚架、等截面与变截面杆刚架；按建筑体型分类，有平顶、坡顶、拱顶、单跨与多跨刚架；从施工技术看，有预应力刚架和非预应力刚架等。以下就常见的刚架结构构造加以介绍。

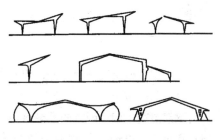

图 6-7　单层刚架的形式

1. 钢筋混凝土门式刚架

钢筋混凝土刚架一般适用于跨度不超过 18m、檐高不超过 10m 的无吊车或吊车起重量不超过 100kN 的建筑中。构件的截面形式一般为矩形，也可采用工字形截面。跨度太大会引起自重过大，使结构不合理，施工困难。为了减少材料用量，减少杆件截面，减轻结构自重，刚架杆件可采用变截面形式，杆件截面随内力大小作相应变化。从弯矩的分布看，在立柱与横梁的转角截面弯矩较大，铰节点弯矩为零，刚架构件的截面尺寸可根据结构在竖向荷载作用下的弯矩图的大小而改变，一般是截面宽度不变而高度呈线性变化，加大梁柱相交处的截面，减小铰节点附近的截面，以达到节约材料的目的。同时，为了减少或避免应力集中现象，转角处常做成圆弧或加腋的形式。对于两铰或三铰刚架，立柱截面做成上大下小的楔形构件，与弯矩图的分布形状相一致。截面变化的形式尚应结合建筑立面要求确定，可以做成里直外斜或外直里斜的形式，横梁通常也为直线变截面，如图 6-8 所示。

为了减少材料用量，减轻结构自重，也可采用空腹刚架。空腹式刚架有两种形式，一种是在预制构件时在梁柱截面内留管（钢管或胶管）抽芯，把杆件做成空心截面，如图 6-9（a）所示；另一种是在杆件上留洞，如图 6-9（b）所示。由于模板施工不方便，钢筋混凝土门式刚架一般不做成格构式的门架。门式刚架属于平面结构，设置支撑体系来保证整体稳定性是结构布置中值得重视的问题。在实际工程中，也有将刚架的立柱做成"A"形双根立柱来加强刚架的侧向稳定性，如 1958 年布鲁塞尔国际博览会欧洲煤、钢集团展览馆就采用"A"形双腿门架来吊挂屋盖，使每榀门架都能独立稳定。

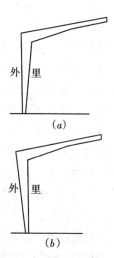

图 6-8　刚架柱的形式
(a) 外直里斜；(b) 里直外斜

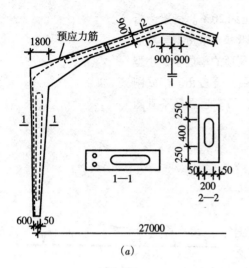

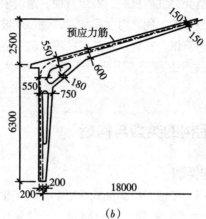

图 6-9　空腹式刚架
(a) 空心截面杆件；
(b) 杆件上留洞

空心刚架也可采用预应力，但对施工技术和材料要求较高，所以一般用于较大跨度的建筑中。

钢筋混凝土门式刚架的梁高可按连续梁确定，一般取跨度的 $1/20 \sim 1/15$，但不宜小于 250mm；柱底截面高度一般不小于 300mm，柱顶截面高度则为 $600 \sim 900$mm。梁柱截面为等宽，一般应大于柱高的 $1/20$，且不小于 200mm。

门式刚架的纵向柱距一般为 6m；横向跨度以米为单位取整数，一般以 3m 为模数，如 15、18、21、24 等。

2. 钢刚架结构

钢刚架结构可分为实腹式和格构式两种。实腹式刚架适用于跨度不很大的结构，常做成两铰式结构。结构外露，外形可以做得比较美观，制造和安装也比较方便，实腹式刚架的横截面一般为焊接工字形，少数为 Z 形。国外多采用热轧 "H" 形或其他截面形式的型钢，可减少焊接工作量，并能节约材料。当为两铰或三铰刚架时，构件应为变截面，一般是改变截面的高度使之适应弯矩图的变化。实腹式刚架的横梁高度一般可取跨度的 $1/20 \sim 1/6$，当跨度大时梁高显然太大，为充分发挥材料作用，可在支座水平面内设置拉杆，并施加预应力对刚架横梁产生卸荷力矩及反拱，如图 6-10 所示。这时横梁高度可取跨度的 $1/40 \sim 1/30$，并由拉杆承担了刚架支座处的横向推力，对支座和基础都有利。

在刚架结构的梁柱连接转角处，由于弯矩较大，且应力集中，材料处于复杂应力状态，应特别注意受压翼缘的平面外稳定和腹板的局部稳定。一般可做成圆弧过渡并设置必要的加劲肋，如图 6-11 所示。

格构式刚架结构的适用范围较大，且具有

图 6-10　实腹式双铰刚架（上）

图 6-11　刚架折角处的构造及应力集中（下）

(a) 折角处构造；(b) 折角处应力集中处理

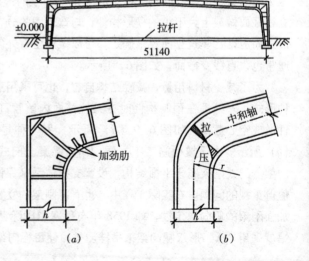

刚度大、耗钢省等优点。当跨度较小时可采用三铰式结构，当跨度较大时可采用两铰式或无铰结构，如图6-12所示。格构式刚架的梁高可取跨度的1/20～

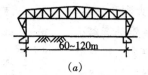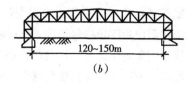

图6-12　格构式刚架结构

1/15，为了节省材料，增加刚度，减轻基础负担，也可施加预应力，以调整结构中的内力。预应力拉杆可布置在支座铰的平面内，也可布置在刚架横梁内仅对横梁施加预应力，也可对整个刚架结构施加预应力，如图6-13所示。

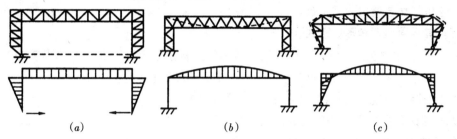

图6-13　预应力格构式刚架结构

3. 胶合木刚架结构

胶合木结构具有很多优点，它不受原木尺寸的限制，可用短薄的板材拼接成任意合理截面形式的构件，可剔除木节等缺陷以提高强度，具有较好的防腐和耐燃性能，并可提高生产效率。

胶合木刚架可以充分利用上述优点，随着弯矩的变化制成变截面形状，从而大大节约了木材。胶合木刚架还具有构造简单、造型美观且便于运输安装的优点。

6.2.2　门式刚架的结构布置

单层刚架结构的外形可分为平顶、坡顶或拱顶，可以为单跨、双跨或多跨连续。它可以根据通风、采光的需要设置天窗、通风屋脊和采光带。刚架横梁的坡度主要由屋面材料及排水要求确定。对于常见中小跨度的双坡门式刚架，过去其屋面材料一般多用石棉水泥波形瓦、瓦楞体及其他轻型瓦材，通常用的屋面坡度为1/3。

由于刚架总体仍属受弯结构，其材料未能发挥作用，结构自重仍较重，跨度也受到限制。钢筋混凝土门架在跨度不大于18m（无吊车者可适当大些），柱高$H \leqslant 10m$，吊车起重量$Q \leqslant 100kN$情况下，比排架结构经济。目前我国6、15、18门架已有国家标准图。钢筋混凝土门架跨度最大约30m，预应力混凝土门架跨度可达40～50m，钢门架跨度可达75m。

单层刚架结构的布置是十分灵活的，它可以是平行布置、辐射状布置或以其他的方式排列，形成风格多变的建筑造型。

一般情况下，矩形平面建筑都采用等间距、等跨度的平行刚架布置方案。与桁架相比，由于门架弯矩小，梁柱截面的高度小，且不像桁架有水平下弦，故显得轻巧、净空高、内部空间大利于使用。如沈阳民用客机维修车间，38m跨钢筋混凝土双铰门架跨中升高、造型与机型适应，可充分利用内部空间，适合使用需要。若将门架横梁外露于室外，则更利于室内灵活布置。

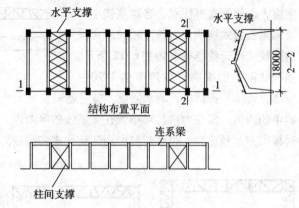

图6-14　刚架结构的支撑

对一些大型复杂建筑，有时也可采用门式刚架与其他结构或构件形成主次结构布置方案。例如，奥地利维也纳市大会堂是供体育、集会、电影、戏剧、音乐、文艺演出、展览等活动用的多功能大厅。其平面呈八角形，东西长98m，南北长109m，最大容量为15400人。屋盖的主要承重结构是中距为30m的两根东西向93m跨的双铰门式刚架，矢高7m，门架顶高28m。其上支承8榀全长105m的三跨连续桁架。屋面与外墙为铝板与轻混凝土板。

在进行结构总体布置时，平面刚架的侧向稳定是值得重视的问题，应加强结构的整体性，保证结构纵横两个方向的刚度。一般情况下，矩形平面建筑都采用等间距、等跨度的平行刚架布置方案。刚架结构为平面受力体系，当多榀刚架平行布置时，在实际上纵向结构为几何可变的铰接四边形结构。因此，为保证结构的整体稳定性，应在纵向柱间布置连系梁及柱间支撑，同时在横梁的顶面设置上弦横向水平支撑，柱间支撑和横梁上弦横向水平支撑宜设置在同一开间内，如图6-14所示。对于独立的刚架结构，如人行天桥，应将平行并列的两榀刚架通过垂直和水平剪刀撑构成稳定牢固的整体。为把各榀刚架不用支撑而用横梁连成整体，可将并列的刚架横梁改成相互交叉的斜横梁，这实际上已形成了空间结构体系。对正方形或接近方形平面的建筑或局部结构，可采用纵、横双向连成整体的空间刚架。1954年法国勒阿弗尔（Le Havre）港EngliseSaint Joseph教堂的尖塔，就采用钢筋混凝土的正方形平面空间刚架。

结构选型时要综合考虑建筑的结构形式、功能要求和经济指标，进行多方案的比较。我国某飞机维修车间设计时进行的方案比较是一个成功的例子，如图6-15所示。该车间主要修理当时的"伊尔-24"和"安-24"型民航客机。飞机机身长24m，机翼宽32m，尾翼高8.1m，螺旋桨高5.1m，机翼离地3m。

图6-15　某民航客机维修车间设计三种方案
(a) 屋架方案；(b) 悬索方案；(c) 刚架方案

方案1是采用屋架（图6-15a），机尾高8.1m，屋架下弦不能低于8.8m，由

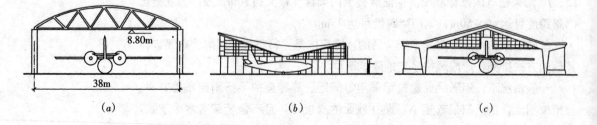

(a)　　　　　　　　　　(b)　　　　　　　　　　(c)

于建筑空间与飞机的外形和尺寸不够匹配，整个厂房的高度需要升高，室内空间不能得到充分利用，这个方案不够经济。

方案2是采用双曲抛物面悬索结构（图6-15b），建筑空间与飞机的外形和尺寸比较匹配，但由于材料和施工技术的原因，悬索结构用于跨度较小的车间也不够经济。

方案3是采用门式刚架（图6-15c），不仅建筑空间符合飞机的外形和尺寸，由于门架弯矩小，梁柱截面的高度小，且没有水平下弦，故显得轻巧、净空高，空间得到充分利用；而且对材料和施工没有特殊要求，方案显得非常合理，最后被采用。

需要指出，门式刚架具有较强的美学表现力，单元的门架可正、可反；可单、可双（柱向上下同时伸展）；可双铰，可三铰（铰位应设置在弯矩较小的梁柱中部或柱脚，且都是永久性铰）；可带悬臂，可无悬臂（横梁外伸悬挑有利于减小刚架梁的跨中正弯矩）。为了适应建筑造型的需要，建筑师可以巧妙地把它们组合起来，或把刚架加以外露，创造出丰富多姿的建筑形象。在这方面，国内外有许多杰出的工程范例。

6.2.3 门式刚架节点的连接构造

刚架结构的形式较多，其节点构造和连接形式也是多种多样的，设计的基本要求是，既要尽量使节点构造符合结构计算简图的假定，又要使制造、运输、安装方便。这里仅介绍几种实际工程中常见的连接构造。

1. 钢筋混凝土刚架节点的连接构造

在实际工程中，钢筋混凝土或预应力混凝土门式刚架一般采用预制装配式结构。刚架预制单元的划分应考虑结构内力的分布，以及制造、运、安装方便。一般可把接头位置设置在铰节点或弯矩为零的部位，把整个刚架结构划分成 Γ形、F形、Y形拼装单元，如图6-16所示。单跨三铰刚架可分成两个 Γ形拼装单元，铰节点设置在基础和顶部中间拼装点位置；两铰刚架的拼装点一般设置在横梁弯矩为零的截面附近，柱与基础做成铰接；多跨刚架常采用 Y形拼装单元。刚架承受的荷载一般有恒荷载和活荷载两种。在恒荷载作用下弯矩零点的位置是固定的，在活荷载作用下，对于各种不同的情况，弯矩零点的位置是变化的。因此，在划分结构单元时，接头位置应根据刚架在主要荷载作用下的内力图确定。虽然接头位置选择在结构中弯矩较小的部位，仍应采取可靠的构造措施使之形成整体。连接的方式一般有通过螺栓连接、焊接接头、预埋工字钢接头等。

图6-16 刚架的拼装 (a) 两个拼装单元；(b) 三个拼装单元；(c) Y 形及 Γ 形单元

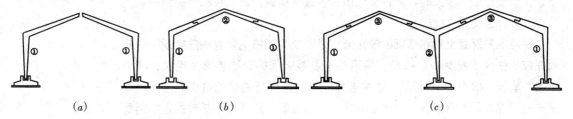

(a)　　　　　(b)　　　　　(c)

2. 钢结构门式刚架节点的连接构造

钢门式实腹式刚架，一般在梁柱交接处及跨中屋脊处设置安装拼接单元，用螺栓连接。拼接节点处，有加腋与不加腋两种。在加腋的形式中又有梯形加腋与曲线形加腋两种，通常多采用梯形加腋，如图 6-17 所示。加腋连接既可使截面的变化符合弯矩图形的要求，又便于连接螺栓的布置。

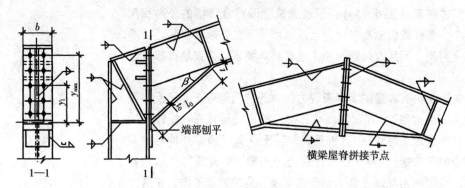

横梁屋脊拼接节点

图 6-17　实腹式刚架
的拼接节点

格构式刚架的安装节点，宜设在转角节点的范围以外，接近于弯矩为零处，如图 6-18（a）所示。如有可能，在转角范围内做成实腹式并设加劲杆，内侧弦杆则做成曲线过渡较为可靠，如图 6-18 所示。

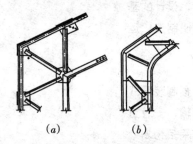

（a）　　　　（b）

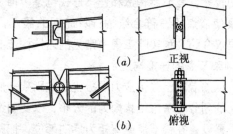

（a）　正视

（b）　俯视

图 6-18　格构式刚架
梁柱连接构
造（左）
图 6-19　顶铰节点的
构造（右）

3. 刚架铰节点的构造

刚架铰节点包括三铰或双铰刚架中横梁屋脊处的顶铰及柱脚处的支座铰。铰节点的构造，应满足力学中的理想铰的受力要求，即应保证节点能传递竖向压力及水平推力，但不能传递弯矩。铰节点既要有足够的转动能力，但又要构造简单，施工方便。格构式刚架应把铰节点附近部分的截面改为实腹式，并设置适当的加劲肋，以便可靠地传递较大的集中作用力。常见的刚架顶铰节点构造如图 6-19 所示。

刚架结构支座铰的形式如图 6-20 所示。当支座反力不大时，宜设计成板式铰；当支座反力较大时，应设计成臼式铰或平衡铰。臼式铰和平衡铰的构造比较复杂，但受力性能好。

现浇钢筋混凝土柱和基础的铰接通常是用交叉钢筋或垂直钢筋实现。柱截面在铰的位置处减少 1/2 ~ 2/3，并沿柱子及基础间的边缘放置油毛毡、麻刀所做的垫板，如图 6-21 所示。这种连接不能完全保证柱端的自由转动，因而在支座下部断面可能出现一些嵌固弯矩。预制装配式刚架柱与基础的连接则如

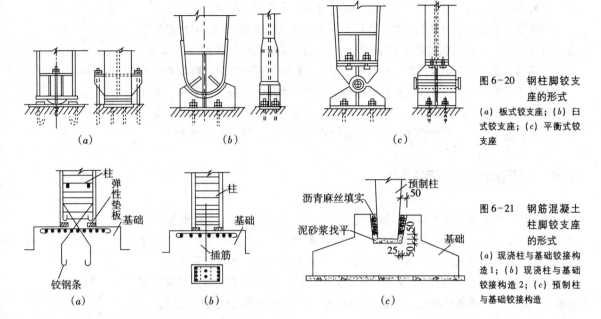

图 6-20　钢柱脚铰支座的形式

(a) 板式铰支座；(b) 日式铰支座；(c) 平衡式铰支座

图 6-21　钢筋混凝土柱脚铰支座的形式

(a) 现浇柱与基础铰接构造 1；(b) 现浇柱与基础铰接构造 2；(c) 预制柱与基础铰接构造

图 6-21 (c) 所示。在将预制柱插入杯口后，在预制柱与基础杯口之间用沥青麻丝嵌缝。

6.3　预应力门式刚架结构

　　预应力刚架支柱及横梁均设置预应力钢筋，预应力钢筋采用高强度钢丝束，柱为变截面构件而横梁则为箱式截面。在刚架横梁及支柱中施加预应力，可以减小门式刚架构件的截面尺寸和自重，改善结构的刚度和抗裂性能，改善其受力情况，使刚架达到更大的跨度。横梁及柱中预应力钢筋均按照弯矩图配置，一般情况下分开安放预应力钢筋是为了避免转角处的应力集中。

　　预制拼装预应力刚架是由横梁及两根柱等三个构件组成的刚架，各构件单独制作，对这种刚架进行拼装时，用钢丝束将横梁和柱子构件连接起来，节点处进行张拉，即可得到刚接节点。

　　工程中也可采用后张法预应力混凝土门式刚架。为适应门架中弯矩的变化，预应力钢筋一般按曲线形布置，位置应根据竖向荷载作用下刚架结构的弯矩图，布置在构件的受拉部位。对于常见的单跨或多跨预应力混凝土门式刚架，为便于预制和吊装，可分成倒 L 形构件、Y 形构件及人字形梁等基本单元，这时预应力钢筋可为分段交叉布置，也可为连续折线状布置，如图 6-22 所示。

　　对于分段布置预应力筋的方案，其优点是受力明确，穿预应力筋方便。采用一端张拉，施工简单，构件在预加应力阶段及荷载阶段受力性能良好。其缺点是费钢材，所需锚具多，且在转角节点处，预应力筋的孔道相互交

图 6-22　预应力筋的布置

(a) 倒 L 形构件；(b) Y 形构件；(c) 人字形构件

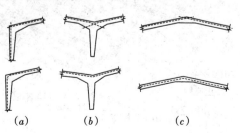

叉，对截面削弱较大，当截面尺寸不能满足要求时，常需加大截面宽度。

对于通长设置预应力筋的方案，预应力筋常为曲线形或折线形。其优点是节省钢材与锚具，孔道对构件截面削弱较少，因此所需的构件截面尺寸（厚度）较小。其缺点是穿筋较困难，而且更主要的是担心预应力筋张拉时，引起构件在预应力筋方向的开裂，以及在转折点处因预压力的合力产生裂缝。对于人字梁和Y形构件，要注意在外荷载作用下会不会产生钢筋蹦出混凝土外的现象，采用这种方案时，施工中一般在两端张拉预应力，若在一端张拉，则预应力损失较大。

6.4　轻型钢结构厂房简介

轻型钢结构主要指承重结构和围护结构都是薄钢板组成的（一般钢板厚度小于16mm），目前主要有门式刚架（变断面和等断面）、冷弯薄壁型钢结构体系、多层框架结构体系、拱形波纹屋顶（也称为波纹褶皱薄壁钢拱壳屋顶）。

轻型门式刚架的柱子和横梁采用交断面式等断面工字形钢构件，采用冷弯薄壁型钢的C形或Z形檩条和墙梁，屋面板采用压型钢板加保温材料或者是夹芯板。

目前这种轻型钢结构被广泛应用于工业厂房、仓库、冷库、保鲜库、温室、旅馆、别墅、商场、超市、娱乐活动场所、体育设施、车站候车室、码头建筑等。

6.4.1　轻型钢结构厂房的基本组成

轻型钢结构厂房由以下部分组成：轻钢结构骨架，围护结构檩条，彩色压型钢板或复合夹芯板墙屋面及其他配套设施（门窗、采光通风等）。轻钢结构厂房的结构形式，可根据用户的具体工艺要求，除门式刚架结构形式外，还可选择单跨、多跨等高或不等高排架结构。梁柱可用实腰结构，也可用蜂窝结构。目前国外最大跨度已可做到100m。

典型的轻钢结构厂房如图6-23所示。

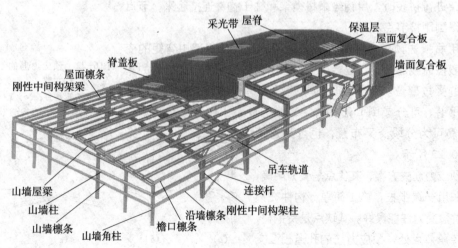

图6-23　轻钢结构厂房

轻型钢结构的最大特征在于"轻"。主要体现在：构件自重轻，在围护系统和屋面系统中大面积地采用了轻质新型材料，降低了建筑工程自重，减少基础的面积和深度，很好地适应软土地基；由于采用大柱网，空间布置灵活，用钢量低；大幅度降低工程造价，综合效益好。例如，在目前情况下，一般钢筋混凝土排架结构厂房，其上部结构单位面积造价约为 750 元/m^2，而采用轻型钢结构，其上部结构单位面积造价约为 450 元/m^2（单层压型钢板屋面）和 600 元/m^2（双层保温压型钢板屋面）。

轻型钢结构的建筑功能较强，由于屋面与围护墙体材料选用的是热喷涂镀锌彩色钢板，不但色彩美观，还具有防腐、防锈等功能，通常 15～20 年不会褪色。若选用有隔热隔声效果和阻燃性的彩钢夹芯复合板，可适用于气候炎热和严寒地区的建筑。

轻型钢结构的另一特征是施工速度快。轻型钢结构大多构件在工厂预制，现场安装，完全采用工厂化、标准化生产方式，工程施工进度非常快。且劳动强度低，机具简单，外形美观、轻巧。面积数万平方米的轻钢结构工业厂房，只要数月时间便可完工，日后如遇改建还可以拆卸和重复使用，而且结构具有良好的抗震性能。

提醒注意的是，轻型钢结构厂房的屋面荷载对柱头会产生弯矩及水平推力，在围护结构材料的选用和基础设计时要予以注意。

6.4.2 轻型钢结构厂房实例

由于轻型钢结构具有很多的优点，在建筑工程特别是轻钢门式刚架结构厂房建筑中，国内外大量采用。轻型钢结构除了应用于厂房建筑、展览建筑等以外，还广泛应用于多层民用住宅建筑中。

实践和研究表明，轻型钢结构是适应我国现状的一种结构形式，是一种很有活力、适应性强、最有发展潜力的结构形式，随着我国钢产量的不断增长和政府的鼓励措施的出台，轻型钢结构将向着大跨度、民用建筑的方向发展，轻型钢结构厂房建筑、展览建筑和民用住宅建筑将会得到更广泛的应用。

图 6-24 为国内某轻钢门式结构厂房部分图纸。

图 6-24 国内某轻型钢门式结构厂房

(a) 主刚架图

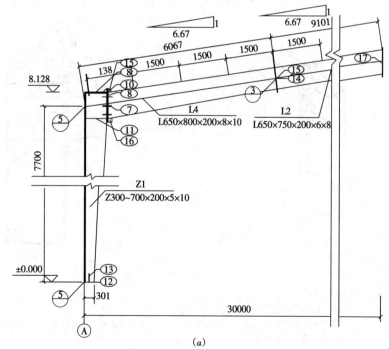

(a)

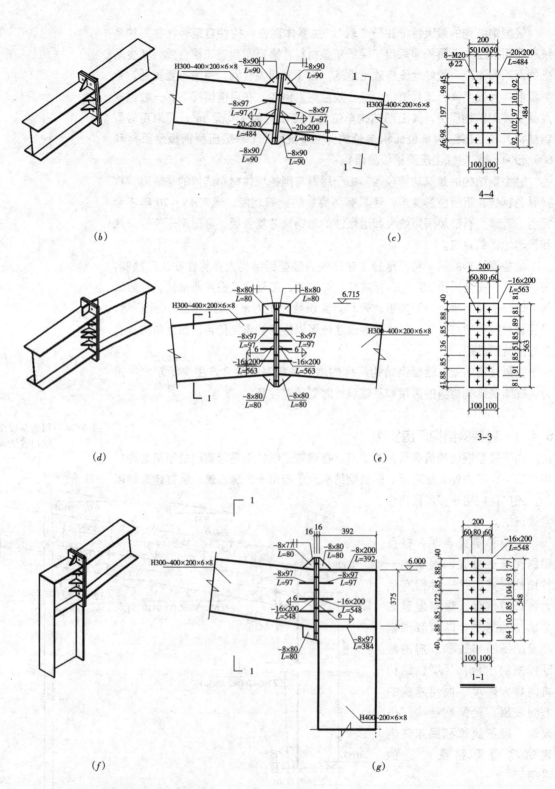

图6-24 国内某轻型钢门式结构厂房（续）

(b) 梁梁拼接节点透视图；(c) 梁梁拼接节点详图；(d) 梁梁屋脊节点透视图；(e) 梁梁屋脊节点详图；(f) 柱梁屋脊节点透视图；(g) 柱梁屋脊节点详图

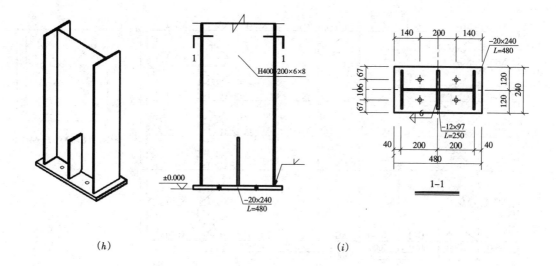

(h)　　　　　　　　　　　　　　　　　　　　　　(i)

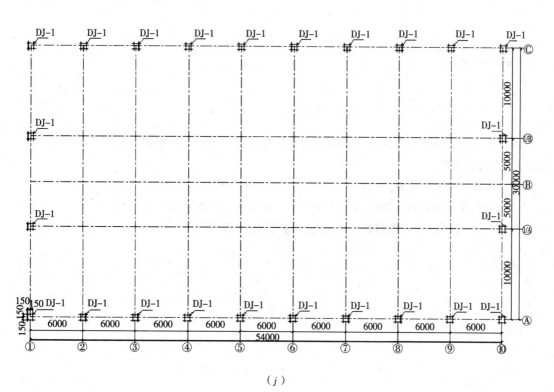

(j)

图6-24　国内某轻型钢门式结构厂房（续）
（h）柱脚节点透视图；（i）柱脚节点详图；（j）柱脚锚栓布置图

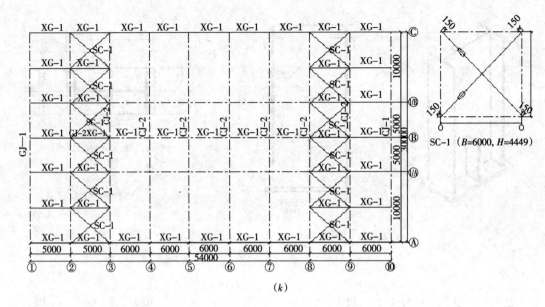

图 6-24 国内某轻型钢门式结构厂房（续）

(k) 屋面结构布置图

习 题

6.1 平面门式刚架与平面排架结构的节点构造有什么不同？这对它们的内力状态有什么影响？

6.2 平面门式刚架可分为哪几种主要类型？它们的适用范围是什么？

6.3 试观察你所能遇到的平面门式刚架的工程实例，注意它们的外形尺寸、构件的截面形式、使用的材料，以及建筑物的用途和功能要求。

第 7 章　桁架结构

桁架结构是指由若干直杆在其两端用铰连接而成的结构。桁架结构受力合理、计算简单、施工方便、适应性强，对支座没有横向推力，因而在结构工程中得到了广泛的应用。在房屋建筑中，桁架结构常用来作为屋盖的承重结构，通常称为屋架。本章内容主要包括桁架结构的特点、屋架结构的形式及适用范围和屋架结构的选型与布置，还介绍了屋架结构的建筑实例。学习时应掌握桁架结构的特点，重点了解屋架结构的形式、适用范围和屋架结构的选型与布置。

7.1 桁架结构的特点

7.1.1 桁架结构的产生

简支梁在竖向均布荷载作用下，沿梁轴线的弯矩和剪力的分布和截面内的正应力和剪应力的分布都极不均匀。在弯矩作用下，截面正应力分布为受压区和受拉区两个三角形，在中和轴处应力为零，在上下边缘处正应力为最大（图7-1a）。因此，若以上下边缘处材料的强度作为控制值，则中间部分的材料不能充分发挥作用。同时，在剪力作用下，剪应力在中和轴处最大，在上下边缘处为零，分布在上下边缘处的材料不能充分发挥其抗剪作用。用于建筑屋盖上的承重结构，跨度往往较大，若采用传统的大跨度单跨简支梁，其截面尺寸和结构自重就会急剧增大，当跨度比较大时，就很不经济。不过，从梁结构截面应力的分布情况可以得到启示，一根单跨简支梁受荷后的截面正应力分布为压区三角形和拉区三角形，中和轴处应力为零，离中和轴越近的应力越小。根据正应力分布的这个特点，把横截面上的中间部分削减形成工字形截面（图7-1b），既可节省材料又可减轻结构自重。同理，如果把纵截面上的中间部分挖空形成空腹形式（图7-1c)），同样可以收到节省材料和减轻结构自重的效果，挖空程度越大，材料越省，自重越轻。倘若大幅度挖空，中间剩下几根截面很小的连杆时，就发展成为所谓"桁架"（图7-1d）。

由此可见，桁架是从梁式结构发展产生出来的。桁架实质是利用梁的截面几何特征的有利因素，即利用了构件截面的惯性矩 I 和抵抗矩 W 增大的同时，截面面积反而可以减少。这样的结构形式的发展，可以概括为"以最小截面积作最大限度的扩展"。这是经济实用的好方法。特别应该看到的是：桁架的上下弦杆之间距离拉开越远越有利，适用跨度越大。而梁结构的梁高加大时，自重随之增大，但桁架结构却无此弊病。

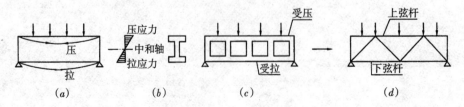

图7-1 由简支梁发展成为桁架

7.1.2　桁架结构的特点

事实上，从梁发展成为桁架，构件已从实腹式受弯构件变为由杆件组成的格构体系。受力情况也发生了变化，从梁的受弯变为杆件的轴向受力，从而结构更为有利。因为梁受弯时截面上的应力分布是不均匀的，一般是某个内力最大的截面决定整个构件的断面尺寸，材料的强度不能得到充分利用。但桁架杆件承受轴向力，杆件截面的正应力均匀分布，材料强度能得以充分利用。桁架的结构优点也就反映在它的这个结构的特点上。

桁架结构比梁结构具有更多更大的优点：

（1）扩大了梁式结构的适用跨度；

（2）桁架可用各种材料制造，如钢筋混凝土、钢、木均可；

（3）桁架是由杆件组成的，桁架体型可以多样化，如平行弦桁架、三角形桁架、梯形桁架、弧形桁架等形式；

（4）施工方便，桁架可以整体制造后吊装，也可以在施工现场高空进行杆件拼装。

7.2　桁架外形与内力的关系

按屋架外形的不同，有三角形屋架、梯形屋架、抛物线形屋架、折线形屋架、平行弦屋架等。不同外形的屋架内力分布特点及其经济效果也不同，本节将通过力学知识来分析桁架外形与内力的关系。

7.2.1　桁架结构计算的假定

实际桁架结构的构造和受力情况一般是比较复杂的。为了简化计算，通常采用以下几个基本假定：

（1）组成桁架的所有各杆都是直杆，所有各杆的中心线（轴线）都在同一平面内，这一平面称为桁架的中心平面。

（2）桁架的杆件与杆件相连接的节点均为铰接节点。

（3）所有外力（包括荷载及支座反力）都作用在桁架的中心平面内，并集中作用于节点上。

屋架是由杆件组成的格构体系，其节点一般假定为铰节点。当荷载只作用在节点上时，所有杆件均只有轴向力（拉力或压力）。杆件截面上只有均匀分布的正应力，材料强度可以较充分地得到利用。这是屋架结构的优点，因此它在较大跨度的建筑中用得较多，尤其在单层工业厂房建筑中应用非常广泛。

当屋面板的宽度和上弦节间长度不等时，上弦便产生节间荷载的作用并产生弯矩，或对下弦承受顶棚荷载的结构，当顶棚梁间距与下弦节间长度不等时，也会在下弦产生节间荷载及弯矩。这将使上、下弦杆件由轴向受压或轴向受拉变为压弯或拉弯构件（图 7-2a），是极为不利的。对于木桁架或钢筋混凝土桁架，因其上、下弦杆截面尺寸较大，节间荷载所产生的弯矩对构件受力的

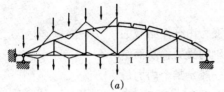 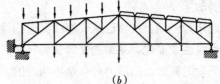

图7-2 桁架上下弦的
受力
(a) 荷载作用于节间；
(b) 荷载作用于节点

影响可通过适当增大截面或采取一些构造措施予以解决。而对于钢桁架，因其上、下弦杆截面尺寸很小，节间荷载所产生的弯矩对构件受力有较大影响，将会引起材料用量的大幅度上涨。这时候，桁架节间的划分应考虑屋面板、檩条、顶棚梁的布置要求，使荷载尽量作用在节点上。当节间长度较大时，在钢结构中，常采用再分式屋架（图7-2b），减少上弦的节间距离使屋面板的主肋支承在上弦节点上，使屋面荷载直接作用在上弦节点上，避免了上弦杆受弯。

7.2.2　桁架结构的内力

尽管桁架结构中以轴力为主，其构件的受力状态比梁的结构合理，但在桁架结构各杆件单元中，内力的分布是不均匀的。屋架的几何形状有平行弦桁架、三角形桁架、梯形桁架、折线形桁架等，它们的内力分布随形状的不同而变化。

在一般情况下，屋架的主要荷载类型是均匀分布的节点荷载。下面以平行弦屋架为例分析其内力的特点，然后，引伸至其他形式的屋架。

根据平行弦桁架在节点荷载下的内力分析，可以得出如下结论：

1. 弦杆的内力

上弦杆受压，下弦杆受拉，其轴力由力矩平衡方程式得出（矩心取在屋架节点）

$$N = \pm \frac{M_0}{h} \text{（负值表示上弦杆受压，正值表示下弦杆受拉）}$$

式中　M_0——简支梁相应于屋架各节点处的截面弯矩；

　　　h——屋架高度。

从式中可以看出，上下弦杆的轴力与 M_0 成正比，与 h 成反比。由于屋架的高度 h 值不变，而 M_0 越接近屋架两端越小，所以中间弦杆的轴力大，越向两端弦杆的轴力越小（图7-3a）。

2. 腹杆的内力

屋架内部的杆件称为腹杆，包括竖腹杆与斜腹杆。腹杆的内力可以根据脱离体的平衡法则，由力的竖向投影方程求得：

$$N_y = \pm V_0$$

式中　N_y——斜腹杆的竖向分力和竖腹杆的轴力；

　　　V——简支梁相应于屋架节间的剪力。

对于简支梁（图7-3b），剪力值（图7-3d）在跨中小两端大，所以相应的腹杆内力也是中间杆件小而两端杆件大，其内力图如图7-4（a）所示。

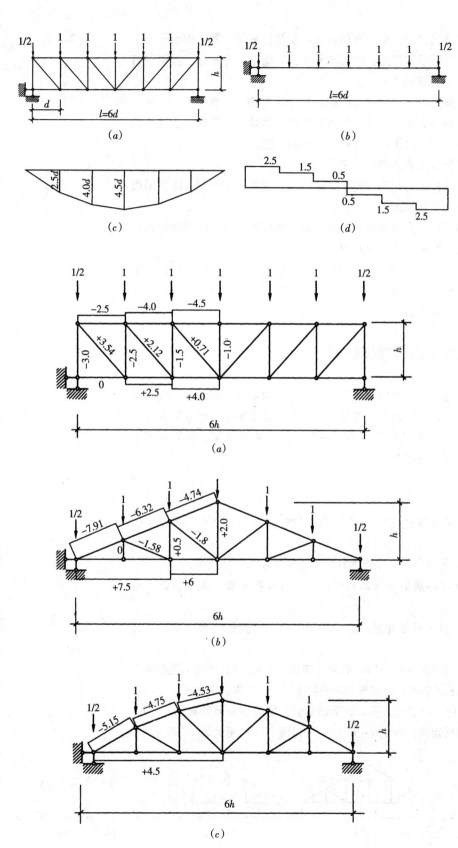

图 7-3 平行弦桁架在
        节点荷载下的
        内力分析
(a) 屋架计算简图；(b) 与
屋架相应的简支梁的计算
简图；(c) 弯矩图；(d) 剪
力图

图 7-4 不同形式桁架
        的内力分析
(a) 平行弦桁架；(b) 三
角形桁架；(c) 折线形
桁架

通过对桁架各杆件内力的分析，可以看出：从整体来看，屋架相当于一个格构式的受弯构件，弦杆承受弯矩，腹杆承受剪力；而从局部来看，屋架的每个杆件只承受轴力（拉力或压力）。

同样可以分析三角形和抛物线形屋架的内力分布情况，如图 7-4（b）、（c）所示。由于这两种屋架的上弦节点的高度中间比两端高，所以，上弦杆仍受压，下弦杆仍受拉，但内力大小的分布是各不相同的。

桁架杆件内力与桁架形式的关系如下：

①平行弦桁架的杆件内力是不均匀的，弦杆内力是两端小而向中间逐渐增大，腹杆内力由中间向两端增大；

②三角形桁架的杆件内力分布也是不均匀的，弦杆的内力是由中间向两端逐渐增大，腹杆内力由两端向中间逐渐增大；

③折线形桁架的杆件内力分布大致均匀，从力学角度看，它是比较好的屋架形式，因为它的形状与同跨度同荷载的简支梁的弯矩图形相似，其形状符合内力变化的规律，比较经济。

7.3 屋架结构的形式与屋架材料

屋架结构的形式很多，根据材料的不同，可分为木屋架、钢屋架、钢—木组合屋架、轻型钢屋架、钢筋混凝土屋架、预应力混凝土屋架、钢筋混凝土—钢组合屋架等。按屋架外形的不同，有三角形屋架、梯形屋架、抛物线形屋架、折线形屋架、平行弦屋架等。

7.3.1 木屋架

木屋架的典型形式是豪式屋架（图 7-5）。这种屋架形式适用于木屋架的原因是：

（1）屋架的节间大小均匀，屋架的杆件内力突变不大，比较均匀。

（2）这种形式屋架的腹杆长度与杆件内力的变化相一致，两者协调而不矛盾。

（3）木屋架的节点采用齿连接。这种屋架节点上相交的杆件不多，为齿连接提供了可能性。

豪式木屋架的适用跨度为 9~21m，最经济跨度为 9~15m。豪式木屋架的节间数目主要考虑节间长度要适中。如果节间长度太长，则杆件长度太长，受力不利；如果节间长度太短，则节点太多，制造麻烦。一般应控制节间长度在1.5~2.5m。设计上通常的规定是：跨度 6~9m 时，采用四节间（图7-5a）；跨度 9~

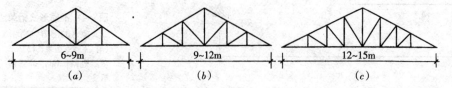

6~9m	9~12m	12~15m
（a）	（b）	（c）

图 7-5 木屋架的跨度与节间数目

（a）四节间；（b）六节间；（c）八节间

12m 时，采用六节间（图7-5b）；跨度 12 ～
15m 时，采用八节间（图7-5c）。

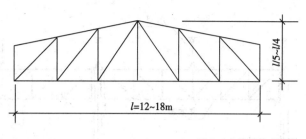

图7-6　梯形豪式屋架

三角形屋架的内力分布不均匀，支座处
大而跨中小。一般适用于跨度在 18m 以内的
建筑中。三角形屋架的上弦坡度大，有利于
屋面排水。当屋面材料为黏土瓦、水泥瓦、
小青瓦及石棉瓦等时，排水坡度一般为 $i =$
$1/3 ～ 1/2$，屋架的高跨比一般为 $h/l = 1/6 ～ 1/4$。

当房屋跨度较大时，选用梯形屋架（图7-6）较为适宜。梯形屋架受力性
能比三角形屋架合理，当采用波形石棉瓦、铁皮或卷材作屋面防水材料时，屋
面坡度可取 $i = 1/5$。梯形屋架适用跨度为 12 ～ 18m。

跨度在 15m 以上时，因考虑竖腹杆的拉力较大，常采用竖杆为钢杆、其
余杆件为木材的钢木组合豪式屋架。

在民用建筑中，三角形屋架形成的坡屋顶，往往使建筑造型非常美观。一
般常见的形式有两坡顶和四坡顶。在中小型建筑中采用坡屋顶可以使建筑体型
高低错落、丰富多彩，达到很好的效果。

7.3.2　钢屋架

钢屋架的形式主要有三角形屋架（图7-7a）、梯形屋架（图7-7b）、平行
弦屋架（图7-7c）。有时为改善上弦杆的受力情况，可采用再分式腹杆的
形式。

三角形屋架用于陡坡屋面的屋盖结构中。三角形屋架的共同缺点是：屋架
外形和荷载引起的弯矩图形不相适应，因而弦杆内力分布很不均匀，支座处最
大而跨中却较小。当屋面坡度不很陡时，支座处杆件的夹角较小，使构造比较
困难。图 7-7（a）所示的三角形钢屋架也称为芬克式屋架，是钢屋架的典型
形式，其特点是：

（1）钢材是一种柔性材料，强度高，但抗弯性能差。屋架上弦是压弯构
件，为了适应钢材这个弱点，芬克式屋架把上弦分成左右两个小桁架，小桁架
内的杆件长度就变得较短，这样就能适应钢材柔性的特点。

（2）屋架下弦中段虽较长，但因下弦内力是受拉，钢材抗拉最适宜。

梯形屋架是由双梯形合并而成，它的外形和荷载引起的弯矩图形比较接

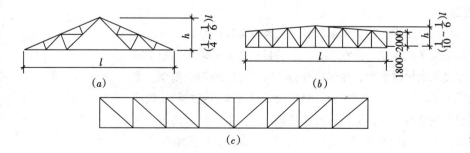

图7-7　钢屋架
（a）三角形屋架；（b）梯形屋架；（c）平行弦屋架

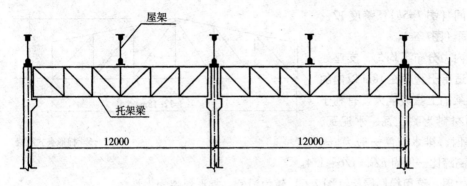

图 7-8　厂房托架梁

近，因而弦杆内力沿跨度分布比较均匀，材料比较经济。这种屋架在支座处有一定的高度，既可与钢筋混凝土柱铰接，也可与钢柱做成固接，因而是目前采用无檩设计的工业厂房屋盖中应用最广泛的一种屋架形式。屋架中的腹杆体系，可采用人字式、再分式和单斜杆式。

　　梯形屋架的上弦坡度较小，对炎热地区和高温车间可以避免或减少油毡下滑和油膏的流淌现象，同时屋面的施工、修理、清灰等均较方便。另外，屋架之间形成较大的空间，便于管道和人穿行，因此影剧院的舞台和观众厅的屋顶也常采用梯形屋架。

　　平行弦屋架的特点是杆件规格化，节点的构造也统一，因而便于制造，但在均布荷载作用下，弦杆内力分布不均匀。倾斜式平行弦屋架常用于单坡屋面的屋盖中，而水平式平行弦屋架多用做托架（图 7-8）。平行弦屋架不宜用于杆件内力相差悬殊的大跨度建筑中。

7.3.3　钢—木组合屋架

　　钢—木组合屋架的形式有豪式屋架、芬克式屋架、梯形屋架和下折式屋架。如图 7-9 所示。木屋架的跨度一般为 6～15m，大于 15m 时下弦通常采用钢拉杆，就形成了钢—木组合屋架。每平方米建筑面积的用钢量仅增加 2～4kg，但却显著地提高了结构的可靠性。同时由于钢材的弹性模量高于木材，而且还消除了接头的非弹性变形，从而提高了屋架的刚度。钢—木组合屋架的跨度根据屋架的外形而不同。三角形屋架跨度一般为 12～18m；梯形、折线形等多边形屋架的跨度一般为 18～24m。

7.3.4　轻型钢屋架

　　近年来，在屋盖结构中出现了轻型钢屋架和薄壁型钢等新的结构形式，大大减轻了结构自重和降低了用钢量，为在中、小型项目的建设中采用钢屋盖开辟了新的途径。当屋盖采用轻屋面时，屋架的杆力不大，可以采用小角钢、圆钢、薄壁型钢或钢管组成，称为轻型钢屋架。最常用的形式有芬克式和三铰拱式。两者均适用于屋面较陡时，与钢筋混凝土结构相比，用钢量指标接近，不但节约了木材和水泥，还可减轻自重 70%～80%，给运输、安装及缩短工期等提供了有利条件。它的缺点是：由于杆件截面小，组成的屋盖刚度较差，因而使用范围有一定限制，只宜用于跨度不大于18m、吊车起重量不大于5t的轻中级工作制桥式吊车的房屋和仓库建筑和跨度不大于18m的民用房屋的屋盖结构中，并宜采用瓦楞铁、压型钢板或波形石棉瓦等轻屋面材料。

芬克式轻钢屋架（图7-10）的特点是长杆受拉，短杆受压，受力比较合理，制作也方便。内力分析方法与普通钢屋架类似。

三铰拱式屋架由两根斜梁和一根水平拉杆组成（图7-11），斜梁为压弯杆件，一般采用刚度较好的桁架式，可以是平面桁架式，也可以是空间桁架式。平面桁架的计算和一般桁架相同，空间桁架的杆件内力可近似按假想平面桁架计算。这种屋架的特点是杆件受力合理、斜梁腹杆短、取材方便，不论选用小角钢或圆钢都可获得好的经济效果。

斜梁为平面桁架的三铰拱屋架，杆件较少，构造较简单，受力明确，用料较省，制作较方便。但其侧向刚度较差，宜用于小跨度和小檩距的屋盖中。

斜梁为空间桁架的三铰拱屋架，杆件较多，构造较复杂，制作不便。但其侧向刚度较好，宜用于跨度较大、檩距较大的屋盖中。斜梁截面一般为倒三角形，为了保证整体稳定性的要求，其截面高度与斜梁长度的比值一般取为 $1/18 \sim 1/12$，不得小于 $1/18$；截面宽度与截面高度的比值一般取为 $1/2 \sim 5/8$，不得小于 $1/2.5$。

芬克式和三铰拱式屋架适用于屋面坡度较大的屋盖中。

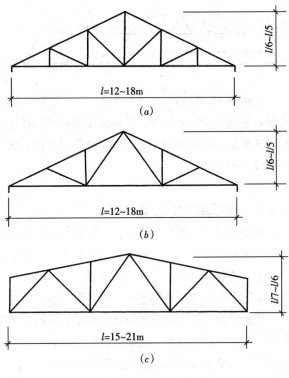

图7-9 钢—木组合屋架

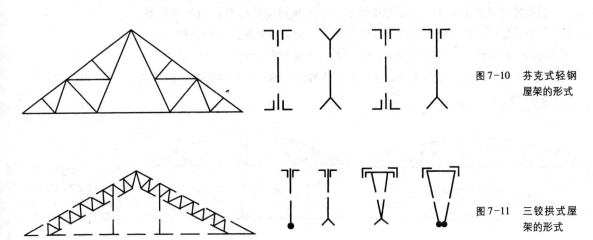

图7-10 芬克式轻钢屋架的形式

图7-11 三铰拱式屋架的形式

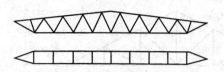

图 7-12　梭形屋架的形式

梭形屋架的结构形式（图 7-12），分平面桁架式和空间桁架式两种。实际工程以空间桁架式为最多。这种屋架的特点是截面重心较低，便于安装，空间桁架式屋架侧向刚度较大，支撑布置可以简化。这种屋架宜在屋面坡度较小的无檩设计中采用。

7.3.5　钢筋混凝土屋架

钢筋混凝土的各种力学性能都比较好，是制造屋架的理想材料，利用它制造屋架无特殊要求，所以屋架无固定形式，只要受力合理，节省材料，构造简单，施工方便就可以。设计钢筋混凝土屋架时，为了节点构造简单，要求每个节点上相交的杆件数目不多于 5 根，而且腹杆与弦杆的交角不小于 30°。

混凝土屋架的常见形式有梯形屋架、折线形屋架、拱形屋架、无斜腹杆屋架等。根据是否对屋架下弦施加预应力，可分为钢筋混凝土屋架和预应力混凝土屋架。钢筋混凝土屋架的适用跨度为 15～24m，预应力混凝土屋架的适用跨度为 18～36m 或更大。混凝土屋架的常用形式如图 7-13 所示。

梯形屋架（图 7-13a）上弦为直线，屋面坡度为 1/12～1/10，适用于卷材防水屋面。一般上弦节间为 3m，下弦节间为 6m，高跨比一般为 1/8～1/6，屋架端部高度为 1.8～2.2m。梯形屋架自重较大，刚度好，适用于重型、高温及采用井式或横向天窗的厂房。

折线形屋架（图 7-13b）外形较合理，结构自重较轻，屋面坡度为 1/4～1/3，适用于非卷材防水屋面的中型厂房或大中型厂房。

折线形屋架（图 7-13c）屋面坡度平缓，适用于卷材防水屋面的中型厂房。

拱形屋架（图 7-13d）上弦为曲线形，一般采用抛物线形，为制作方便，也可采用折线形，但应使折线的节点落在抛物线上。拱形屋架外形合理，杆件内力均匀，自重轻，经济指标较好。但屋架端部屋面坡度太陡，这时可在上弦上部加设短柱而不改变屋面坡度，使之适合于卷材防水。拱形屋架高跨比一般为 1/8～1/6。

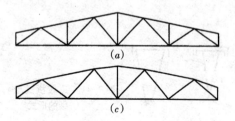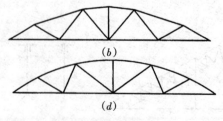

图 7-13　混凝土屋架
(a) 梯形屋架；(b) 折线形屋架（一）；(c) 折线形屋架（二）；(d) 拱形屋架

7.3.6 钢筋混凝土—钢组合屋架

屋架在荷载作用下，上弦主要承受压力，有时还承受弯矩，下弦承受拉力。为了合理地发挥材料的作用，屋架的上弦和受压腹杆可采用钢筋混凝土杆件，下弦及受拉腹杆可采用钢拉杆，这种屋架称为钢筋混凝土—钢组合屋架。组合屋架的自重轻，节省材料，比较经济。组合屋架的常用跨度为 9~18m。常用的组合屋架有折线形组合屋架、下撑式五角形组合屋架以及三铰组合屋架、两铰组合屋架等，如图 7-14 所示。

折线形屋架上弦及受压腹杆为钢筋混凝土，下弦及受拉腹杆为钢材，充分发挥了两种不同材料的力学性能，自重轻、材料省、技术经济指标较好，适用于跨度为 12~18m 的中小型厂房。折线形屋架的屋面坡度约为 1/4，适用于石棉瓦、瓦楞铁、构件自防水等的屋面。为使屋面坡度均匀一致，也可在屋架端部上弦加设短柱。

两铰或三铰组合屋架上弦为钢筋混凝土或预应力混凝土构件，下弦为型钢或钢筋，顶节点为刚接（两铰组合屋架）或铰接（三铰组合屋架）。这类屋架杆件少、杆件短、自重轻、受力明确、构造简单、施工方便，特别适用于农村地区的中小型建筑。屋面坡度，当采用卷材防水时为 1/5，非卷材防水时为 1/4。

下撑式五角形屋架的特点是重心低，因下撑而改善了屋架的受力性能，使内力分布比较均匀，但影响了房屋的净空，增加了柱子的高度。组合屋架已大量采用，由于制造简单、施工占地小、自重轻，不需要重型起重设备，因此特别适于山区中、小型建筑。

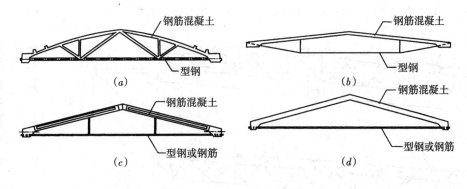

图 7-14 钢筋混凝土—
钢组合屋架
(a) 折线形组合屋架；
(b) 下撑式五角形组合屋架；(c) 三铰组合屋架；
(d) 两铰组合屋架

7.3.7 板状屋架

板状屋架是将屋面板与屋架合二为一的结构体系。屋架的上弦采用钢筋混凝土屋面板，下弦和腹杆可采用钢筋，也可采用型钢制作，如图 7-15 所示。屋面板可选用普通混凝土，也可选用加气或陶粒等轻质混凝土制作。屋面板与屋架共同工作，屋盖结构传力简捷、整体性好，减少了屋盖构件，节省钢材和水泥，结构自重轻，经济指标较好。

板状屋架的缺点是制作比较复杂。如房屋为柱子承重，还须在柱间加托架梁。板状屋架的常用跨度为 9~18m，目前最大跨度已做到 27m。板状屋架可

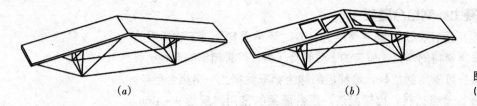

图7-15 板状屋架
(a) 无天窗；(b) 有天窗

逐榀紧靠着布置，也可间隔布置，在两榀板状屋架之间再现浇屋面板或铺设预制屋面板。板状屋架一般直接支承在承重外墙的圈梁上。

7.3.8 桁架结构的其他形式

1. 立体桁架

平面屋架结构虽然有很好的平面内受力性能，但其在平面外的刚度很小。为保证结构的整体性，必须要设置各类支撑。支撑结构的布置要消耗很多材料，且常常以长细比等构造要求控制，材料强度得不到充分发挥。采用立体桁架可以避免上述缺点。

立体桁架的截面形式有矩形、正三角形、倒角形。它是由两榀平面桁架相隔一定的距离，以连接杆件将两榀平面桁架形成90°或45°夹角，构造与施工简单易行，但耗钢较多。图7-16（a）所示为矩形截面的立体桁架。为减少连接杆件，可采用三角形截面的立体桁架。当跨度较大时，因上弦压力较大，截面大，可把上弦一分为二，构成倒三角形立体桁架，如图7-16（b）所示。当跨度较小时，上弦截面不大，如果再一分为二，势必对受压不利，故宜把下弦一分为二，构成正三角形立体桁架，如图7-16（c）所示。两根下弦在支座节点汇交于一点，形成两端尖的梭子状，故也称为梭形架。立体桁架由于具有较

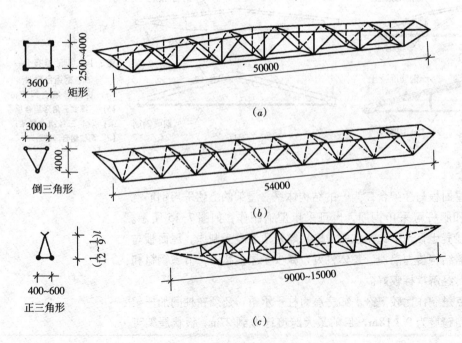

图7-16 立体桁架
(a) 矩形立体桁架；
(b) 倒三角形立体桁架；
(c) 正三角形立体桁架

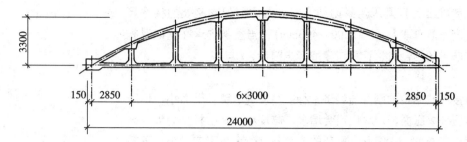

图7-17 无斜腹杆屋架

大的平面外刚度，有利于吊装和使用，节省用于支撑的钢材，因而具有较大的优越性。但三角形截面的立体桁架杆长计算繁琐，杆件的空间角度非整数，节点构造复杂，焊缝要求高，制作复杂。

.2. 无斜腹杆屋架

无斜腹杆屋架的特点是没有斜腹杆，结构造型简单，便于制作，如图7-17所示。在工业建筑中，屋面板可以支承在上弦杆上，也可以支承在下弦杆上，构成下沉式或横向天窗。这样，不仅省去了天窗架等构件，而且降低了厂房的高度。这种屋架的综合技术经济指标较好。

一般情况下，桁架结构杆件与杆件的连接节点均简化为铰节点，一方面可简化计算，另一方面也如此，较符合结构的实际受力情况。但对于无斜腹杆屋架，没有斜腹杆，仅有竖腹杆。这时若再把桁架节点简化为铰节点，则整个结构就成为一个几何可变的机构，所以必须采用刚节点的桁架，可按多次超静定结构计算，也可按拱结构计算，按拱结构计算时，上弦为拱，下弦为拱的拉杆。上弦一般为抛物线形，在竖向均布荷载作用下，上弦拱主要承受轴力，能充分发挥材料的抗压性能，因而截面较小，结构比较经济。竖腹杆承受拉力，将作用在下弦上的竖向荷载传给上弦，避免或减少了下弦受弯。所以，这种屋架适合于下弦有较多吊重的建筑。由于没有斜杆，故屋架之间管道和人穿行以及进行检修工作均很方便。这种屋架的常用跨度为15、18、24、30m。高跨比与拱形屋架相近。

7.4 屋架结构的选型

7.4.1 屋架结构的几何尺寸

屋架结构的几何尺寸主要包括屋架的跨度、高度、坡度、节间长度。

1. 跨度

柱网纵向轴线的间距就是屋架的标志跨度，以3m为模数。屋架的计算跨度是屋架两端支反力（屋架支座中心间）之间的距离，但通常情况取支座所在处房屋或柱列轴线间的距离作为名义跨度，而屋架端部支座中心线缩进轴线150mm，以便支座外缘能做在轴线范围以内，而使相邻屋架间互不妨碍。在屋架简支于钢筋混凝土柱的房屋中，规定各柱列轴线一般取：对边列柱取柱的外边线，对中列柱取柱的中线（阶形柱时取上段柱的中线）。因此，当屋架简支于钢筋混凝土柱或砖柱上且柱网采用封闭结合时，考虑屋架支座处的构造尺寸，屋架的计算跨度一般可取 $l_0 = l - (300 \sim 400\text{mm})$ ；当屋架支承在钢筋混凝土柱上而柱网采用非封闭结合时，计算跨度取标志跨度，$l_0 = l$。

2. 高度

屋架的高度直接影响结构的刚度与经济指标。高度大、弦杆受力小，但腹杆长，长细比大、压杆易压曲，用料反而会增多。高度小，则弦杆受力大、截面大，且屋架刚度小、变形大。因此，屋架的高度不宜过大也不宜过小。屋架跨中的最大高度由经济、刚度、建筑要求和运输界限限制等因素来决定。根据屋架的容许挠度可确定最小高度，最大高度则取决于运输界限，例如铁路运输界限为 3.85m；屋架的经济高度是根据上下弦杆和腹杆的总自重为最小的条件确定；有时，建筑设计也可能对屋架的最大高度加以某种限制。屋架的高度一般可取跨度的 $1/10 \sim 1/5$。

一般情况下，设计屋架时，首先根据屋架形式和设计经验先确定屋架的端部高度 h_0，再按照屋面坡度计算跨中高度。对于三角形屋架，$h_0 = 0$；陡坡梯形屋架可取 $h_0 = 0.5 \sim 1.0\text{m}$；缓坡梯形屋架取 $h_0 = 1.8 \sim 2.1\text{m}$。因此，跨中屋架高度为 $h = h_0 + i/h_0$，式中 i 是屋架上弦杆的坡度。

屋架上弦坡度的确定应与屋面防水构造相适应。当采用瓦类屋面时，屋架上弦坡度应大些，一般不小于 $1/3$，以利于排水。当采用大型屋面板并做卷材防水时，屋面坡度可平缓些，一般为 $1/12 \sim 1/8$。

3. 节间长度

屋架节间长度的大小与屋架的结构形式、材料及荷载情况有关。一般上弦受压，节间长度应小些，下弦受拉，节间长度可大些。屋面荷载应直接作用在节点上，以优化杆件的受力状态。如当屋架上铺预制钢筋混凝土大型屋面板时，因屋面板宽度为 1.5m，故屋架上弦节间长度常取 1.5m。当屋盖采用有檩体系时，则屋架上弦节间长度应与檩条间距一致。为减少屋架制作工作量，减少杆件与节点数目，节间长度可取大些。但节间杆长也不宜过大，一般为 $1.5 \sim 4\text{m}$。

7.4.2 屋架结构的选型

屋架结构的选型应考虑房屋的用途、建筑造型、屋面防水构造、屋架的跨度、结构材料的供应、施工技术条件等因素，并进行全面的技术经济分析，做到受力合理、技术先进、经济适用。

1. 屋架结构的受力

从结构受力来看，抛物线形状的拱式结构受力最为合理。但拱式结构上弦为曲线，施工复杂。折线形屋架，与抛物线形状的弯矩图最为接近，故力学性能较好。梯形屋架，既具有较好的力学性能，上下弦又均为直线，因此施工方便，故在大中跨建筑中被广泛应用。三角形屋架与矩形屋架因与抛物线形状的弯矩图相差较大，其力学性能较差。因此，三角形屋架一般仅适用于中小跨度，矩形屋架常用做托架或荷载较特殊情况下使用。

2. 屋面防水构造

屋面防水构造决定了屋面排水坡度，进而决定屋盖的建筑造型。一般来说，当屋面防水材料采用黏土瓦、机制平瓦或水泥瓦时，屋架上弦坡度应大些，以利于排水，所以一般应选用三角形屋架、陡坡梯形屋架。当屋面防水采用大型屋面板并做卷材有组织排水的屋面时，应选用拱形屋架、折线形屋架和缓坡梯形屋架。

3. 材料的耐久性及使用环境

木材及钢材均易腐蚀，维修费用较高。因此，对于相对湿度较大而又通风不良的建筑，或有侵蚀性介质的工业厂房，不宜选用木屋架和钢屋架，宜选用预应力混凝土屋架，可提高屋架下弦的抗裂性，防止钢筋腐蚀。

4. 屋架结构的跨度

跨度在 18m 以下时，可选用钢筋混凝土一钢组合屋架。这种屋架构造简单，施工吊装方便，技术经济指标较好。跨度在 36m 以下时，宜选用预应力钢筋混凝土屋架，既可节省钢材，又可有效地控制裂缝宽度和挠度。对于跨度在 36m 以上的大跨度建筑或受到较大振动荷载作用的屋架，宜选用钢屋架，以减轻结构自重，提高结构的耐久性与可靠性。

7.4.3　屋架结构的布置

屋架结构的布置，包括屋架结构的跨度、间距、标高等，主要考虑建筑外观造型及建筑使用功能方面的要求来决定。对于矩形的建筑平面，一般采用等跨度、等间距、等标高布置同一类型的屋架，以简化结构构造，方便结构施工。

1. 屋架的跨度

屋架的跨度，一般以 3m 为模数。对于常用屋架形式的常用跨度，我国都制订了相应的标准图集可供查用，从而可加快设计及施工的进度。对于矩形平面的建筑，一般可选用同一种类型的屋架，仅端部或变形缝两侧屋架中的预埋件稍有不同。对于非矩形平面的建筑，各榀屋架或桁架的跨度就不可能一样，这时应尽量减少其类型以方便施工。

2. 屋架的间距

屋架的间距由经济条件确定，也即屋架间距的大小除考虑建筑平面柱网布置的要求外，还要考虑屋面结构及顶棚构造的经济合理性，应使屋架和檩条、屋面板的总造价最低。当屋架上直接铺放屋面板时则还需与屋面板的长度规格相配合。通常间距为 4~6m，常用 0.3m 的模数。最常用的间距是 6m，小跨度轻屋面屋架中可减小到 3m，大跨度屋架中则可增加到 9~12m。屋架一般宜等间距平行排列，与房屋纵向柱列的间距一致，屋架直接搁置在柱顶。屋架的间距同时即为屋面板或檩条、顶棚龙骨的跨度，最常见的为 6m，有时也有 7.5、9、12m 等。

3. 屋架的支座

屋架支座的标高由建筑外形的要求确定，一般为在同层中屋架的支座取同一标高。当一榀屋架两端支座的标高不一致时，要注意可能会对支座产生水平推力。屋架的支座形式，在力学上可简化为铰接支座。实际工程中，当跨度较小时，一般把屋架直接搁置在墙体、墙垛、柱或圈梁上。当跨度较大时，则应采取专门的构造措施，以满足屋架端部发生转动的要求。

7.4.4 屋架结构的支撑

当采用平面桁架作为屋盖、吊车梁、桥梁、起重机桥架等结构的主要承重构件时，桁架在其自身平面内为几何形状不可变体系并具有较大的刚度，能承受桁架平面内的各种荷载。但是，平面桁架本身在垂直于桁架平面的侧向（称为桁架平面外）刚度和稳定性则很差，不能承受水平荷载。例如在屋架结构中即使上弦或下弦有檩条或屋面板等铰接相连，屋架仍会侧向倾倒（图7-18a）。因此，为使桁架结构具有足够的空间刚度和稳定性，必须在桁架间设置支撑系统（图7-18b）。

桁架支撑通常可分为水平支撑（上弦和下弦平面、横向和纵向）、垂直支撑（桁架两端和中间）和系杆等几种类型。

桁架支撑的作用主要为：

（1）保证桁架结构的空间几何稳定性，即几何形状不变。

平面桁架能保证桁架平面的几何稳定性，支撑系统可以保证桁架平面外的几何稳定性。

（2）保证桁架结构的空间刚度和空间整体性。

桁架上弦和下弦的水平支撑与桁架弦杆组成水平桁架，桁架端部和中央的垂直支撑则与桁架竖杆组成垂直桁架，把它们布置在同一柱间的屋盖系统里，则能形成空间刚度很大的空间结构，对提高整个屋盖系统的空间整体性起到重要的作用。因而，无论桁架结构承受竖向或纵、横向水平荷载，都能通过一定的桁架体系把力传向支座，只会发生较小的弹性变形，即有足够的刚度和整体性。

（3）为桁架弦杆提供必要的侧向支承点。

水平和垂直支撑桁架的节点以及由此延伸的支撑系杆都成为桁架弦杆的侧

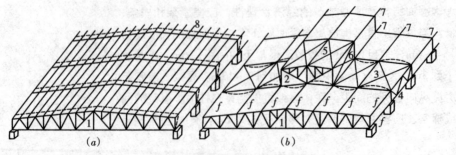

图7-18 屋盖支撑作用示意图

（a）无支撑情况；（b）有支撑情况

1—屋架；2—天窗架；3—上弦横向水平支撑；4—垂直支撑；5—天窗架上弦横向水平支撑；6—天窗架垂直支撑；7—系杆（f应采用刚性系杆）；8—檩条或屋面板

向支承点，从而减小弦杆在桁架平面外的计算长度，减小长细比，并提高其受压时的整体稳定性。

（4）承受并传递水平荷载。

纵向和横向水平荷载，例如风荷载、悬挂或桥式吊车的水平制动或振动荷载、地震作用（荷载）等，最后都通过支撑系统传到桁架支座。

（5）便于结构安装施工，保证结构安装时的稳定。

7.5　屋架结构的工程实例

本节介绍两个屋架实例，图7-19所示为一钢屋架，图7-20所示为一钢筋混凝土屋架。这两种屋架各有优缺点，钢屋架轻巧，杆件细长，自重轻，但容易失稳。钢筋混凝土屋架比较笨重，制作比较困难，自重大，但节省钢材。对于一般的屋架，当确定出屋架形式后，可查阅有关标准图集。各种屋架形式往往是按屋架的不同跨度、允许荷载、檐口形状、天窗类别分别编号的，在屋架标准图集的设计说明和构件选用方法中，都详细写明了与檐口、天窗类别有关的屋架代号和各种代号的物理意义，并按照屋架的编号分别列出它的允许荷载的数值或等级。

习　题

7.1　桁架结构的特点是什么？

7.2　桁架结构的计算假定有哪些？

7.3　举例说明桁架杆件内力与桁架形式的关系。

7.4　芬克式屋架的特点是什么？

7.5　屋架结构的选型原则是什么？

7.6　屋架结构布置应考虑哪些因素？

7.7　桁架支撑的作用主要是什么？

7.8　举例说明桁架结构的形式。

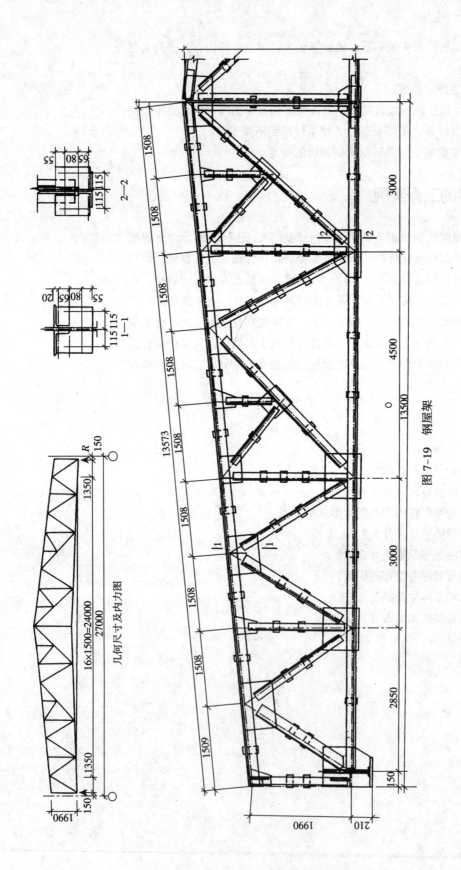

图 7-19 钢屋架

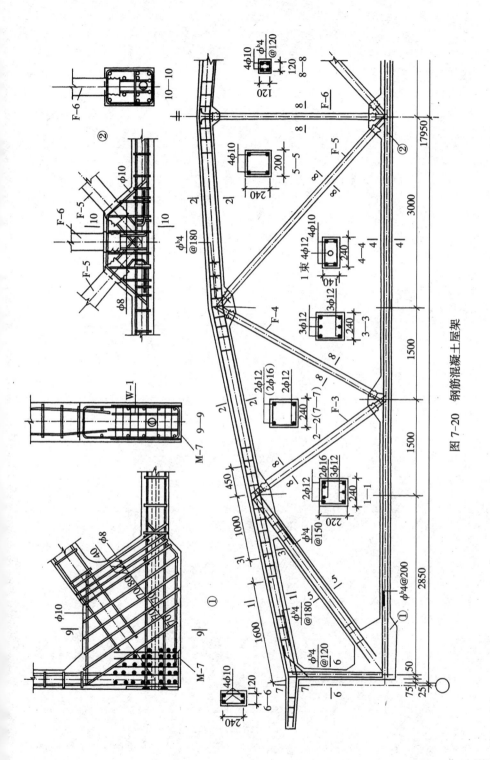

图 7-20 钢筋混凝土屋架

拱的受力机理在土木工程结构里得到广泛应用。这一章主要讨论肋形拱的工程应用及选型。拱结构中推力的存在，使它和其他平面结构有比较显著的差别。学习时应重点了解和掌握平衡拱结构推力的常见方法及受力特点，具备结构选型的基本能力。

8.1 拱结构的受力特点

拱是一种历史悠久、至今仍在大量应用的结构形式。古今中外的能工巧匠和工程师们为我们创造了许多杰出的拱结构典范，至今仍为人们所称道，如我国古代的赵州桥、古罗马的半圆拱券城门、哥特式建筑的尖拱等。我们知道，当构件截面上承受均匀的应力作用（轴向拉力或压力作用），材料的利用效率最高，往往形成性能良好的结构体系。拱结构的受力状态与悬索结构有异曲同工之处，区别在于悬索只能受拉，索的抗弯刚度为零；而拱是以受压为主的结构，拱截面有一定的刚度，不能自由变形。悬索承受拉力，正好利用和发挥钢材的超强抗拉性能；而拱结构主要承受压力，可利用和发挥抗压强度相对较高而又容易得到的天然石材、烧结砖，甚至土坯来建造拱，当然现代的拱结构还可用钢筋混凝土或钢材建造。拱结构是使构件摆脱弯曲变形的一种突破性发展，它为抗压性能好的材料提供了一种理想的结构形式。

8.1.1 支座反力

为便于说明拱结构的基本受力特点，我们以较简单的三铰拱及与它跨度相等并承受相同集中荷载的简支梁为例进行分析比较，见图8-1所示。根据结构力学的静力平衡条件不难知道，简支梁的支座反力 V_A^0 为竖直向上，而三铰拱的支座反力除了竖向分量 V_A 之外（$V_A = V_A^0$），还有水平分量 H。三铰拱的支座反力的水平分量 H 对拱脚基础产生水平推力，起着抵消荷载 P 引起的向下弯曲作用，减小了拱身截面的弯矩。

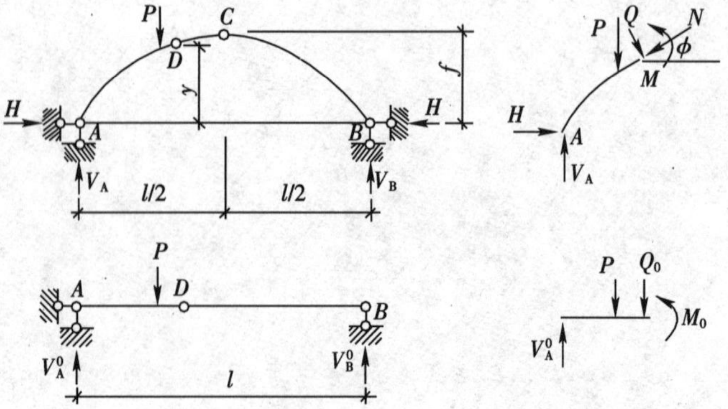

8.1.2 拱肋截面的内力

同样由结构力学可求出拱身任意截面的内力为：

$$M = M_0 - H \cdot y$$
$$N = Q_0 \cdot \sin\phi + H \cdot \cos\phi$$
$$Q = Q_0 \cdot \cos\phi - H \cdot \sin\phi$$

式中 M_0 与 Q_0 分别为相应简支梁截面的弯矩和剪力。

从以上公式可以看出：

（1）拱身截面的弯矩小于相应简

图8-1 三铰拱与它跨度相等并承受相同荷载的简支梁进行比较

支梁的弯矩（减少 $H \cdot y$）。而且水平推力 H 与 y 的乘积愈大拱身截面的弯矩值愈小。因此，在一定的荷载作用下，我们可以改变拱身轴线形状，使拱身各截面的弯矩为零，这样拱身各截面就只受轴向力作用。

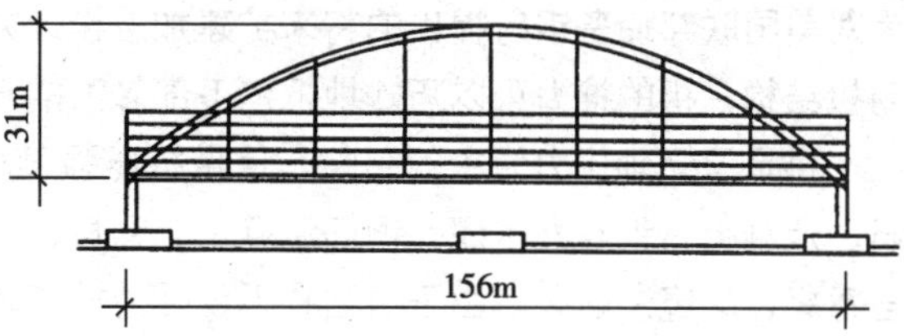

（2）拱身截面内的剪力小于在相同荷载作用下相同跨度简支梁内的剪力。

（3）拱身截面内存在较大的轴力，而简支梁截面内无剪力存在。

根据荷载情况合理选择拱轴线形状，使拱身主要承受轴力、尽量减少弯矩十分重要。在实际工程中，结构承受的荷载是多种多样的，只承受某一固定荷载的可能性很小。因此，很难找出一条合理的拱轴来适应各种荷载，而只能根据主要荷载确定合理的拱轴曲线。即使精心选择拱轴线的形状，在荷载状态改变或可变荷载作用下，拱内弯矩也是不可避免的。因此，拱截面必须设计成有一定的抗弯能力。另外，拱结构的支座（拱脚）会产生水平推力，跨度大时推力也相当大。承受拱水平推力的处理，固然是一桩麻烦和耗费材料的事情，不过如果结构处理的手法采用得当，将可利用这一结构手段与建筑功能和艺术形象融合起来，收到建筑造型优美的效果。图 8-2 为跨越高速公路，利用公路上方空间建造汽车旅馆的设计方案。其中 156m 大跨度拱是其主要承重结构，房屋则挂在拱下，拱截面可采用钢管混凝土，有利于承受巨大的压力。图 8-3 为伦敦证券交易所，建于 1990 年。该十层的建筑横跨铁路，由 4 榀高达七层的无铰抛物线拱支撑，每层楼的荷重由桁架传递给拱，拱横跨 78m，拱上柱承受压力，拱下柱则承受拉力。建筑师有意将拱、柱、梁表达于立面上，作为造型语汇。

在建筑工程中，拱除了直接作为屋盖结构外，还可用来承受悬索结构的拉力，拱与索组合应用可以建造各种造型生动、受力合理的结构形式，图 8-4 即

图 8-2　跨越公路上方的汽车旅馆

图 8-3　伦敦证券交易所的结构体系（左）

图 8-4　美国联邦储备银行的扩建加层设计方案（右）

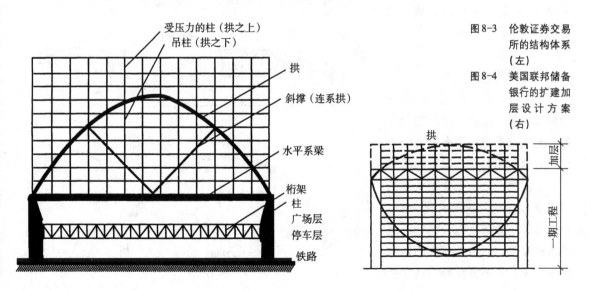

为对美国联邦储备银行提出的将来扩建加层设计方案，在上部加层部分大胆采用拱结构，拱的推力可以巧妙地抵消下部悬索的一部分拉力。

拱是承受轴压力为主的结构，使用抗压强度好的材料能物尽其用，如砖、石、混凝土、钢丝网水泥、钢筋混凝土、钢材、木材等。拱结构既省料、结构自重轻，又经济耐久。由于拱结构不仅受力性能较好，而且形式多种多样，有利于丰富建筑的外形，是建筑师比较喜爱的一种结构形式。拱结构适用跨度范围极广，是任何其他结构形式所不及的。它不仅适合大跨度结构，如跨度达100m以上的桥梁，也适用于中小跨度的房屋建筑，广泛应用于各种宽敞的公共建筑物，如展览馆、体育馆、商场等。现代还有一些纪念观赏性的拱结构，如美国圣路易市的杰佛逊纪念碑，为高177m的不锈钢拱。上海卢浦大桥钢结构拱的跨度达550m，比已建成最大的美国西弗吉尼亚大桥还长32m，成为目前世界上跨径最大的拱形桥。

8.2 拱结构形式与主要尺寸

拱结构在国内外得到广泛应用，形式也多种多样。按建造的材料分类，有砖石砌体拱结构、钢筋混凝土拱结构、钢拱结构、胶合木拱结构等；按结构组成和支承方式分类，有无铰拱、两铰拱和三铰拱，无拉杆拱和有拉杆拱，如图8-5所示。按拱轴的形式分类，常见的有半圆拱和抛物线拱；按拱身截面分类，有实腹式和格构式、等截面和变截面等。应该指出，与属于薄壁空间结构的圆柱形壳（筒壳）不同，拱是一种平面结构，在平行切出的拱圈上相应位置各点的应力状态都是相同的。

确定拱轴的形式主要考虑两个问题，一是拱的合理轴线，二是拱的矢高。

8.2.1 拱的合理轴线

力学原理告诉我们，轴心受力构件截面上的应力是均匀分布的，全截面上材料的强度可以得到充分的利用。在一固定的荷载作用下，使拱处于无弯矩状态的拱轴曲线，称为拱的合理轴线。合理轴线的形式不但与结构的支承条件有关，还与外荷载的作用形式有关。了解合理轴线这个概

图 8-5　三铰拱、两铰拱和无铰拱

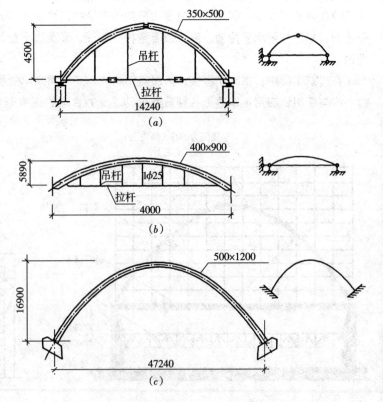

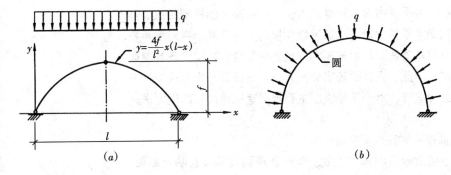

图 8-6　拱的合理轴线
(a) 抛物线拱；(b) 圆拱

念，有助于我们选择拱的合理形式。对于不同的结构形式（三铰拱、两铰拱和无铰拱），在不同的荷载作用下，拱的合理轴线是不同的。对于三铰拱，在沿水平方向均布的竖向荷载作用下，合理拱轴为一抛物线，见图 8-6（a）；在垂直于拱轴的均布压力作用下，合理拱轴为圆弧线，见图 8-6（b）。在实际工程中，结构承受的荷载是多种多样的，很难找出一条合理的拱轴来适应各种荷载，设计时只能根据主要的荷载组合，选择一个相对较为合理的拱轴线形式，使拱身主要承受轴向压力，尽量减少弯矩。例如对于大跨度的公共建筑的屋盖结构，一般根据屋面的恒荷载选择合理的拱轴，一般采用抛物线，其方程为：

$$y = \frac{4f}{l^2} x \ (l - x)$$

式中　f—拱的矢高；

　　　l—拱的跨度。

当 $f < 1/4$ 时，可用圆弧代替抛物线，因为这时两者的内力差别不大，而圆拱有利于施工制作。

8.2.2　拱的矢高

矢高对拱的外形影响很大，它直接影响建筑造型和构造处理。矢高的大小还影响拱身轴力和拱脚推力的大小。如三铰拱的推力：$M = M_c^0/f$，式中 M_c^0 为与拱同跨度同荷载的简支梁的跨中弯矩。不难看出，水平推力 H 与矢高 f 成反比。矢高的选择应合理综合考虑建筑空间的使用、建筑造型、结构受力、屋面排水构造等的要求来确定。

1. 满足建筑造型和建筑使用功能的要求

矢高决定了建筑物的体量、建筑内部空间的大小，特别是对于散料仓库、体育馆等建筑，矢高应满足建筑使用功能上的对建筑物的容积、净空、设备布置等方面要求。同时，拱的矢高直接决定拱的外形，因此矢高必须满足建筑造型的要求。不同的建筑对拱的形式要求不同，有的要求扁平，矢高小；有的则要求矢高大。合理拱轴的曲线方程确定之后，可以根据建筑的外形要求定出拱的矢高。

2. 尽量使结构受力合理

由前面对三铰拱结构受力特点的分析可知，拱脚水平推力的大小与拱的矢高成反比。矢高小的拱，水平推力大，拱身轴力也大；矢高大的拱则相反。当地基及基础难以平衡拱脚水平推力时，可通过增加拱的矢高来减小拱脚水平推力，减轻地基负担，节省基础造价。但矢高大，拱身长度增大，拱身及其屋面覆盖材料的用量将增加。因此，设计时确定矢高大小，不仅要考虑建筑的外形要求，还要考虑结构的合理性。对于落地拱应主要根据建筑跨度和高度要求来确定矢高。

3. 矢高应满足屋面排水构造的要求

矢高的确定应考虑屋面做法和排水方式。对于瓦屋面及构件自防水屋面，要求屋面坡度较大，则矢高较大。对于油毡屋面，为防止夏季高温时引起沥青流淌，坡度不能太大，则相应地矢高较小。

一般，拱的矢高取 $f=(1/8 \sim 1/2)\,l$，经济范围是 $f=(1/7 \sim 1/5)\,l$。有拉杆的拱，矢高可小些，一般取 $f=1/7l$；无拉杆的拱，矢高不宜太小，否则拱脚下的抗推力结构较难处理。落地拱的矢高较大，一般 $f=(0.5 \sim 2)\,l$。矢高大，则轴压力小，风力影响大，曲线长，用料多，内部空间大。矢高小则反之。

半圆拱的水平推力为零，为"无推力拱"，但矢高达跨度的一半，跨度大时显得非常高耸，故很少用于屋盖结构。

对于屋盖结构，一般取 $f=(1/7 \sim 1/5)\,l$，最小不小于 $1/10l$。对三铰拱和两铰拱屋架，矢高的确定既要考虑结构的合理性又要考虑屋面做法和排水方式。

自防水屋面时：可取 $f=1/6l$；当为油毡屋面时：$f \leq 1/8l$。

8.2.3 拱的截面形式与主要尺寸

拱身可以做成实腹式和格构式（图 8-7）两种形式。钢结构拱一般多采用格构式，当截面高度较大时，采用格构式可以节省材料。钢筋混凝土拱一般采用实腹形式，常用的截面有矩形。现浇拱一般多采用矩形截面。这样模板简单，施工方便。钢筋混凝土拱身的截面高度可按拱跨度的 $1/40 \sim 1/30$ 估算；截面宽度一般为 $250 \sim 400$mm。对于钢结构拱的截面高度，格构式按拱跨度的 $1/60 \sim 1/30$，实腹式可按 $1/80 \sim 1/50$ 取用。拱身在一般情况下采用等截面。由于无铰拱的内力（轴向压力）从拱顶向拱脚逐渐加大，一般做成变截面的形式。变截面一般是改变拱身截面的高度而保持宽度不变。截面高度的变化应根据拱身内力，主要由弯矩的变化而定，受力大处截面高度应相应较大。

拱的截面除了常用的矩形截面外，还可采用 T 形截面拱、双曲拱、波形拱、折板拱等，跨度

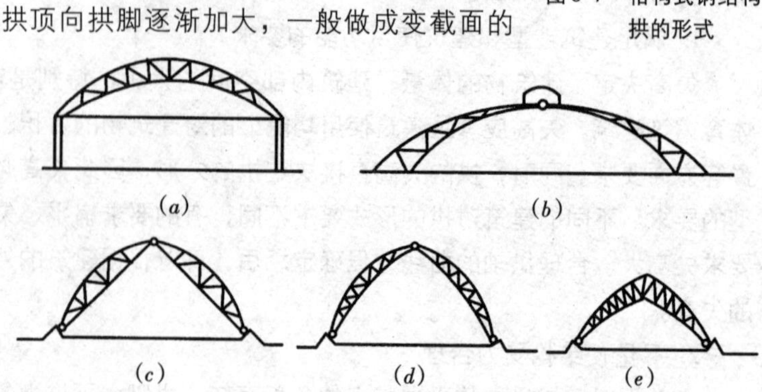

图 8-7　格构式钢结构拱的形式

(a) (b) (c) (d) (e)

更大的拱可采用钢管、钢管混凝土截面，也可用型钢、钢管或钢管混凝土组成组合截面。组合截面拱自重轻，拱截面的回转半径大，其稳定性和抗弯能力都大大提高，可以跨越更大的跨度，跨高比也可做得更大一些。也可采用网状筒拱，网状筒拱像用竹子（或柳条）编成的筒形筐，也可理解为在平板截面的筒拱上有规律地挖掉许多菱形洞口而成。应当指出，拱是一种平面结构，在平行切出的拱圈上相应位置各点的内力都是相同的。

8.2.4　拱的结构选型与布置

在进行拱结构的选型时，需要考虑结构的支承形式、拱轴线的形式、拱的矢高、拱身形式和截面高度，以及拱的结构布置和支撑体系设置。从铰的设置来看，三铰拱是静定结构，当基础出现不均匀沉降或拱拉杆变形时，不会引起结构附加内力。但由于跨中拱顶存在铰，使拱身和屋盖结构构造复杂，除了在地基特别软弱的条件下，一般工程中不大使用。西安秦始皇兵马俑博物馆展览大厅由于地基为湿陷性黄土，密度小压缩性大，不宜使用两铰拱、网架等超静定结构，故选择了静定结构的钢三铰拱。两铰拱和无铰拱是超静定结构，必须考虑基础不均匀沉降和温度变化引起的附加内力对结构的影响。两铰拱的优点是受力合理，用料经济，制作和安装比较简单，对温度变化和地基变形的适应性尚好，目前较为常用。在一般房屋建筑中的屋盖结构，通常多采用带拉杆的钢筋混凝土两铰拱，推力在拱单元中自行平衡，可以直接搁置在柱上或承重墙上。无铰拱受力最为合理，但对支座要求较高，实际工程中在地基条件好或两侧拱脚有稳固的边跨结构时，可以考虑采用。当地基条件较差时，不宜采用。无铰拱一般见于桥梁结构，很少用于房屋建筑。

拱结构根据建筑平面形式的不同，可以有并列式布置和径向、环向、井式以及多叉式等多种不同的布置方案。

1. 并列布置

当建筑平面为矩形时，一般采用等间距、等跨度、并列布置的平面拱结构，其纵向抗侧力的能力与侧向稳定性需要加设支撑来解决。

2. 径向布置

当建筑平面非矩形时，常采用径向布置的空间拱结构，这种布置空间刚度和稳定性都比较好。如加拿大蒙特利尔市梅宗纳夫公园奥林匹克体育中心赛车场，建筑平面为叶形，其屋盖结构沿纵向辐射状布置了四榀 172m 跨的落地拱，其中两榀单肢拱，两榀双肢拱。拱结构的支座一端在辐射中心为单支点，另一端为三支点。沿建筑平面的横向，在各肢拱肋间布置了双 Y 形肋形梁，梁间镶嵌丙烯酸酯玻璃，满足了赛车场内有充足的阳光。

3. 环向布置

当建筑平面为圆形时，以环向布置的空间拱结构最为合理，各拱沿周围排列、拱脚互抵、推力相消。如古罗马万神庙就是这种环向布置的典型结构。

4. 井式布置

拱结构布置中也可仿效井字梁的布置方式，采取多向承受荷载、共同传力的井字拱。

5. 多叉布置

拱结构布置中有一种能适应任何建筑平面形状的多叉拱，其围绕一个中心铰或环、径向布置辐射状的拱肋，呈多叉状的肋形拱，有三叉拱、四叉拱、六叉拱等。多叉拱的拱脚与拱顶多为铰接，多叉拱肋的顶端汇聚于中心。为使多叉拱的拱脚水平推力大小一致，保持结构有良好的稳定性，各叉拱脚所形成的平面最好是正多边形，如三角形、正方形、正六角形以及圆形等。各叉拱的拱脚推力一般由连接的相邻拱脚支座所形成的多边形圈梁承担。法国巴黎国家工业与技术中心展览大厅就是三叉拱的杰出实例。

8.3　拱结构水平推力的处理

拱既然是有推力的结构，拱结构的支座（拱脚）应能可靠地承受水平推力，才能保证它能发挥拱结构的作用。对于无铰拱、两铰拱这样的超静定结构，拱脚的变形会引起结构较大的附加内力（弯矩），更应严格要求限制在水平推力作用下的变形。实际工程中，一般采用以下4种方式来平衡拱脚的水平推力：

8.3.1　落地拱——利用地基基础直接承受水平推力

落地拱的上部作屋盖结构，下部则可作为外墙柱，拱脚落地与基础固结。这种利用基础承受水平推力直接传递给地基的方式，当水平推力不太大或地质条件较好时，是最省事、经济的办法。但采用这种方案基础尺寸一般都很大，材料用量较多。为了更有效地抵抗水平推力，防止基础滑移，基础底部常做成斜面形状。图8-8即为北京体育学院田径房的落地无铰拱，其基础做法如图所示。

落地拱的一个优点是墙柱等结构和出入口布置不受承重结构的限制，因而平面布置非常自由灵活，深受许多建筑师的喜爱。另外，落地拱能提供很大的空间，广泛应用于体育馆、展览馆、俱乐部、影剧院、大市场、飞机库、仓库等大跨度的建筑。它的弱点是拱下部屋面坡度较大，不易铺置屋面构件和防水材料。解决的办法是拱下部不做外墙，让其在室外或室内明露。

图8-8　落地拱及基础做法

当拱脚推力过大或地基过于软弱时，一般可在地下拱脚两基础间设置预应力混凝土拉杆。预应力的作用是防止受拉混凝土开裂使钢材锈蚀，影响结构的耐久性。

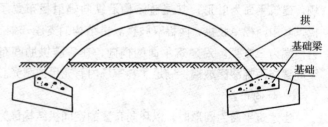

拱
基础梁
基础

8.3.2　推力由竖向结构承担

这种方法也用于无拉杆拱，拱脚推力下传给支承拱脚的抗推竖向结构承担。从广义上理解，也可把抗推竖向结构看做是落地拱的拱脚基础。拱脚传给竖向结构的合力是向下斜向的，要求竖向结构及其下部基础有足够大的刚度来抵抗，以保证拱脚位移极小、拱结构内的附加内力不致过大。常用的竖向结构有以下几种形式：

1. 扶壁墙墩

小跨度的拱结构推力较小，或拱脚标高较低时，推力可由带扶壁柱的砖石墙或墩承受。如尺度巨大的哥特式建筑，因粗壮的墙墩显得更加庄重雄伟。

2. 飞券

哥特式建筑教堂（如巴黎圣母院）中厅尖拱拱脚很高，靠砖石拱飞券和墙柱墩构成拱柱框架结构来承受拱的水平推力。

3. 斜柱墩

跨度较大、拱脚推力大时，采用斜柱墩方案有时可收到传力合理、经济美观的效果。我国的一些体育、展览建筑就曾借鉴了这一做法，采用两铰拱或三铰拱（多为钢拱），不设拉杆，支承在斜柱墩上。如广为人知的西安秦始皇兵马俑博物馆展览大厅就采用 67m 跨的三铰钢拱，拱脚支承在从基础墩斜向挑出 2.5m 的钢筋混凝土斜柱上，受力显得很合理（图 8-9）。

4. 其他边跨结构

对于拱跨较大、且两侧有边跨附属用房（像走廊、办公室、休息厅等）的情况，可以由边跨结构提供拱脚反力。边跨结构可以是单层或多层、单跨或多跨的墙体或框架结构。要求它们有足够的侧向刚度，以保证在拱推力作用下的侧移不超过允许范围。比较典型的建筑实例有北京崇文门菜市场、美国敦威尔综合大厅等。其中北京崇文门菜市场中间营业大厅平面为 $32m \times 36m$，采用装配整体式钢筋混凝土 32m 跨两铰拱，支承于两侧边跨的框架上。为施工方便，采用半径 34m 的圆弧拱，由建筑外形美观及屋面铺设油毡防水层考虑，取矢高 4m。由于矢跨比较小，拱脚推力大，侧边的三层双跨框架采用现浇楼屋盖，加大其水平整体刚度，以便把拱脚推力均匀传递给各榀框架（图 8-10）。

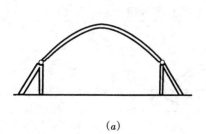

(a)

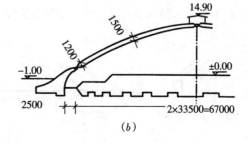

(b)

图 8-9　西安秦始皇兵马俑博物馆展览大厅的斜柱墩

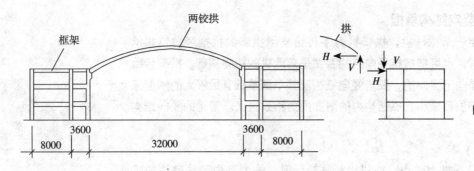

图 8-10　北京崇文门菜市场由侧边框架承担拱脚水平推力

8.3.3　拉杆拱——水平推力由拉杆直接承担

在拱脚处设置钢杆，利用钢杆受拉从而抵抗拱的推力，如图 8-11（a）、（b）所示。它既可用于搁置在墙、柱上的屋盖结构，也可用于落地拱结构。水平拉杆所承受的拉力等于拱的推力，两端自相平衡，与外界之间没有水平向的相互作用力。这种解决办法传力路线最简短，构造方式既经济合理，又安全可靠。因为推力问题可在拱本身独立解决，这样的拱也称"拉杆拱"。当作为屋盖结构时，支承拱式屋盖的砖墙或柱子不承受拱的水平推力，整个房屋结构即为一般的排架结构，屋架及柱子用料均较经济，该方案的缺点是室内有拉杆存在，影响景观，若设顶棚，则压低了建筑净高，浪费空间。故其应用受到限制。多用于食堂、小礼堂、仓库、车间等建筑。

拉杆可以是型钢劲性拉杆或圆钢柔性拉杆，一般拉力大时用型钢，拉力小时用圆钢。圆钢拉杆的根数不宜超过三根，否则难以保证拉杆的受力均匀。为了避免拉杆在自重作用下下垂太大，可设置吊杆来减少拉杆的自由长度。钢拉杆必须涂漆防锈，且经常维护。钢拉杆的防火性差，为防锈与防火，可用混凝土将其包裹起来。为减少拉杆拉伸变形、防止混凝土受拉开裂影响钢材锈蚀，往往采用预应力混凝土拉杆。拱与拉杆自成结构单元，拱脚推力已得平衡，像桁架一样，其支座仅承受竖向力。故其结构布置与桁架一样。中小跨的拱与拉杆拼装成一体，再行吊装就位，故又可称其为拱架。

8.3.4　水平推力通过刚性水平结构传递给总拉杆

这种方法的目的是仅在结构的两端设置拉杆，让水平推力由拱脚标高平面内的刚性水平构件（可以是圈梁、天沟板或副跨现浇钢筋混凝土屋盖等）承受以后，再由设置在两端山墙内的总拉杆来平衡。当刚性水平构件在其水平面内的刚度足够大时，则可认为拱脚以下的柱、墙、刚架等竖向结构顶部不承担

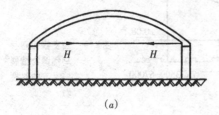

(a)

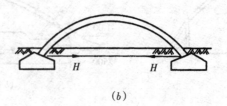

(b)

图 8-11　拉杆直接承担拱的推力
(a) 室内拉杆拱；(b) 地下拉杆拱

水平推力。这种方法的优点是建筑室内没有拉杆，可充分利用室内建筑空间。典型的工程实例是北京展览馆的电影厅（图 8-12），单孔 18m 跨肋形拱，间距 2m，利用拱顶两侧 3m 宽走廊的现浇钢筋混凝土屋盖作刚性水平构件，并利用拱跨两端山墙内的圈梁 400mm×980mm 联结两侧的钢筋混凝土屋盖端部作为总拉杆，使拱的水平推力得到平衡。

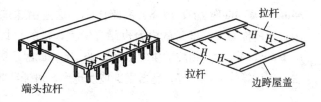

图 8-12　北京展览馆电影厅由山墙内的拉杆承担拱脚水平推力

8.4　拱结构实例

8.4.1　北京崇文门菜市场

如图 8-13 所示，菜市场中间为 32m×36m 营业大厅，屋顶采用两铰拱结构，上铺加气混凝土板。大厅两侧为小营业厅、仓库及其他用房，采用框架结构。拱的水平推力和垂直压力由两侧的框架承受。拱为装配整体式钢筋混凝土结构。

为了施工方便，拱轴采用圆弧形，圆弧半径为 34m，如图 8-13 所示，选择不同的矢高会有不同的建筑外形，同时也影响结构的受力。当圆弧半径

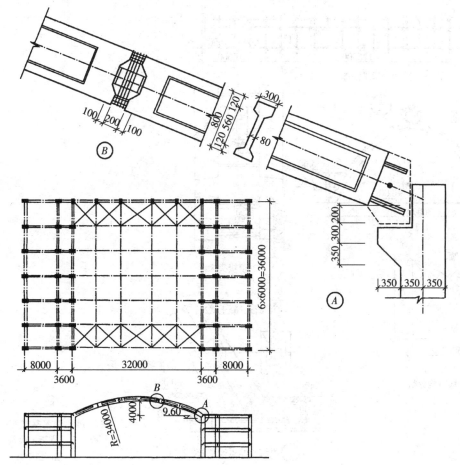

图 8-13　北京崇文门菜市场

34m、矢高4m 时，$f/l = 1/8$，高跨比小，这是由建筑外形要求决定的。矢高小，拱的推力大，框架的内力也相应增大，拱的材料用量增加。当矢高改为 $f = l/5 = 6.4m$ 时，相应的拱轴半径为23.2m，此时拱脚水平推力可减少60%左右，但建筑外形不太好，屋面根部坡度也大，对油毡防水不利。

8.4.2 湖南某盐矿2.5万t散装盐库

如图8-14所示，该盐库在结构选型中比较了两种方案。方案1为钢筋混凝土排架结构，方案2为拱结构。

方案1的缺点是大部分的建筑空间不能充分利用，而且盐通过皮带运输机从屋顶天窗卸入仓库时，经常冲击磨损屋架和支撑，对钢支撑和屋架有不利影响，因而没有采用。

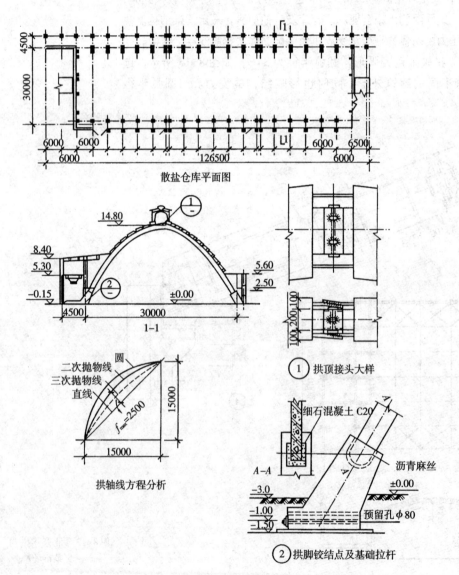

散盐仓库平面图

1—1

拱轴线方程分析

① 拱顶接头大样

② 拱脚铰结点及基础拉杆

图8-14　湖南某盐矿2.5万t散装盐库拱结构

方案2采用落地拱，由于选择了合适的矢高和外形，建筑空间得到了比较充分的利用。这一方案把建筑使用与结构形式较好地结合起来，收到了良好的效果。工程概况如图8-14所示。

拱的方案经过比较，决定采用两铰落地拉杆拱。因为三铰拱虽然受力明确，但是盐入库时，顶部铰节点的钢件经常受磨损，难于妥善保护。无铰拱对地基变形和温度变化敏感。所以采用两铰落地拉杆拱。为了免于锈蚀，拱脚的铰节点不用钢件，而采用半圆柱形拱脚埋入半圆柱形杯口内。两圆弧面之间用沥青麻丝嵌塞，两侧浇灌细石混凝土，见拱脚节点大样。

拱身采用装配整体式钢筋混凝土结构，工字形截面，高90cm，宽40cm。每根拱架划分两个对称的构件，铰节点在拱顶，采用二次浇灌混凝土。屋面采用预应力槽瓦和预制钢筋混凝土檩条。为了适应双向弯曲，檩条采用方孔空心截面。拱架的横向刚度较大，纵向刚度较差，因此纵向设置支撑。基础拉杆采用4根圆钢（$2\varPhi32+2\varPhi28$），并进行防锈处理。

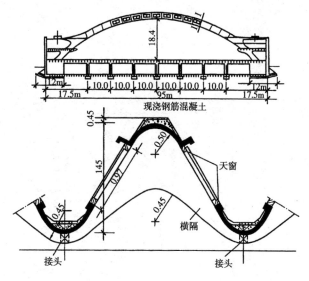

8.4.3 意大利都灵展览大厅

如图8-15所示，展览大厅跨度95m，屋顶采用钢筋混凝土波形拱，拱身由每段长4.5m的预制钢丝网水泥拱段组成，波宽2.5m，波高1.45m，每段都有一个横隔，预制拱段先安装在临时支架上，然后局部现浇钢筋混凝土连成整体。

图8-15 意大利都灵展览大厅

习 题

8.1 你了解的拱结构的受力特点有哪些？如何看待处理拱结构水平推力的平衡问题？

8.2 拱结构的结构形式有哪些？各有何特点及其适用范围？

8.3 你认为拱结构的结构选型和结构布置应考虑哪些问题？

8.4 试列举国内外拱结构的新建实例各一例，并总结它们的特点。

第 9 章　薄壳结构

本章介绍了薄壳结构的特点、类型及适用范围，分别叙述了圆顶薄壳、圆柱形薄壳、双曲扁壳、鞍壳及扭壳的组成、结构形式和受力特点，并列举了一些典型的工程实例。

9.1　薄壳结构的特点

自然界中存在着丰富多彩的壳体结构，如植物的果壳、种子、茎秆等，以及动物界的蛋壳、蚌壳、蜗牛、脑壳等。它们的形态变化万千，曲线优美，且厚度之薄，用料之少，而结构之坚，着实让人惊叹。万灵之首的人类仿生于自然界，又造出了各种各样的壳体结构为己所用，如锅、碗、杯、瓶、坛、罐，以及灯泡、安全帽、轮船、飞机等。

以上所列种种壳体结构一般是由上下两个几何曲面构成的空间薄壁结构。两个曲面之间的距离即为壳体的厚度（δ），当 δ 比壳体其他尺寸（如曲率半径 R，跨度 l 等）小得多时，一般要求 $\delta/R \leqslant 1/20$（鸡蛋壳的 $\delta/R \approx 1/50$）称为薄壳结构。现代建筑工程中所采用的壳体一般为薄壳结构。

薄壳结构用于建筑有着悠久的历史。最初仿效洞穴的穹顶，由于材料的限制（用砖石）以及对薄壳受力状况的不理解，常常建成的圆顶壳体的厚度达 $1\sim3m$，并且大都开裂，因此直至 20 世纪初之前，壳体结构用于建筑发展较慢。直到 20 世纪初，随着工程界对薄壳结构的试验和理论研究的不断深入，相继建立了多种薄壳理论和近似计算方法，以及计算机电算技术迅速发展，使壳体结构摆脱了繁重的计算难关。20 世纪 30 年代以后，薄壳结构走上了广泛应用的道路。

之所以薄壳结构在建筑中得以广泛的应用，这得益于薄壳结构具有优越的受力性能和丰富多变的造型。

前几章叙述的梁式结构、桁架、拱结构等都属于杆件系统结构，是平面受力状态。这些结构中，材料性能常常得不到充分发挥，存在材料的浪费。

而薄壳结构为双向受力的空间结构，在竖向均布荷载作用下，壳体主要承受曲面内的轴向力（双向法向力）和顺剪力作用，曲面轴力和顺剪力都作用在曲面内，又称为薄膜内力，如图 9-1 所示。而只有在非对称荷载（风，雪等）作用下，壳体才承受较小的弯矩和扭矩。

由于壳体内主要承受以压力为主的薄膜内力，且薄膜内力沿壳体厚度方向均匀分布，所以材料强度能得到充分利用；而且壳体为凸面，处于空间受力状态，各向刚度都较大，因而用薄壳结构能实现以最少之材料构成最坚之结构的理想。例如 $6m \times 6m$ 的钢筋混凝土双向板，最小厚度需 130mm，而 $35m \times 35m$ 的双向扁壳屋盖，壳板厚度仅需 80mm。

由于壳体强度高、刚度大、用料省、自重轻，覆盖大面积，无需中柱，而且其造型多变，曲线优美，表现力强，因而深受建筑师们的青睐，故多用于大跨度的建筑物，如展览厅、食堂、剧院、天文馆、厂房、飞机库等。

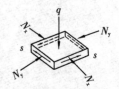

图9-1　薄壳的薄膜内力

不过，薄壳结构也有其自身的不足之处，由于体形多为曲线，复杂多变，采用现浇结构时，模板制作难度大，会费模费工，施工难度较大；一般壳体既作承重结构又作屋面，由于壳壁太薄，隔热保温效果不好；并且某些壳体（如球壳、扁壳）易产生回声现象，对音响效果要求高的大会堂、体育馆、影剧院等建筑不适宜。

9.2 薄壳结构形式与曲面的关系

工程中，薄壳的形式丰富多彩，千变万化，不过，其基本曲面形式按其形成的几何特点可以分为以下几类：

9.2.1 旋转曲面

由一平面曲线作母线绕其平面内的轴旋转而成的曲面，称为旋转曲面。该平面曲线可有不同形状，因而可得到用于薄壳结构中的多种旋转曲面，如球形曲面、旋转抛物面和旋转双曲面等，如图9-2所示。圆顶结构就是旋转曲面的一种。

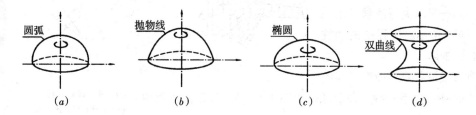

图9-2　旋转曲面
(a) 球形曲面；(b) 旋转抛物面；(c) 椭球面；(d) 旋转双曲面

9.2.2 平移曲面

一竖向曲母线沿另一竖向曲导线平移而成的曲面称为平移曲面。在工程中常见的平移曲面有椭圆抛物面和双曲抛物面，前者是以一竖向抛物线作母线沿另一凸向相同的抛物线作导线平移而成的曲面，如图9-3 (a) 所示；后者是以一竖向抛物线作母线沿另一凸向相反的抛物线作导线平移而成的曲面，如图9-3 (b) 所示。

9.2.3 直纹曲面

一根直线的两端沿二固定曲线移动而成的曲面称为直纹曲面。

工程中常见的直纹曲面有以下几种：

1. 鞍壳、扭壳

如图9-3 (b) 所示的双曲抛物面，也可按直纹曲面的方式形成，如图9-4 (a) 所示。工程中的鞍壳即是由双曲抛物面构成的。

扭曲面则是用一根直母线沿两根相互倾斜且不相交的直导线平行移动而成的曲面，如图9-4 (b) 所示。扭曲面也可以是从双曲抛物面中沿直纹方向截

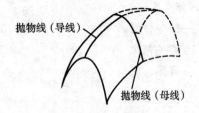

抛物线（导线）

抛物线（母线）

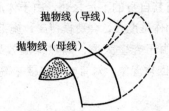

抛物线（导线）

抛物线（母线）

(a)

椭圆

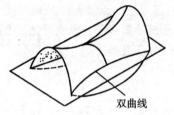

双曲线

图9-3 平移曲面
(a) 椭圆抛物面；
(b) 双曲抛物面

(b)

取的一部分，如图9-4（a）所示。工程中扭壳就是由扭曲面构成的。

2. 柱面与柱状面

柱面是由直母线沿一竖向曲导线移动而成的曲面，如图9-5（a）所示。工程中的圆柱形薄壳就是由柱面构成的。

柱状面是由一直母线沿着两根曲率不同的竖向曲导线移动，并始终平行于一导平面而成，如图9-5（b）所示。工程中的柱状面壳就是由柱状面构成的。

3. 锥面与锥状面

锥面是一直线沿一竖向曲导线移动，并始终通过一定点而成的曲面，如图9-6（a）所示。工程中的锥面壳就由锥面构成的。

锥状面是由一直线一端沿一根直线、另一端沿另一根曲线，与一指向平面平行移动而成的曲面，如图9-6（b）所示。工程中的劈锥壳就是由锥状面

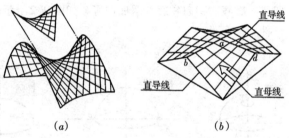

直导线

直导线

直母线

(a)

(b)

图9-4 鞍壳、扭壳
(a) 鞍壳；(b) 扭曲面

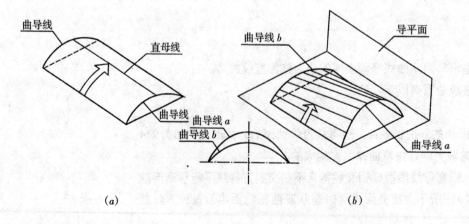

曲导线

直母线

曲导线

曲导线a
曲导线b

曲导线b

曲导线b

导平面

曲导线a

(a)

(b)

图9-5 柱面与柱状面
(a) 柱面；(b) 柱状面

构成的。

　　直纹曲面壳体的最大特点是建造时制模容易，脱模方便，工程中采用较多。

9.2.4 复杂曲面

　　在上述的基本几何曲面上任意切取一部分，或将曲面进行不同的组合，便可得到各种各样复杂的曲面，如图9-7所示。不过，如果曲面形式过于复杂，会造成极大的施工困难，甚至难以实现。

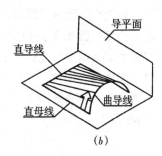

图9-6　锥面与锥状面
(a) 锥面；(b) 锥状面

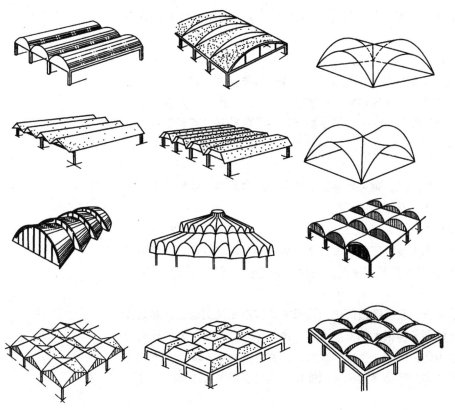

图9-7　复杂曲面

9.3　圆顶薄壳

　　圆顶结构是极古老的建筑形式，古人仿效洞穴穹顶，建造了众多砖石圆顶，其中多为空间拱结构。直到近代，由于人们对圆顶结构的受力性能的了解，以及钢筋混凝土材料的应用，采用钢筋混凝土建造的圆顶结构仍然在大量的应用。

　　圆顶薄壳结构为旋转曲面壳。根据建筑设计的需要，圆顶薄壳可采用抛物线、圆弧线、椭圆线绕其对称竖轴旋转而成抛物面壳、球面壳、椭球面壳等，如图9-8所示。圆顶薄壳结构具有良好的空间工作性能，能以很薄的圆顶覆盖很大的跨度，因而可以用于大型公共建筑，如天文馆、展览馆、剧院等。目前已建成的大跨度钢筋混凝土圆顶薄壳结构，直径已达200多米。我国解放后建成的第一座天文馆—北京天文馆，即是直径25m的圆顶薄壳，壳厚仅为60mm。

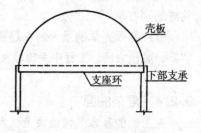

图9-8 圆顶薄壳的组成

9.3.1 圆顶薄壳的组成及结构形式

圆顶薄壳由壳板、支座环、下部支承结构三部分组成，如图9-8所示。

1. 壳板

按壳板的构造不同，圆顶薄壳可分为平滑圆顶、肋形圆顶和多面圆顶三种，如图9-9所示。

其中，平滑圆顶在工程中应用最为广泛，如图9-9（a）所示。

当建筑平面不完全是圆形以及其他需要将表面分成单独的区格时，可以把实心光板截面改变成带肋板或波形截面、V形截面等构造方案，使壳板底面构成绚丽图案，即采用肋形圆顶。肋形圆顶是由径向或环向肋系与壳板组成，肋与壳板整体相连，为了施工方便一般采用预制装配式结构，如图9-9（b）所示。

当建筑平面为正多边形时，可采用多面圆顶结构。多面圆顶结构是由数个拱形薄壳相交而成，如图9-9（c）所示。

当建筑需要，也可以把壳面切成三、四、五、六、八边形，形成割球壳，这样可改变圆顶薄壳原本呆板的造型，使壳体边缘具有丰富的表现力，造型变得活泼了。如图9-39所示，是德国法兰克福霍希斯特染料厂游艺大厅。

2. 支座环

支座环是球壳的底座，它是圆顶薄壳结构保持几何不变性的保证，对圆顶起到箍的作用。它可能要承担很大的支座推力，由此环内会产生很大的环向拉力，因此支座环必须为闭合环形，且尺寸很大，其宽度在0.5~2m，建筑上常将其与挑檐、周圈廊或屋盖等结合起来加以处理，也可以单独自成环梁，隐藏

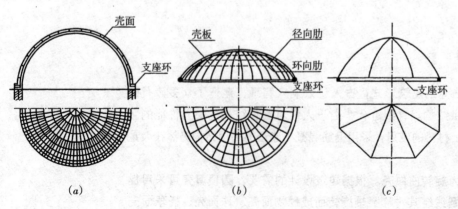

图9-9 三种圆顶壳板构造
(a) 平滑圆顶；(b) 肋形圆顶；(c) 多面圆顶

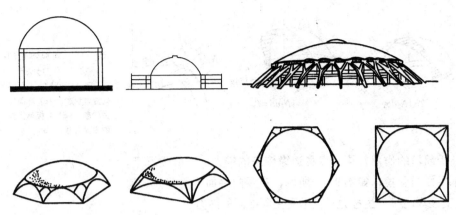

图 9-10　圆顶薄壳支承在竖向承重结构上（左）

图 9-11　圆顶薄壳支承在框架结构上（中）

图 9-12　罗马奥林匹克小体育宫（右）

图 9-13　圆顶薄壳支承在斜拱上（下）

于壳底边缘。

3. 下部支承结构

圆顶薄壳的下部支承结构一般有以下几种：

①圆顶薄壳通过支座环直接支承在房屋的竖向承重结构上，如砖墙、钢筋混凝土柱等，如图 9-10 所示。这时径向推力的水平分力由支座环承担，竖向支承构件仅承受径向推力的竖向分力。

②圆顶薄壳可支承于框架上，由框架结构把径向推力传给基础，如图 9-11 所示。

③但当结构跨度较大时，由于推力很大，支座环的截面尺寸就很大，这样既不经济，也不美观。因而有的圆顶薄壳就不设支座环，而采用斜柱或斜拱支承。圆顶薄壳可以通过周围顺着壳体底缘切线方向的直线形、Y 形或叉形斜柱，把推力传给基础。如图 9-12 所示，是罗马奥林匹克小体育宫，它是人所共知的经典之作。有时，为了克服斜柱过密不利于出入，也可以将圆顶薄壳支承于周边顺着壳底边缘切线方向的单式或复式斜拱，把径向推力集中起来传给基础，如图 9-13 所示。

这种支承方式，往往会收到意想不到的建筑效果。在平面上，斜柱、斜拱可布置为多边形，给人以"天圆地方"的造型美。在立面上，斜柱、斜拱可以外露，既可表现结构的力量之美，又能与其他建筑构件互相配合，形成很好的装饰效果，给人清新、明朗之感。

④圆顶薄壳像落地拱直接落地并支承在基础上，如图 9-14 所示。

9.3.2　受力特点

一般情况下壳板的径向和环向弯矩较小，可以忽略，壳板内力可按无弯矩理论计算。在轴向对称荷载作用下，圆顶径向受压，径向压力在壳顶小，在壳底大；圆顶环向受力，则与壳板支座边缘处径向法线与旋转轴的夹角 ϕ 大小有关，当 $\phi \leqslant 51°49'$ 时，圆顶环向全部受压；当 $\phi > 51°49'$ 时，圆顶环向上部受压，下部受拉力，如图 9-15 所示。

图 9-14　美国麻省理工学院大会堂

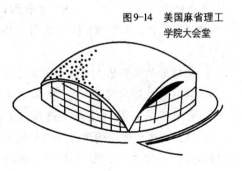

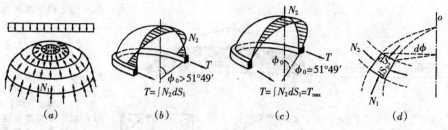

图 9-15　圆顶薄壳的
受力分析
(a) 径向应力状态; (b) 环
向应力状态; (c) 环向应
力状态; (d) 壳板单元体
的主要内力

支座环对圆顶壳板起箍的作用,承受壳身边缘传来的推力。一般情况下,该推力使支座环在水平面内受拉,如图 9-16 所示,在竖向平面内受弯矩、剪力。当 $\phi_0 = 90°$ 时,支座环内不产生拉力,仅承受竖向平面的内力。

同时,由于支座环对壳板边缘变形的约束作用,壳板的边缘附近产生径向的局部弯矩,如图 9-17 所示。为此,壳板在支座环附近可以适当增厚,最好采用预应力混凝土支座环。

图 9-16　支座环的受
力图 (左)
图 9-17　壳板边缘径
向弯矩及构
造 (右)

9.4　圆柱形薄壳

圆柱形薄壳的壳板为柱形曲面,由于外形既似圆筒,又似圆柱体,故既称为圆柱形薄壳,也称为柱面壳。

由于壳板为单向曲面,其纵向为直线,可采用直模,因而施工方便,省工省料,故圆柱形薄壳在历史上出现最早,至今仍广泛应用于工业与民用建筑中。

9.4.1　圆柱形薄壳的结构组成与形式

圆柱形薄壳由壳板、边梁及横隔三部分组成,如图 9-18 所示。两个边梁之间的距离 l_2 称为波长;两个横隔之间的距离 l_1 称为跨度。在实际工程中,根据需要,圆柱形薄壳的跨度 l_1 与波长 l_2 的比例常常是不同的。一般当 $l_1/l_2 \geqslant 1$ 时,称为长壳,一般为多波形,如图 9-19 (a) 所示;当 $l_1/l_2 < 1$ 时,称为短壳,大多为单波多跨,如图 9-19 (b) 所示。

图 9-18　圆柱形薄壳
的结构组成

圆柱形薄壳壳板的曲线线形可以是圆弧形、椭圆形、抛物线等,一般都采用圆弧形,可减少采用其他线形所造成的施工困难。并且壳板边缘处的边坡(即切线的水平倾角 ϕ)不宜过大,否则不利于混凝土浇

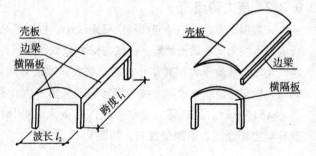

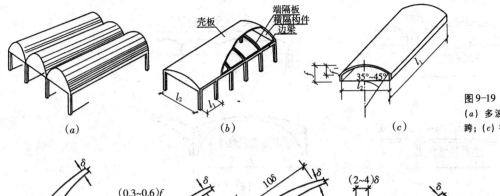

图 9-19　壳面的形式
(a) 多波；(b) 单波多跨；(c) 截面尺寸

图 9-20　常用边梁形式

筑，一般 ϕ 取 $35° \sim 40°$，如图 9-19 (c) 所示。

壳体截面的总高度一般不应小于 $(1/15 \sim 1/10) l_1$，矢高 f_1 不应小于 $l_2/8$。

壳板的厚度一般为 $50 \sim 80mm$，一般不宜小于 $35mm$。壳板与边梁连接处可局部加厚，以抵抗此处局部的横向弯矩。

边梁与壳板共同受力，截面形式对壳板内力分布有很大影响，并且也是屋面排水的关键之处。常见的边梁形式如图 9-20 所示。

形式 (a) 的边梁竖放，增加了薄壳的高度，对薄壳受力有利，是最经济的一种。

形式 (b) 的边梁平放，水平刚度大，有利于减小壳板的水平位移，但竖向刚度小，适用于边梁下有墙或中间支承的建筑。

形式 (c) 的边梁适用于小型圆柱形薄壳。

形式 (d) 的边梁可兼做排水天沟。

横隔是圆柱形薄壳的横向支承，没有它，就不是圆柱形薄壳结构，而是筒拱结构。常见的圆柱形薄壳横隔形式如图 9-21 所示。

此外，如有横墙，可利用墙上的曲线圈梁作为横隔，比较经济。

9.4.2　受力特点

圆柱形薄壳是空间结构，内力计算比普通结构要复杂得多。圆柱形薄壳与筒拱的外形都为筒形，极其相似，常为人混淆，但两者的受力本质是不同的。筒拱两端是无横隔支承的，而圆柱形薄壳两端是有横隔支承的。因而两者在承荷和传力上有着本质的区别。筒拱是横向以拱的形式单向承荷和传力的，纵向不传力，是平面结构。而圆柱形薄壳在横向以拱的形式承荷和传力，在曲面内产生横向压力，在纵向以纵梁的形式把荷载传给横隔。因此，圆柱形薄壳是横向拱与纵向梁共同作用的空间受力结构。

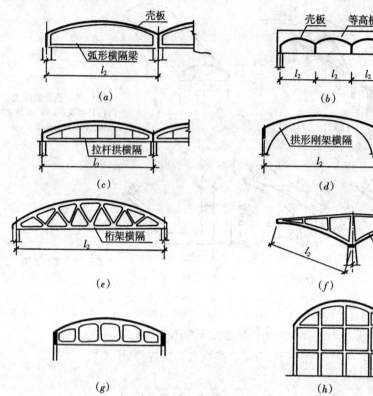

图 9-21 横隔形式
(a) 弧形横隔梁；
(b) 等高横隔梁；
(c) 拉杆拱横隔；
(d) 拱形刚架横隔；
(e) 拱形桁架横隔；
(f) 悬挑桁架横隔；
(g) 空腹桁架横隔；
(h) 框架横隔

当圆柱形薄壳的跨波比 l_1/l_2 不同时，圆柱形薄壳的受力状态就存在很大的区别。一般，圆柱形薄壳的受力特点分下面这三种情况。

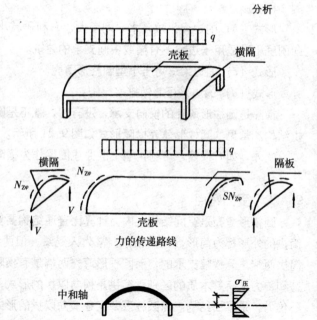

图 9-22 圆柱薄壳按梁理论受力分析

1. 当 $l_1/l_2 \geqslant 3$ 时

由于圆柱形薄壳的跨度较长，横向拱的作用明显变小，横向压力较小，而纵向梁的传力作用显著，如图 9-22 所示。故圆柱形薄壳近似梁的作用，可按材料力学中梁的理论来计算。

2. 当 $l_1/l_2 \leqslant 1/2$ 时

试验研究证明，由于圆柱形薄壳的跨度较小，圆柱形薄壳横向的拱作用明显，而纵向梁的传力作用很小，因此近似拱的作用。而且壳体内力主要是薄膜内力，故可按薄膜理论来计算。

3. 当 $1/2 < l_1/l_2 < 3$ 时

由于圆柱形薄壳的跨度既不太长，也不太短，其受力时拱和梁的作用都明显，壳体既存在薄膜内力，又存在弯曲应力，可用弯矩理论或半弯矩理论来计算。边梁是壳板的边框，与壳板共同工作，整体受力。一般边梁主要承受纵向拉力，因此需集中布置纵向受拉钢筋，同时，由于它的存在，壳板的纵向和水平位移可大大减小。

横隔作为圆柱形薄壳纵向支承，它主要承受壳板传来的顺剪力，如图9-22所示。

9.4.3　圆柱形薄壳的采光与洞口处理

一般圆柱形薄壳覆盖较大面积，采光和通风处理的好与坏，直接影响建筑物的使用功能。一般情况下，圆柱形薄壳的采光可以采用以下几种方法。第一种，可在外墙上开侧窗；第二种，可利用在圆柱形薄壳混凝土中直接镶嵌玻璃砖；第三种，不论长短壳，可在壳顶开纵向天窗，如图9-23所示，而短圆柱形薄壳还可沿曲线方向开横向天窗；第四种，可以布置锯齿形屋盖，如图9-25所示。

由于圆柱形薄壳是整体受力，开设在圆柱形薄壳上的天窗洞口或天窗带会直接影响壳体的受力性能，因此壳体上的洞口开设有较严格的规定。

由于圆柱形薄壳的壳体中央受力最小，故洞口宜在壳顶沿纵向布置。洞口的宽度，对于短壳不宜超过波长的1/3，对于长壳，不宜超过波长的1/4，纵向长度不受限制，但孔洞的四边必须加边框，沿纵向还须每隔2～3m设置横撑，如图9-23所示。开洞口处理如图9-24所示。

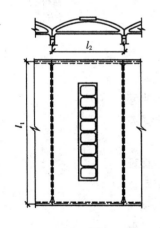

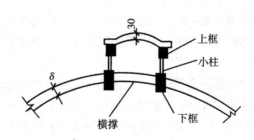

图9-23　带有天窗孔的壳体图（左）

图9-24　圆柱形薄壳的开洞处理（右）

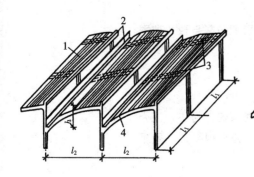

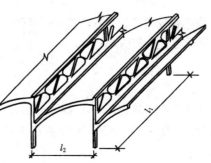

图9-25　锯齿形圆柱形薄壳屋盖

9.5 双曲扁壳

圆柱形薄壳与球壳的结构空间非常大，对无需如此大的使用空间者，会造成较大的浪费，因此都欲降低其结构空间。当薄壳的矢高与被其覆盖的底面最小边长之比 $f/b \leq 1/5$ 时，人们称如此之壳体为扁壳。因为扁壳的矢高与底面尺寸和中面曲率半径相比要小得多，所以扁壳又称为微弯平板。实际上，有很多壳体都可作成扁壳，如属双曲扁壳的扁球壳就是球面壳的一部分，属单曲扁壳的扁圆柱形薄壳为柱面壳的一部分等。本节所讨论的双曲扁壳为采用抛物线平移而成的椭圆抛物面扁壳，如图 9-26 所示。

由于双曲扁壳矢高小，结构空间小，屋面面积相应减小，比较经济，同时双曲扁壳平面多变，适用于圆形、正多边形、矩形等建筑平面，因此，实际工程中得到广泛应用。

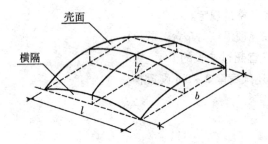 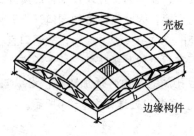

图 9-26 双曲扁壳（左）

图 9-27 双曲扁壳的结构组成（右）

9.5.1 双曲扁壳的结构组成与形式

双曲扁壳由壳板和周边竖直的边缘构件组成，如图 9-27 所示。壳板是由一根上凸的抛物线作竖直母线，其两端沿两根也上凸的相同抛物线作导线平移而成的。双曲扁壳的跨度可达 30 ~ 40m，最大可至 100m，壳厚 δ 比圆柱形薄壳薄，一般为 60 ~ 80mm。

由于扁壳较扁，其曲面外刚度较小，设置边缘构件可增加壳体刚度，保证壳体不变形，因此边缘构件应有较大的竖向刚度，且边缘构件在四角应有可靠连接，使之成为扁壳的箍，以约束壳板变形。边缘构件的形式多样，可以采用变截面或等截面的薄腹梁，拉杆拱或拱形桁架等，也可采用空腹桁架或拱形刚架。

双曲扁壳可以采用单波或多波。当双向曲率不等时，较大曲率与较小曲率之比以及底面长边与短边之比均不宜超过 2。

9.5.2 受力特点

双曲扁壳在满跨均布竖向荷载作用下，壳板的受力以薄膜内力为主，在壳体边缘受一定横向弯矩，如图 9-28 所示。根据壳板中内力分布规律，一般把壳板分为三个受力区。

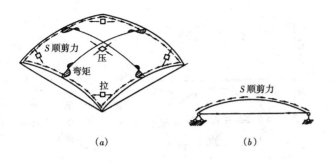
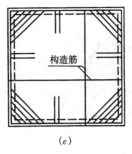

(a) (b) (c)

图 9-28 双曲扁壳的
受力分析

（1）中部区域：该区占整个壳板的大部分，约 80%，壳板主要承受双向轴压力，该区强度潜力很大，仅按构造配筋即可。一般洞口开设在此区域。

（2）边缘区域：该区域主要承受正弯矩，使壳体下表面受拉，为了承受弯矩应相应布置钢筋。当壳体愈高愈薄，则弯矩愈小，弯矩作用区也小。

（3）四角区：该区域主要承受顺剪力，且较大，因此产生很大的主应力。为承受主压应力，将混凝土局部加厚，为承受主拉应力，应配置 45°斜筋。

在边缘区域和四角区都不允许开洞。

双曲扁壳边缘构件上主要承受壳板边缘传来的顺剪力。其做法同圆柱形薄壳横隔。

9.6 鞍壳、扭壳

鞍壳是由一抛物线沿另一凸向相反的抛物线平移而成的，而扭壳是从鞍壳面中沿直纹方向取出来的一块壳面，如图 9-4（a）所示。由此可见鞍壳、扭壳都为双曲抛物面壳，并且也是双向直纹曲面壳。由于鞍壳、扭壳受力合理，壳板的配筋和模板制作都很简单，造型多变，式样新颖，深受欢迎，发展很快。

9.6.1 鞍壳、扭壳结构组成和形式

双曲抛物面的鞍壳、扭壳结构是由壳板和边缘结构组成。

当采用鞍壳作屋顶结构时，应用最为广泛的是预制预应力鞍壳板，如图 9-29、图 9-30 所示。鞍壳板宽 $l_x = 1.2 \sim 3m$，跨度 $l_y = 6 \sim 27m$，矢高 $f_x = (1/34 \sim 1/24) l_x$，$f_y = (1/75 \sim 1/35) l_y$。一般用于矩形平面建筑。由于鞍壳板结构简单，规格单一，采用胎模叠层生产，生产周期短，造价低，因此已被广泛用于食堂、礼堂、仓库、商场、车站站台等。

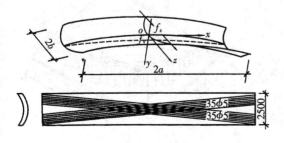

图 9-29 预制预应力
鞍壳板（左）
图 9-30 鞍壳板屋顶
（右）

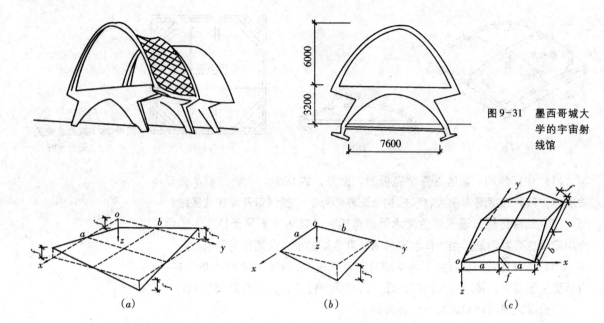

图 9-31 墨西哥城大学的宇宙射线馆

图 9-32 双曲抛物面扭壳的形式
(a) 双倾单块扭壳;
(b) 单倾单块扭壳;
(c) 组合型扭壳

也可采用单块鞍壳作屋顶,但很少,如墨西哥城大学的宇宙射线馆,如图9-31 所示。当采用多块鞍壳作瓣形组合做屋顶时,可形成优美的花瓣造型,如由墨西哥工程师坎迪拉设计的墨西哥霍奇米尔科市的餐厅,即是由八瓣鞍壳单元以"高点"为中心组成的八点支承的屋顶,如图9-48 所示。

当采用鞍壳作为屋顶的壳板时,一般其边缘构件根据具体情况而定。如当采用预制鞍壳板时,其边缘构件,可采用抛物线变截面梁、等截面梁或带拉杆双铰拱等。

而墨西哥霍奇米尔科市的餐厅,由于每相邻两鞍壳相交形成刚度极大的折谷,而两两相对的折谷犹如三铰拱,从而又构成空间稳定性极好的八叉拱,因而鞍壳屋顶的边缘无需边缘构件。

当屋盖结构采用扭壳时,常用的扭壳形式有双倾单块扭壳、单倾单块扭壳、组合型扭壳,如图9-32 所示,可以用单块作为屋盖,如图9-33 所示,也可用多块组合成屋盖。当用多块扭壳组合时,其造型多变,形式新颖,往往可以获得意想不到的艺术效果,如图9-34 所展示的扭壳的瓣形组合。

扭壳结构的边缘构件布置较为简单,一般为直线,可采用直杆、三角形桁架、人字拱。为了改善扭壳边缘的表现力,也可把扭壳边缘做成曲线,其边缘构件不仅承受轴向力,还要承受一定的弯矩。

图 9-33 日本静岗议会大厅

9.6.2 受力特点

鞍壳、扭壳的受力是非常理想的,一般均按无弯矩理论计算。在竖向均布荷载作用下,曲面内不产生法向力,仅存在平行于直纹方向的顺剪力,且壳体内的顺剪力 S 都

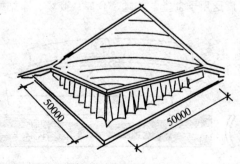

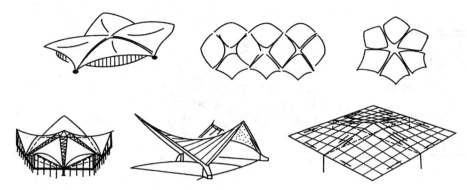

图9-34　扭壳的瓣形
　　　　组合

为常数，因而壳体内各处的配筋均一致。顺剪力 S 产生主拉应力和主压应力，作用在与剪力成45°角的截面上，如图9-35所示。主拉应力沿壳面下凹的方向作用，为下凹抛物线索，主压应力沿壳面上凸的方向作用，为上凸抛物线拱。因此，鞍壳、扭壳可看成由一系列拉索和一系列受压拱正交组成的曲面，受拉索把壳向上绷紧，从而减轻拱向负担，同时，受压拱把壳面向上顶住，减轻索向负担。这种双向承受并传递荷载，是受力最好最经济的方式。

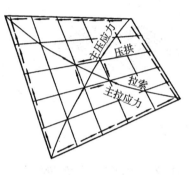

图9-35　扭壳的受力
　　　　分析

　　扭壳的边缘构件一般为直杆，它承受壳板传来的顺剪力 S，一般为轴心受拉或轴心受压构件。

　　对于屋盖为单块扭壳，并直接支承在 A 和 B 两个基础上，顺剪力 S 将通过边缘构件以合力 R 的方式传至基础上。这时 R 的水平分力 H 对基础有推移作用，当地基抗侧移能力不足时，应在两基础之间设置拉杆，以保证壳体不变形，如图9-36所示。

　　对于屋盖为单块扭壳，并支承于边缘构件上，边缘构件承受壳边传来的顺剪力 S 作用，将在拱的方向的支座处产生对角线方向的推力 H，此推力 H 可由设置在对角线方向的水平拉杆承担，也可由设置在该支座附近的锚于地下的斜拉杆来承担，如图9-37所示。

　　当屋盖为四块扭壳组合的四坡顶时，扭壳的边缘构件一般采用三角形桁架，则桁架的上弦受压，下弦杆受拉，如图9-38所示。

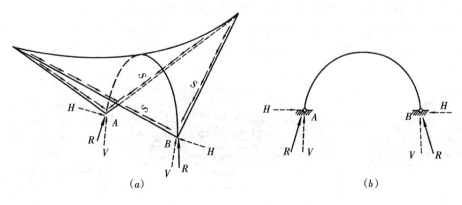

(a)　　　　　　　　　　　　　　　　(b)

图9-36　落地扭壳的
　　　　受力分析

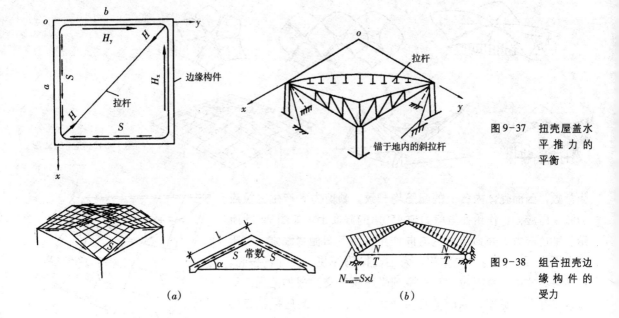

图 9-37 扭壳屋盖水平推力的平衡

图 9-38 组合扭壳边缘构件的受力

(a) (b)

9.7 薄壳工程实例

9.7.1 圆顶薄壳工程实例

1. 德国法兰克福市霍希斯特染料厂游艺大厅

工程采用正六边形割球壳屋顶，如图 9-39 所示，球壳的半径为 50m，矢高为 25m，壳体的厚度为 130mm。该球壳结构直接支于六个支座上，相邻支座间为 43.3m 跨的拱形桁架，支承点之间的球壳边缘作成拱券形，造型比较活泼。该大厅可供 1000~1400 名观众使用，可举行音乐会、体育表演、电影放映等各种活动。

2. 罗马小体育宫

1954 年建成的罗马小体育宫采用钢筋混凝土网肋形扁圆球壳，如图 9-40 所示。球壳直径 59.13m。球壳采用预制钢丝网水泥菱形构件做模板，与壳板一起现浇成整体的肋形球壳，从而形成一幅绚丽的葵花图案。

球壳底部边缘呈微波的荷叶边形，在其洼处把壳身荷载传至明显顺着壳底边缘切线方向倾斜的 36 根 Y 形外露斜柱，再由它们把荷载传至基础。这充分体现了体育建筑力与美的完美结合，不愧为一个脍炙人口的作品。

(a) (b)

图 9-39 德国法兰克福市霍希斯特染料厂游艺大厅

(a) 外观透视图；(b) 剖面图

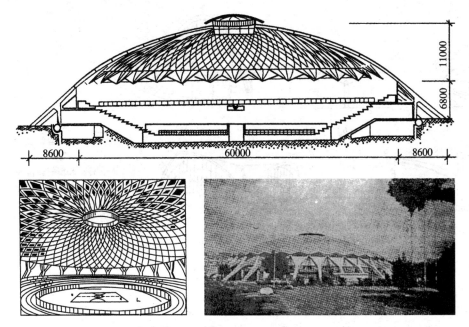

图 9-40　罗马小体育宫

3. 我国某机械厂金工车间

此金工车间，采用圆形钢筋混凝土薄壳屋盖，椭圆形旋转曲面。圆顶直径 60m，矢高 11.5m，壳顶标高 17m。沿周长按圆心角 6°等距设置 490mm × 1000mm 的砖柱。柱间采用大玻璃窗采光，如图 9-41 所示。

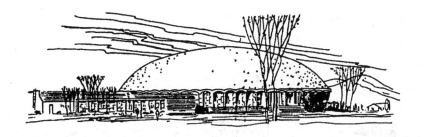

图 9-41　我国某机械厂金工车间

9.7.2　圆柱形薄壳工程实例

圆柱形薄壳由于适用跨度大，平面进深大，支承结构可以多样化，因而广泛应用于工业与民用建筑中。

根据建筑造型及建筑功能的不同要求，圆柱形薄壳可以做成单波单跨、单波多跨、多波单跨以及多波多跨各种形式，有时还可以做成悬挑的。当把圆柱形薄壳进行不同形式的组合时，可以得到丰富多彩、美观多变的建筑造型。

（1）我国许多纺织厂采用锯齿形的长圆柱形薄壳，如图 9-42 所示。

（2）几个典型圆柱形薄壳建筑实例如图 9-43 所示。

图 9-42　锯齿形的长圆柱形薄壳

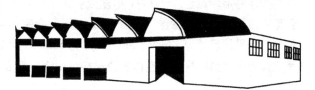

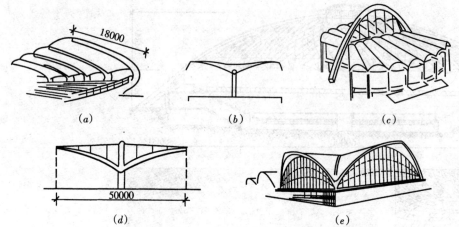

图 9-43 典型圆柱形薄壳
(a) 哥伦比亚塔基纳运动场雨篷；(b) 火车站；(c) 飞机库；(d) 某大礼堂方案；(e) 圣路易市航空港

9.7.3 双曲扁壳工程实例

1. 北京火车站

北京火车站的中央大厅和检票口的通廊屋顶共用了六个扁壳，中央大厅屋顶采用方形双扁壳，平面尺寸为 35m×35m，矢高 7m，壳板厚 80mm；检票口通廊屋顶采用五个扁壳，中间的平面尺寸为 21.5m×21.5m，两侧的四个为 16.5m×16.5m，矢高 3.3m，壳板厚 60mm。边缘构件为两铰拱。此建筑能把新结构和中国古典建筑形式很好地结合起来，获得了较好的效果，是一个成功的建筑实例。如图 9-44 所示。

2. 北京网球馆

北京网球馆的屋顶，采用钢筋混凝土双曲扁壳。扁壳的平面尺寸为 42m×42m，壳板厚度为 90mm。该建筑的最大特点是扁壳隆起的室内空间适应网球的运动轨迹，如图 9-45 所示。

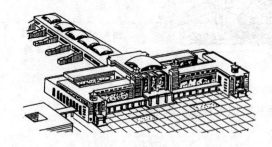

图 9-44 北京火车站（左）

图 9-45 北京网球馆（右）

9.7.4 扭壳工程实例

1. 大连海港转运仓库

大连海港转运仓库于 1971 年建成。为了建筑造型的美观，采用了四块组合型双曲抛物面扭壳屋盖，如图 9-46 所示。仓库柱距为 23m×23.5m（24m），每个扭壳平面尺寸为 23m×23m，壳厚为 60mm，共 16 块组合型扭壳组成。边缘构件为人字形拉杆拱，壳体及边拱均为现浇钢筋混凝土结构，采用 C30 的混凝土。

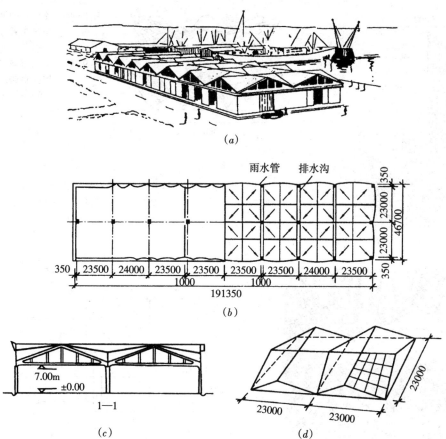

雨水管　排水沟

350

23000

46700

23000

350

350　23500　24000　23500　23500　23500　23500　24000　23500　350

1000　1000

191350

(b)

7.00m

±0.00

1—1

(c)

23000

23000　23000

(d)

图 9-46　大连海港转
运仓库

2. 布鲁塞尔国际博览会问讯亭

问讯亭采用直接落地的单块扭壳，为了提高扭壳边缘的表现力，问讯亭采用了拱形的曲边扭壳，如图 9-47 所示。

3. 墨西哥的霍奇米尔餐厅

该建筑由八瓣鞍壳交叉组成，相交处加厚形成刚度极大的拱肋，直接支承在八个基础上，建筑平面为 30m×30m 的正方形，两对点距离为 42.5m，壳厚为 40mm。壳体的外围八个立面是倾斜的，整个建筑造型独特，构思精巧，成为当地的一个标志性建筑，如图 9-48 所示。

4. 山西省科技馆大报告厅

山西省科技馆大报告厅采用四柱支承悬臂式现浇钢筋混凝土双曲扭壳屋盖结构。屋盖由四个双曲抛物面薄壳组成。在每两个壳体的相邻边界上有脊梁，在每个壳体的自由边界上设有边梁，在脊梁与边梁交点处设置支承柱，在相邻柱之间设置钢拉杆。边梁悬臂，水平投影长度 16.33m，矢高 4.6m。壳体中部厚度 70mm，沿周边 1.67m 条带范围内直线渐变加厚至 250mm，与脊梁、边梁相接。脊梁为 400mm×500mm 的等截面梁。边梁为变截面 T 形梁，梁高 500～1700mm，如图 9-49 所示。

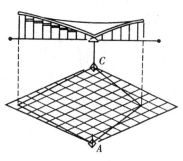

图 9-47　布鲁塞尔国际博览会问讯亭

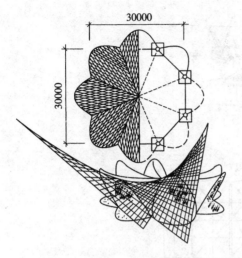

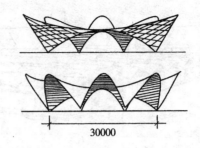

图 9-48　墨西哥的霍奇米尔餐厅（左）
图 9-49　山西省科技馆大报告厅（下）

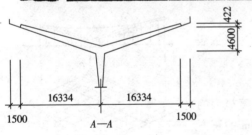

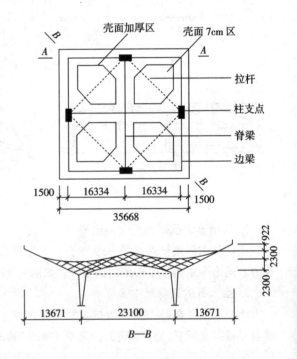

习　题

9.1　何为薄壳结构？简述薄壳结构的特点。

9.2　简述圆顶薄壳、圆柱形薄壳、双曲扁壳和扭壳的组成。

9.3　圆顶薄壳的下部支承结构常用的有哪几种？

9.4　简述圆顶薄壳结构的壳板和支座环的受力特点。

9.5　对于不同跨波比的圆柱形薄壳，是如何对其进行受力分析的？

9.6　圆柱形薄壳有哪几种采光方法？

9.7　何种薄壳称为扁壳？

9.8　简述双曲扁壳的受力特点。

9.9　简述扭壳的受力特点。

建 筑 结 构 选 型

第 10 章　网架与网壳结构

本章介绍了网架结构的特点、类型及组成，阐述了网架结构选型的一般原则，同时对网架的杆件和节点设计及屋面做法作了介绍，结合工程实例说明了网架结构在工程中的广泛应用。

10.1　网架、网壳结构的特点及其适用范围

网架结构是由很多杆件通过节点，按照一定规律组成的网状空间杆系结构。网架结构根据外形可分为平板网架和曲面网架。通常情况下，平板网架简称为网架；曲面网架简称为网壳，如图10-1所示。网壳结构是曲面型的网格结构，兼有杆系结构和薄壳结构的特性，受力合理，覆盖跨度大，是一种颇受国内外关注、半个世纪以来发展最快、有着广阔发展前景的空间结构。网壳结构具有优美的建筑造型，无论是建筑平面、外形和形体都能给设计师以充分的创作自由。建筑平面上，可以适应多种形状，如圆形、矩形、多边形、三角形、扇形以及各种不规则的平面；建筑外形上，可以形成多种曲面，如球面、椭圆面、旋转抛物面等，建筑的各种形体可通过曲面的切割和组合得到；结构上，网壳受力合理，可以跨越较大的跨度，由于网壳曲面的多样化，结构设计者可以通过精心的曲面设计使网壳受力均匀；施工上，采用较小的构件在工厂预制，工业化生产，现场安装简便快速，不需要大型设备，综合经济指标较好。本章仅介绍平板网架和网壳结构。

网架、网壳结构为一种空间杆系结构，具有三维受力特点，能承受各方向的作用，并且网架结构一般为高次超静定结构，倘若一杆局部失效，仅少一次超静定次数，内力可重新调整，整个结构一般并不失效，具有较高的安全储备。

网架、网壳结构中空间交汇的杆件，既为受力杆件，又为支撑杆件，工作时互为支撑，协同工作，因此它的整体性好，稳定性好，空间刚度大，能有效承受非对称荷载、集中荷载和动荷载，并有较好的抗震性能。

在节点荷载作用下，各杆件主要承受轴向的拉力和压力，能充分发挥材料的强度，节省钢材。

平板网架与网壳相比，它是一种无平推力或拉力的空间结构，支座构造较

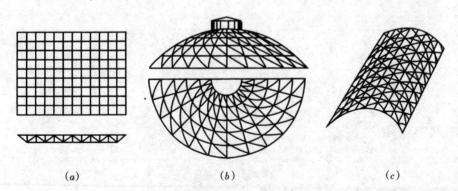

（a）　　　　　　　　（b）　　　　　　　（c）

图10-1　网架、网壳形式

（a）平板型网架（双层）；

（b）网壳（单层、双曲）；

（c）网壳（单层、单曲）

为简单，一般简支即可，便于下部支承结构处理，而网壳结构由于其结构形式，受力更趋于合理，且可以实现更美观的外观效果。

网壳结构的主要不足在于：杆件和节点几何尺寸的偏差以及曲面的偏离对网壳的内力、整体稳定性和施工精度影响较大，给结构设计带来了困难。另外，为减小初始缺陷，对于杆件和节点的加工精度应提出较高的要求，制作加工难度大。此外，网壳的矢高很大时，增加了屋面面积和不必要的建筑空间，增加建筑材料和能源的消耗。这些问题在大跨度网壳中显得更加突出。

由于网架、网壳结构组合有规律，大量杆件和节点的形状、尺寸相同，并且杆件和节点规格较少，便于工厂成批生产，产品质量高，现场进行拼装容易，可提高施工速度。

网架、网壳结构不仅实现了利用较小规格的杆件束建造大跨度结构，而且结构占用空间较小，更能有效利用空间，如在网架和多层网壳结构上下弦之间的空间布置各种设备及管道等。

网架、网壳结构平面布置灵活，可以用于矩形、圆形、椭圆形、多边形、扇形等多种建筑平面，建筑造型新颖、轻巧、壮观，极富表现力，深受建筑师和业主的青睐。

由于网架、网壳结构具有以上诸多的特点，我国从 1964 年在上海师范学院球类房开始应用网架结构以来，已建成为数众多的不同类型、不同平面形式的网架结构（表 10-2）。特别值得一提的是，目前，我国可以说是网架生产大国，年生产规模、建筑面积已为世界之最。

网壳结构在我国的发展和应用历史不长，但已显出有很强的活力，应用范围在不断扩大。多年来，我国在网壳结构的合理选型、计算理论、稳定性分析、节点构造、制作安装、试制试验等方面已做了大量的工作，取得了一批成果，且具有我国的特色。

由于网架、网壳结构能适应不同跨度、不同平面形状、不同支承条件、不同功能需要的建筑物，不仅中小跨度的工业与民用建筑有应用，而且被大量应用于中大跨度的体育馆、展览馆、大会堂、影剧院、车站、飞机库、厂房、仓库等建筑中。

网架、网壳多采用钢结构，也有钢筋混凝土结构网架和钢—混凝土组合网架结构（网架上弦采用预制或现浇混凝土平板代替上弦钢杆件），但目前很少应用，因此本章不做介绍。

10.2 平板网架、网壳的分类

通常，网架是由上弦杆、下弦杆两个表面及上下弦面之间的腹杆组成，一般称为双层网架。有时，网架是由上弦、下弦、中弦三个弦杆面及三层弦杆之间的腹杆组成，为三层网架。当跨度大于 50m 时，可考虑采用三层网架；当跨度大于80m时，可优先采用三层网架，可降低用钢量。有时，也采用钢筋混凝土板代替网架上弦杆，由钢筋混凝土板、下弦杆和腹杆组成的组合网架，不但节约了钢材而且使钢筋混凝土板和网架形成共同工作，改善了网架的受力性能，作为大跨度的楼层结构比较经济。

10.2.1 平板网架的分类

通常网架有两大类，一类是由不同方向的平行弦桁架相互交叉组成的，故称为交叉桁架体系网架；另一类是由三角锥、四角锥或六角锥等的锥体单元（图10-2）组成的空间网架结构，故称为角锥体系网架。

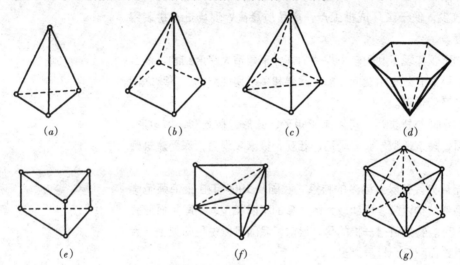

(a) (b) (c) (d)

(e) (f) (g) 　图10-2　角锥单元图

1. 交叉桁架体系网架

（1）两向正交正放网架

这种网架是由两组相互交叉成90°的平面桁架组成，且两组桁架分别与其相应的建筑平面边线平行，如图10-3所示。

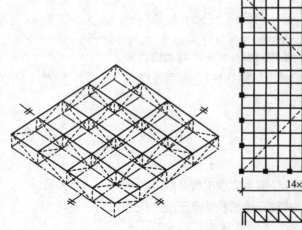

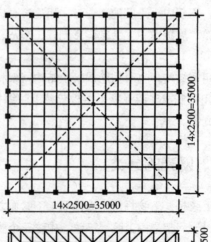

14×2500=35000

14×2500=35000

2500

图10-3　两向正交正放网架

当网架两个方向的跨度相等或接近时，两个方向桁架共同传递外荷载，且两方向的杆件内力差别不大，受力均匀，空间作用明显。但当两方向边长比变大时，荷载沿短向桁架传力明显，类似于单向板传力，网架的空间作用将大为减弱。

这种网架上下弦的网格尺寸相同，同一方向的各平面桁架长度相同，因此构造简单，便于制作安装。

这种网架的上下弦网格平面都为方形网格，属于几何可变体系，需要适当设置水平支撑，以保证其在水平力作用下的几何不变性。

这种网架适用于正方形，近似正方形的建筑平面，跨度以 $30\sim60m$ 的中等跨度为宜。

（2）两向正交斜放网架

这种网架是由两组相互交叉成90°的平面桁架组成，且两组桁架分别与建筑平面边线成45°，如图10-4所示。

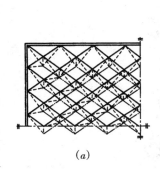
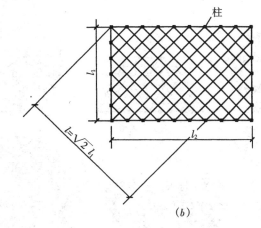

（a）　（b）

图10-4　两向正交斜放网架

从这种网架的布置方法看（图10-4b），各榀桁架长短不一，但最长桁架长度等于 $\sqrt{2}l_1$（l_1 为平面短边），它的长度并不因平面长边的增加而改变，而且是两方向传递荷载，因此克服了两向正交正放网架在建筑平面为长条矩形时接近于单向受力状态的缺点。再加上两向正交斜放网架的周边区格为三角形，为几何不变体系，其刚度较两向正交正放网架大大提高。因此，这类网架适用于建筑平面为正方形或长方形的中大跨度的情况，应用范围更广泛了。由于各榀桁架长度不同，靠角部的短桁架刚度较大，对与其垂直的长桁架起弹性支承作用，可大大减小长桁架跨中弯矩，这是有利的；但同时会使长桁架的两端产生负弯矩，使四角支座产生较大拉力，可能使四角翘起，因此要特别注意四角的抗拉支座的设计。

一般宜采用如图10-5所示的布置方式，设计中抽去角柱，由角部两根柱子来共同承担，则可避免拉力集中。（北京国际俱乐部网球馆的两向正交斜放网架即采用此种方法。）

图10-5　北京国际俱乐部网球馆的两向正交斜放网架图

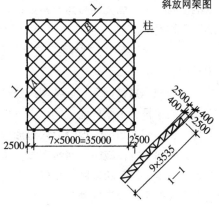

（3）两向斜交斜放网架

由两组平面桁架斜交而成，桁架与建筑边界成一斜角。这类网架由于构造复杂，受力性能不好，因而很少采用，一般用于建筑平面两方向柱距不等的情况，如图10-6所示。

（4）三向交叉网架

这种网架由三组互成60°夹角的平面桁架相交而成，如图10-7所示。

因为其上下弦网格均为三角形，故其刚度较双向平面桁架大，受力也较为均匀。但由于多了一个方向的桁架，节点汇交的杆件较多，节点构造比较复杂，宜采用圆钢管杆件及球节点。

这种网架适用大跨度建筑（$l > 60\text{m}$），特别适用于三角形、多边形和圆形的建筑平面，如图10-7所示。

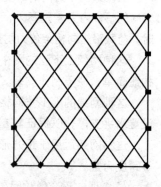

图10-6　两向斜交斜放网架

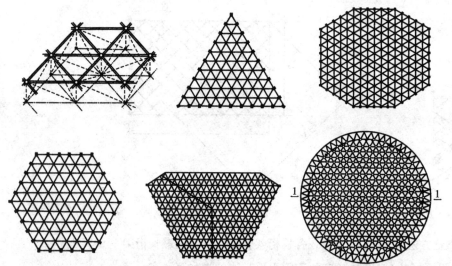

图10-7　三向交叉网架

2. 角锥体系网架

（1）三角锥体系网架

图10-8　三角锥网架

三角锥体网架的基本组成单元是三角锥体。由于三角锥单元体布置的不同，上下弦网格可为三角形、六边形，从而形成以下几种不同的三角锥网架。

①三角锥网架：这种网架的上下弦平面均为三角形网格，如图10-8所示。

②抽空三角锥网架：这种网架是基于三角锥网架，抽去部分三角锥单元的腹杆和下弦杆而成的，上弦面为三角形网格，下弦面由三角形和六边形网格组成，或全为六边形网格，如图10-9所示。

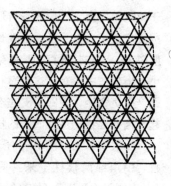

此种网架杆件减少，用料较省，构造也较简单，但空间刚度不如前者，适用于较小跨度的三角形、六边形和圆形平面的建筑。天津塘沽车站候车室采用了这种网架。

③蜂窝形三角锥网架：这类网架上弦平面为三角形和六边形，下弦平面为六边形网格，上弦平面的六边形网格增加了屋面板布置与屋面找坡的困难。这种网架适用于中、小跨度的周边支承的六边形、矩形和圆形平面的建筑。开滦林西矿会议室采用了这种网架。

总之，三角锥体网架受力均匀，空间刚度较其他类型网架大，是目前各国在大跨度建筑中广泛采用的一种形式。它适合于矩形、三边形、六边形和圆形等建筑平面。

（2）四角锥体网架

四角锥体网架的上下弦平面均为正方形网格，且相互错开半格，使下弦网格的角点对准上弦网格的形心，再用斜腹杆将上下弦的网格节点连接起来，即形成一个个互连的四角锥体。

目前，常用的四角锥体网架有以下几种：

①正放四角锥网架：正放四角锥网架底边与相应的建筑平面的边界平行，四角锥单元的锥尖可以向下，也可以向上，如图10-10所示。

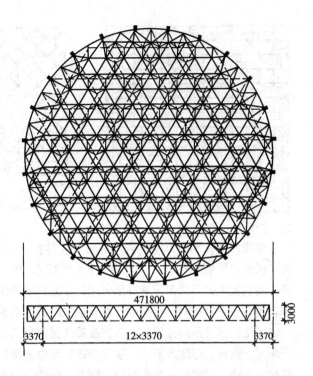

图10-9 天津塘沽车站候车室的抽空三角锥网架

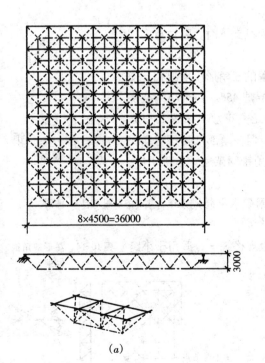

(a)

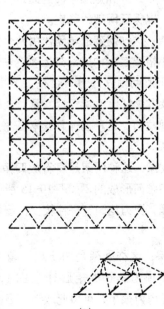

(b)

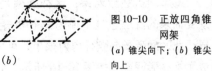

图10-10 正放四角锥网架

(a) 锥尖向下；(b) 锥尖向上

6×5000=30000
2500
2500
2500

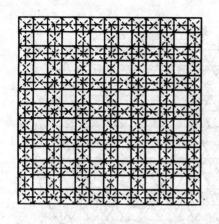

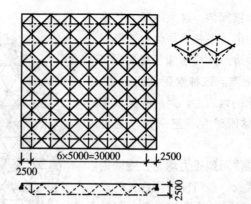

图 10-11　正放抽空四角锥网架（左）

图 10-12　斜放四角锥网架（右）

这类网架杆件受力较均匀，空间刚度较好，由于上弦平面均为正方形网格，因此屋面板规格统一，上下弦杆长度相同，制作、构造简单。但杆件数量多，用钢量大些，适用于建筑平面接近正方形平面的中、小跨度周边支承的情况，也适用于大柱网、点支承、设有悬挂吊车的工业厂房的情况。

②正放抽空四角锥网架：在正放四角锥网架的基础上，为了节约钢材，便于采光、通风，可适当抽去一些四角锥单元中的腹杆和下弦杆，使下弦网格尺寸扩大一倍，形成正放抽空四角锥网架，如图 10-11 所示。

③斜放四角锥网架：这种网架的上弦与建筑平面边界成 45°，下弦与建筑边界平行或垂直。斜放四角锥网架的上弦杆约为下弦杆长度的 0.7 倍，如图 10-12 所示。一般情况下，上弦受压，下弦受拉，受力合理，可以充分发挥材料的强度。节点汇集的杆件数目少，构造简单。

这种网架适用于中小跨度和矩形平面的建筑，当为点支承时，要注意在周边布置封闭的边桁架，以保证网架的稳定。

④星形四角锥网架：这种网架的单元体由两个倒置的三角形小桁架相互交叉而成，两个三角形小桁架底边构成网架上弦，与边界成 45°。两个小桁架交汇处设有竖杆，各单元顶点相连即为下弦杆，下弦为正交正放，如图 10-13、图 10-14 所示星形网架上弦杆比下弦杆短，受力合理。但在角部上弦杆可能受拉，该处支座可能出现拉力。这种网架刚度较正放四角锥网架差，适用于中、小跨度周边支承的网架。

平面
上弦
剖面
下弦
腹杆

图 10-13　图例

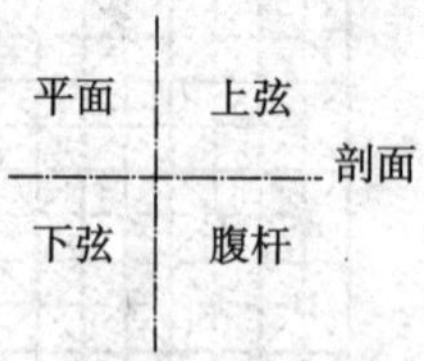

⑤棋盘形四角锥网架：这种网架是将斜放四角锥网架水平转动 45°，并加设平行于边界的周边下弦而形成的，如图 10-15 所示。

这种网架受力合理，受力均匀，杆件较少，屋面板规格统一，适用于小跨度周边支承的情况。

⑥单向折线形网架：这种网架是由正放四角锥网架演变而来的。当建筑平面为狭长的矩形时，短向传力明显，此时网架长向弦杆内力很小，可将此取消，因此就形成了折线形网架，如图 10-16 所示。此种网架适用于狭长矩形平面的建筑。

• 上弦节点
• 下弦节点
(a)
(b)

图 10-14　星形四角锥网架

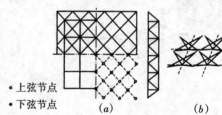

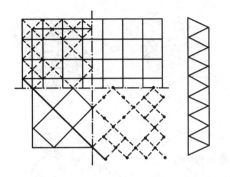

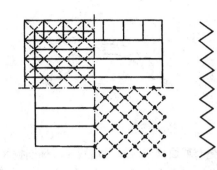

图 10-15 棋盘形四角
锥网架(左)

图 10-16 单向折线形
网架（右）

（3）六角锥体网架

这种网架由六角锥体单元组成，如图 10-17 所示。但由于此种网架的杆件多，节点构造复杂，屋面板为三角形或六角形，施工较困难，现已很少采用。

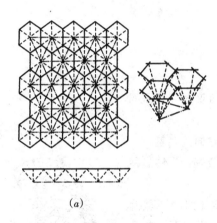

（a）

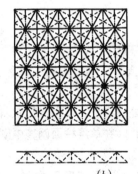

（b）

图 10-17 六角锥体
网架

（a）锥尖向下；（b）锥尖向上

10.2.2 网壳的分类

当网壳结构的曲面形式确定后，根据曲面结构的特性，支承的数目、位置、形式，杆件材料和节点形式等，便可确定网壳的构造形式和几何构成。其中重要的问题是曲面网格划分（分割）。进行网格划分时，一是要求杆件和节点的规格尽可能少以便工业化生产和快速安装；二是要求使结构为几何不变体系。不同的网格划分方法，将得到不同形式的网壳结构。网壳结构形式较多，可按不同方法分类。

1. 按高斯曲率分类

按高斯曲率划分有：零高斯曲率网壳、正高斯曲率网壳、负高斯曲率网壳。

零高斯曲率是指曲面一个方向的主曲率半径 $R_1 = \infty$，即是 $k_1 = 0$；而另一个主曲率半径 $R_2 = \pm a$（a 为某一数值），即是 $k_2 \neq 0$，故又称为单曲网壳，如图 10-18（a）所示。

零高斯曲率的网壳有柱面网壳、圆锥形网壳等。

正高斯曲率是指曲面的两个方向主曲率同号，均为正或均为负，即 $k_1 \times k_2 > 0$，如图

图 10-18 高斯曲率
网壳

（a）圆锥网壳；（b）双曲扁网壳；（c）单块扭网壳

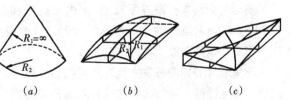

（a）　　　　（b）　　　　（c）

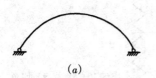
(a)

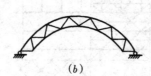
(b)

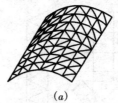
(a)

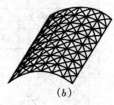
(b)

图 10-19 单层或双层
网壳（左）
(a) 单层；(b) 双层
图 10-20 单层柱面网
壳（右）
(a) 单斜杆柱面网壳；
(b) 双斜杆柱面网壳

10-18（b）所示。

正高斯曲率的网壳有球面网壳、双面扁网壳、椭圆抛物面网壳等。

负高斯曲率是指曲面两个主曲率符号相反，即是 $k_1 \times k_2 < 0$，这类曲面一个方向是凸的，一个方面是凹面，如图 10-18（c）所示。

负高斯曲率的网壳有双曲抛物面网壳、单块扭网壳等。

2. 按层数分类

网壳结构按层数可分为单层壳网、双层网壳（图 10-19）和变厚度网壳三种。

（1）单层网壳

单层网壳的曲面形式有柱面和球面之分。

①单层柱面网壳：单层柱面网壳形式有单斜杆柱面网壳和双斜杆柱面网壳，如图 10-20（a）、（b）所示。

单斜杆柱面网壳杆件小，连接处理容易，但刚度较双斜杆柱面网壳差。

三向网格型柱面网壳（图 10-21）在单层柱面网壳中刚度最好，杆件品种也少，是一个较为经济合理的形式。

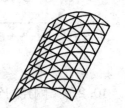

图 10-21 三向网格型
柱面网壳

②单层球面网壳：球面网壳的网格形状有正方形、梯形（如肋环型网壳）、菱形（如无纬向杆的联方型网壳）、三角形（如施威德勒型、有纬向杆联方型）和六角形等。从受力性能考虑，最好选用三角形网格。

现简单介绍梯形、菱形和三角形三种形状网壳。

梯形（肋环型球面网壳）：肋环型球面网壳是从肋型穹顶发展起来的，肋型穹顶由许多相同的辐射实腹肋或桁架相交于穹顶顶部，下部安置在支座拉力环上，肋与肋之间放置檩条。当穹顶矢跨比较小时，支座上产生很大的水平推力，肋的用钢量较大。为了克服这一缺点，将纬向檩条（实腹的或格构的）与肋连成一个刚性立体体系，称为肋环型网壳（图 10-22）。此时，檩条与肋共同工作，除受弯外（当檩条上直接作用有荷载时），还承受纬向拉力。

肋环型网壳只有经向和纬向杆件，大部分网格呈梯形。由于它的杆件种类少，每个节点只汇交四根杆件，故节点构造简单，但是节点一般为刚性连接，承受节点弯矩。这种网壳通常用于中、小跨度的穹顶。

菱形（无纬向杆联方型网壳）：由左斜杆和右斜杆组成菱形网格的网壳（图 10-23），两斜杆的夹角为 30°～50°，其造型优美，通常采用木材、工字钢、槽钢和钢筋混凝土等构件建造。

三角形（有纬向杆联方型、施威德勒型）：为了增强无纬向联方型网壳的刚度和稳定性能，可加设纬向杆件组成三角形网格（图 10-24），使得网壳在

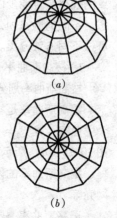

(a)

(b)

图 10-22 肋环型球面
网壳

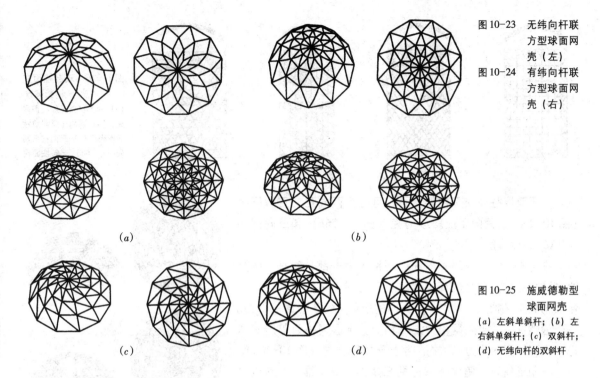

图 10-23　无纬向杆联
　　　　方型球面网
　　　　壳（左）
图 10-24　有纬向杆联
　　　　方型球面网
　　　　壳（右）

(a)　　　　　　　　　　　　(b)

图 10-25　施威德勒型
　　　　球面网壳
(a) 左斜单斜杆；(b) 左
右斜单斜杆；(c) 双斜杆；
(d) 无纬向杆的双斜杆

(c)　　　　　　　　　　　　(d)

风荷载及地震灾害作用下具有良好的性能。从受力性能考虑，球面网壳的网格形状最好选用三角形网格。

施威德勒型球面网壳（图 10-25）是肋环型网壳的改进形式，因其刚度大，常用于大、中跨度的穹顶。这种网壳由经向杆、纬向杆和斜杆构成，设置斜杆的目的是增强网壳的刚度并能承受较大的非对称荷载。斜杆布置方法主要有：左斜单斜杆（图 10-25a）、左右斜单斜杆（图 10-25b）、双斜杆（图 10-25c）和无纬向杆的双斜杆（图 10-25d）。选用时根据网壳的跨度、荷载的种类和大小等确定。左斜单斜杆体系，因为其节点上汇交的杆件较少，应用普遍。

（2）双层网壳

单层网壳的设计往往由稳定性控制，实际应力很小。具有构造简单，自重轻，材料省等特点。但由于稳定性差，仅适用于中、小跨度的屋盖。跨度在40m 以上，或有特殊技术要求（如在两层之间安装照明、音响和空调等设备）时，往往选用双层网壳。

双层网壳是由两个同心或不同心的单层网壳通过斜腹杆连接而成的。

按照网壳曲面形成的方法，双层网壳又可分为双层柱面网壳和双层球面网壳，其结构形式可分为交叉桁架和角锥（包括三角锥、四角锥、六角锥，抽空的、不抽空的）两大体系。现举例说明如下：

①交叉桁架体系：交叉桁架体系是由两个或三个方向的平面桁架交叉构成。

对于双层球面交叉桁架体系，构造较为简单，可参照普通钢桁架进行设

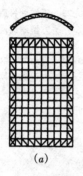  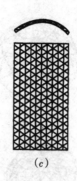 

(a)   (b)   (c)   (d)

图 10-26 双层柱面交叉桁架体系

(a) 两向正交正放柱面网壳；(b) 两向正交斜放柱面网壳；(c) 三向柱面网壳一；(d) 三向柱面网壳二

计，对于双层柱面交叉桁架体系，可分为两向正交正放网壳（图 10-26a）、两向正交斜放网壳（图 10-26b）和三向网壳（图 10-26c、d）。

在两向正交正放网壳的周边网格内有一部分弦杆，这是为了防止结构几何可变而设置的。三向网壳是由三个方向的平面桁架交叉构成，其中一个方向的桁架平行于曲面的母线。在一般情况下，上层网格为正三角形，下层网格为等腰三角形。也可采用一个方向的桁架平行于拱跨方向（图 10-26d）。

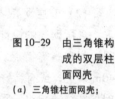

②角锥体系：角锥体系包括三角锥、四角锥、六角锥等形式，在三角锥和四角锥单元中，有时适当抽掉一些腹杆和下层杆就形成了"抽空角锥"。

对于双层球面网壳，由三角锥体构成联方型三角锥球面网壳（图 10-27）；由四角锥体构成肋环型四角锥球面网壳（图 10-28）。

图 10-27 联方型三角锥球面网壳（上）

图 10-28 肋环型四角锥球面网壳（下）

对于双层柱面网壳，由三角锥体构成三角锥柱面网壳（图 10-29a）和抽空三角锥柱面网壳（图 10-29b）；由四角锥体构成正放四角锥柱面网壳（图 10-30a）和正放抽空四角锥柱面网壳（图 10-30b）。

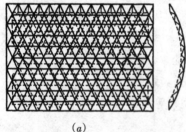 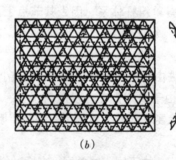

(a)   (b)

图 10-29 由三角锥构成的双层柱面网壳

(a) 三角锥柱面网壳；(b) 抽空三角锥柱面网壳

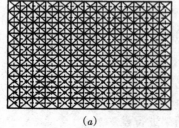 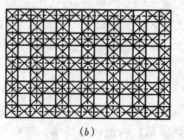

(a)   (b)

图 10-30 由四角锥构成的双层柱面网壳

(a) 正放四角锥柱面网壳；(b) 正放抽空四角锥柱面网壳

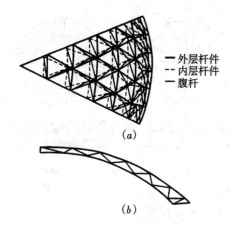

(a)

— 外层杆件
--- 内层杆件
— 腹杆

(b)

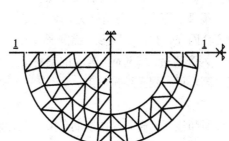

图10-31 变厚度球面
网壳（左）
图10-32 仅支承区域
内为双层的
球面网壳
（右）

（3）变厚度网壳

从网壳杆件内力分布来看，一般地周边部分构件内力大于中央部分的杆件内力。因此设计中采用变厚度或局部双层网壳，使网壳既具有单、双层网壳的主要优点，又避免单层网壳稳定性不好的弱点，充分发挥杆件的承载力。这种网壳由于厚度不同，在网格和杆件布置时，应尽量使杆件只产生轴向力，避免产生弯曲内力，同时应使网壳便于制作和安装。

变厚度双层球面网壳的形式很多，常见的有从支承周边到顶部，网壳的厚度均匀地减少（图10-31），大部分为单层，仅在支承区域内为双层（图10-32）和在双层等厚度网壳上大面积抽空等。

3. 按材料分类

网壳结构所采用的材料较多，主要是钢筋混凝土、钢材、木材、铝合金、塑料及复合材料。主要发展趋势是轻质高强材料的大量使用。材料的选择取决于网壳的形式、跨度与荷载、计算模型、节点体系、材料来源与价格，以及制造与安装条件等。

（1）钢筋混凝土网壳

柱面联方型网壳常常采用钢筋混凝土预制网片建造，如图10-33所示，平面尺寸为 $40m \times 50m$，采用了预制钢筋混凝土网片组成菱形网格的柱面网壳，支承在间距8m的三角形支座上。由于钢筋混凝土网壳自重大，节点构造较复杂，在大跨度网壳中应用较少。

（2）钢网壳

钢网壳结构通常采用的是 HPB235 级钢，也有采用高强度低合金钢的。杆件形式主要采用钢管、工字钢、角钢、槽钢、冷弯薄壁型钢或钢板焊接工字形或者箱形截面。肋型、肋环型体系的网壳多采用工字形截面，两向格子型网壳通常采用矩形截面的冷弯薄壁型钢或工字钢，其他体系的网壳大多采用圆钢管。还有一些网壳采用了两种或多种不同截面形式的杆件，如上、下弦使用普通或

图10-33 钢筋混凝土柱面网壳

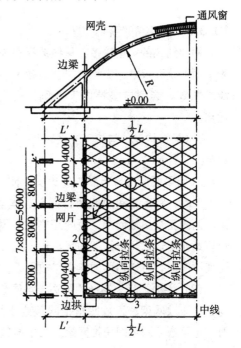

异形型钢，而腹杆使用钢管。

（3）铝合金网壳

铝合金型材具有自重轻、强度高、耐腐蚀等特点，易于加工、制造和安装，很适合于控制空间受力的网壳结构。国外已建成的铝合金网壳，杆件为圆形、椭圆形、方形或矩形截面的管材，网壳直径达130m。国内的铝材规格和产量较少，价格也高，用于网壳结构较少。

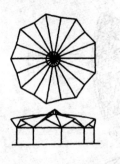

图10-34　塑料折板网壳

（4）木网壳

木材较早应用于球面和柱面网壳，其中以肋环型和联方型网壳最多。层压胶合木广泛用于建造体育馆、会堂、音乐厅、谷库等网壳。木材的最大优点是经济，易于加工制造各种形式。目前世界上跨度最大的木网壳跨度达162m。

（5）塑料网壳及其他材料

塑料在国外已开始应用于网壳结构。塑料的自重轻、强度高、透明或半透明，耐腐蚀、耐磨损，易于工厂加工制造。图10-34为塑料网壳应用于折板屋盖。

另外，国外在20世纪60年代开始研究的复合材料应用于网架结构，常见的有玻璃丝增强树脂（GRP，俗称玻璃钢）、碳纤维或阿拉密德（Aramid）。复合材料最大的优点是强度高、自重轻，单位密度的强度指标都很优越。目前复合材料已成功地用在修建连续体的壳体与折板上。它也可以用来制作索、棒与管。有一个试验性网络的杆件与节点全部用复合材料制成。

10.3　平板网架、网壳的结构选型

10.3.1　网架的结构选型

网架结构的类型较多，具体选择哪种类型时，要综合考虑以下因素：建筑物平面形状和尺寸、支承情况、荷载大小、屋面构造、制作安装方法和建筑功能要求等。选型应坚持以下原则：安全可靠、技术先进、经济合理、美观适用。

《网架结构设计与施工规程》JGJ 7—91推荐了下列选型规定，以供选型时参考。

（1）平面形状为矩形的周边支承网架，当其边长比（长边比短边）不大于1.5时，宜选用斜放四角锥网架、棋盘形四角锥网架、正放抽空四角锥网架、两向正交斜放网架、两向正交正放网架、正放四角锥网架。对中小跨度，也可选用星形四角锥网架和蜂窝形三角锥网架。当建筑要求长宽两个方向支承距离不等时，可选用两向斜交斜放网架。

（2）平面形状为矩形的周边支承网架，当其边长比大于1.5时，宜选用两向正交正放网架、正放四角锥网架或正放抽空四角锥网架。当边长比小于2时，也可选用斜放四角锥网架。当平面狭长时，可采用单向折线形网架。

（3）平面形状为矩形，三边支承一边开口的网架可按上述 1 条进行选型，其开口边可采用增加网架层数或适当增加网架高度等办法，网架开口边必须形成竖直的或倾斜的边桁架。

（4）平面形状为矩形，多点支承网架，可根据具体情况选用正放四角锥网架、正放抽空四角锥网架、两向正交正放网架。对于多点支承和周边支承相结合的多跨网架，还可选用两向正交斜放网架或斜放四角锥网架。

（5）平面形状为圆形、正六边形及接近正六边形且为周边支承的网架，可根据具体情况选用三向网架、三角锥网架或抽空三角锥网架。对中小跨度，也可选用蜂窝形三角锥网架。

（6）对跨度不大于 40m 多层建筑的楼层及跨度不大于 60m 的屋盖，可采用以钢筋混凝土板代替上弦的组合网架结构。组合网架宜选用正放四角锥网架、正放抽空四角锥网架、两向正交正放网架、斜放四角锥网架和蜂窝形三角锥网架。

10.3.2 网壳结构选型

网壳结构的种类形式很多，在设计和选择时应考虑到使用功能、美学、空间、工程的平面形状与尺寸、荷载的类别与大小、边界条件、屋面构造、材料、节点体系、制作与施工方法等因素。选型适当与否，直接关系到网壳结构的适用性、可靠性和技术经济指标。现就网壳结构选型的一般原则阐述如下。

1. 满足建筑使用要求

（1）立面设计

进行网壳立面设计，特别是大跨度时，结构与建筑设计应密切配合，在满足建筑使用功能的前提下，使网壳与周围环境相协调，整体比例适当。当要求建筑空间大，可选用矢高较大的球面或柱面网壳；当空间要求较小，可选用矢高较小的双曲扁网壳或落地式的双面抛物面网壳；如网壳的矢高受到限制又要求较大的空间，可将网壳支承于墙上或柱上。

（2）平面设计

网壳适用于各种形状的建筑平面。如为圆形平面，可选用球面网壳、组合柱面或组合双曲抛物面网壳等。若为方形或矩形平面，可选用柱面、双曲抛物面和双曲扁网壳。当平面狭长时，宜选用柱面网壳。若为菱形平面，可选用双曲抛物面网壳。如为三角形、多边形的平面，可对球面、柱面或双曲抛物面等作适当的切割或组合可以实现要求的平面。

2. 网壳跨度

网壳的跨度是根据建筑使用功能决定的，跨度愈大，用钢量愈多。除此之外，荷载（特别是非对称荷载）对网壳受力性能和用钢量的影响很大，当跨度确定后，用钢量随荷载的增加而按比例增加。因此，设计时应尽可能采用轻型屋面。

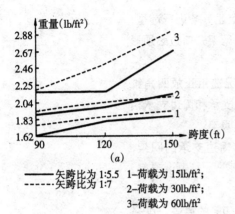
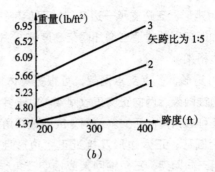

(a)

——— 矢跨比为 1:5.5　　　1–荷载为 15lb/ft²；
------- 矢跨比为 1:7　　　2–荷载为 30lb/ft²；
　　　　　　　　　　　　3–荷载为 60lb/ft²

(b)

(注：1ft=0.3048m，1lb=0.45359237kg)

图 10-35　球面网壳钢
　　　　　管用钢量
(a) 单层；(b) 双层

在非对称荷载作用下，杆件和节点会产生相当大的位移，从而产生了几何形状的变化，并改变结构内力分布。因此，当非对称荷载较大时，对单层网壳应慎重对待。一般说来，在同等条件下，单层网壳比双层网壳用钢量少，但是，单层网壳由于受稳定性控制，当跨度超过一定数值后，双层网壳的用钢量可能更省。此外，双层网壳的厚度也是影响网壳挠度和用钢量的重要参数。在多大跨度下采用单层还是双层，目前还没有明确的界限，可通过分析比较进行选择。

根据受力性能比较，对球面网壳可优先选用短程线型，其次为凯威特型、施威德勒型和联方型网壳；对于柱面网壳可优先诜用双斜杆型和联方型。

图 10-35 为 Triodefic 结构有限公司对三种不同跨度、不同恒荷载和不同矢跨比的单双层球面网壳进行跨度与用钢量关系计算分析，仅供参考。

3. 考虑工程的经济性

（1）网格数和网格尺寸

网格数或网格尺寸对于网壳的挠度影响较小，而对用钢量影响较大。网格尺寸越大，用钢量越省。但从受力性能角度来看，如网格尺寸太大，对压杆的稳定和钢材的利用均不利。另外，网格尺寸应与屋面板模数相协调。

（2）支承条件

支承条件是影响网壳结构静力特性和经济设计的重要因素。支承条件包括支承的位置、数目、种类和楼层（柱）的支承标高。支承数目愈多，杆件内力分布愈均匀；支承刚性愈大，节点挠度愈小，网壳的横向稳定性愈大，但支座和基础的造价愈高。

总之，必须根据工程的实际情况，综合考虑各种因素，通过技术经济综合比较分析，合理地确定网壳形式。

10.4　网架、网壳的主要尺寸及构造

网架的主要尺寸有网格尺寸和网架高度。网架高度和网格尺寸对网架的经济效益影响很大。

10.4.1 网架的高度

平板网架受力性质从整体上来说是一个受弯构件，网架高度越大，弦杆内力就越小，弦杆用钢量减少，但腹杆长度增长，腹杆用钢量增多，并且围护结构材料增多。因而，网架高度应适当。由于网架属于受弯构件的受力性质，而且弯矩近似按跨度二次方增加，因而网架对沿跨度方向的网架空间刚度要求很大，此刚度与网架高度直接相关，因此网架的高度主要取决于网架的跨度。同时，网架的高度还与屋面荷载的大小、建筑要求、建筑平面的形状、节点形式、支承条件有关。当屋面荷载较大时，网架高度应大些。反之，则网架高度可小些；当网架中有管道穿行时，网架高度要满足此要求；当建筑平面为圆形、正方形或接近方形时，网架高度可小些。一般采用螺栓球节点的网架高度可比采用焊接空心球节点的网架高度小些。周边支承时，网架高度可取小些；点支承时，网架高度应取大些。

合理的网架高度可按表 10-1 中的跨高比来确定。

网架的上弦网格数和跨高比　　　　表 10-1

网架形式	钢筋混凝土屋面体系		钢檩条屋面体系	
	网格数	跨高比	网格数	跨高比
正放抽空四角锥网架、两向正交正放网架、正放四角锥网架	$(2 \sim 4) + 0.2L_2$	$10 \sim 14$	$(6 \sim 8) + 0.07L_2$	$(13 \sim 17) + 0.03L_2$
两向正交斜放网架、棋盘形四角锥网架、斜放四角锥网架、星形四角锥网架	$(6 \sim 8) + 0.08L_2$			

注：（1）L_2 为网架短向跨度，单位 m；

　　（2）当跨度在 18m 以下时，网格数可适当减小。

10.4.2 网格尺寸

网格尺寸的大小：主要是上弦网格尺寸。网格尺寸主要与网架的跨度、屋面材料、网架的形式、网架高度、荷载大小等因素有关。

当屋面采用钢筋混凝土屋面板、钢丝网水泥板时，网格尺寸一般为 2～4m；当采用轻型屋面材料时，网格尺寸一般可取 3～6m。

通常斜腹杆与弦杆的夹角为 45°～60°，否则，节点构造麻烦，因此网格尺寸与网架高度应有合适的比例关系。

对于周边支承的各类网架，可按表 10-1 确定网架沿短跨方向的网格数，进而确定网格尺寸。

10.4.3 腹杆布置

腹杆布置原则是尽量使压杆短，拉杆长，使网架受力合理。对交叉桁架体系网架，腹杆倾角一般在 40°～55°之间，角锥体系网架，斜腹杆的倾角宜采用60°，可以使杆件标准化，便于制作，如图 10-36 所示。

当网架跨度较大时，造成网格尺寸较大，上弦一般受压，需减小上弦长度，宜采用再分式腹杆，如图 10-36（b）所示。

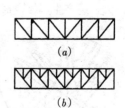

图 10-36　腹杆布置
(a) 一般式；(b) 再分式

10.4.4 网架的杆件

网架常采用圆钢管、角钢、薄壁型钢作为杆件。圆钢管截面封闭，且各向同性，抗弯刚度各向都相同，回转半径大，抗扭刚度大，因此受力性能较好，承载力高。杆件优先选用圆钢管，且最好是薄壁钢管，但圆钢管的价格较高。因而对于中小跨度且荷载较小的网架，也可采用角钢或薄壁型钢。

杆件的材料一般用 HPB235 钢和 16Mn 钢。16Mn 钢强度高，塑性好，当荷载较大或跨度较大时，宜采用 16Mn 钢，可以减轻网架自重和节约钢材。

由于铝合金、不锈钢等材料有减轻结构自重、抵御大气腐蚀和提高建筑美学效果等作用，近年来我国也兴建了采用铝合金、不锈钢等金属材料的网架结构。

某航天实验研究中心零磁试验室，采用了我国自行研制、设计、制造的螺栓球节点铝合金全网架结构（包括屋盖与墙体），平面尺寸 22m×30m，墙体高度 11m，按展开面积的材料用量仅 8.56kg/m²。

10.4.5 网架的节点

网架中的节点起着连接各方向的汇交杆件，并传递杆件内力的作用。网架结构是空间结构，节点上汇交的杆件多，最少也有 6 根，最多可达 13 根，而且呈空间汇交关系。因此，节点选型与设计是网架设计的重要部分，网架节点设计应力求做到：受力合理，构造简单，制作安装方便，节约钢材。

节点的种类很多，常用的节点有下列几种：

1. 钢板节点（图 10-37）

当网架的杆件采用角钢或薄壁型钢时，应采用此种节点。此种节点刚度大，整体性好，制作加工简单。当网架的杆件采用圆钢管时，采用钢板节点就不合理，不但节点构造复杂，而且不能充分发挥钢管的优越性能。

2. 焊接空心球节点（图 10-38）

它是用两块圆钢板经热压或冷压成的两个半球，然后对焊成整体。为了加强球的强度和刚度，可先在一半球中加焊一加劲肋，因而焊接空心球节点又分为加肋与不加肋两种，如图 10-38（b）、（c）所示。

焊接空心球节点适用于连接圆钢管，只要钢管沿垂直于本身轴线切断，杆件就能自然对准球心，且可与任意方向的杆件相连，它的适应性强，传力明确，造型美观。目前，网架多采用此种节点，但其焊接质量要求高，焊接量大，易产生焊接变形，并且要求杆件下料正确。

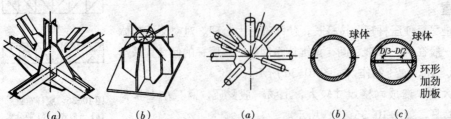

图 10-37　钢板节点（左）

（a）角钢钢板节点；

（b）管筒米字型板节点

图 10-38　焊接空心球（右）

（a）焊接空心球；（b）无肋空心球；（c）有肋空心球

（a）　　　（b）　　　（a）　　　（b）　　　（c）

3. 螺栓球节点（图 10-39）

这种节点是在实心钢球上钻出螺钉孔，然后用高强螺栓将汇交于节点处的焊有锥头或封板的圆钢管杆件连接而成的。

这种节点具有焊接空心球节点的优点，同时又不用焊接，能加快安装速度，缩短工期。但这种节点构造复杂，机械加工量大。

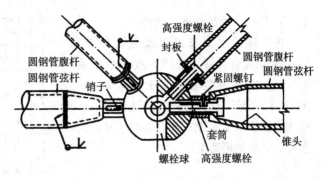

图 10-39　螺栓球节点

10.5　网架的支承方式、屋面材料与坡度的设置

10.5.1　网架的支承方式

网架的支承方式与建筑功能要求有直接关系，具体选择何种支承方式，应结合建筑功能要求和平立面设计来确定。目前常用的支承方式有以下几种。

1. 周边支承

这种支承方式如图 10-40 所示。如图 10-40（a）所示，所有边界节点都支承在周边柱上时，虽柱子布置较多，但传力直接明确，网架受力均匀，适用于大、中跨度的网架。如图 10-40（b）所示，所有边界节点支承于梁上，这种支承方式，柱子数量较少，而且柱距布置灵活，从而便于建筑设计，且网架受力均匀，它一般适用于中小跨度的网架。

以上两种周边支承都不需要设边桁架。

2. 点支承

这种支承方式一般将网架支承在四个支点或多个支点上，柱子数量少，建筑平面布置灵活，建筑使用方便，特别对于大柱距的厂房和仓库较适用，如图 10-41（a）所示。

为了减少网架跨中的内力或挠度，网架周边宜设置悬挑，而且建筑外形轻巧美观，如图 10-41（b）所示。

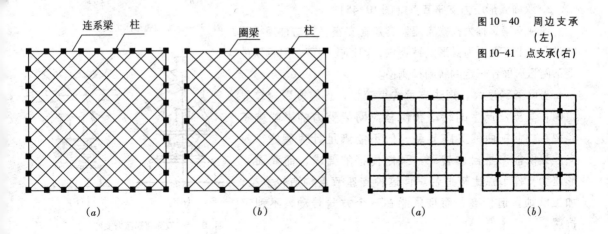

图 10-40　周边支承（左）

图 10-41　点支承（右）

(a)	(b)	(a)	(b)

3. 周边支承与点支承结合

由于建筑平面布置以及使用的要求，有时要采用边点混合支承，或三边支承一边开口，或两边支承两边开口等情况，如图10-42所示。这种支承方式适合于飞机库或飞机的修理及装配车间。此时，开口边应设置边梁或边桁架梁。

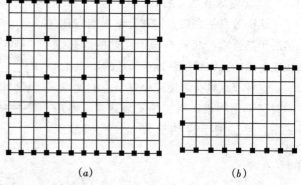

（a）   （b）

图10-42 周边支承与点支承结合

10.5.2 网架的支座节点

网架结构的支座节点一般采用铰支座。为安全准确地传递支座反力，支座节点要力求构造简单，传力可靠明确，且尽量符合网架的计算假定，以免网架的实际内力和变形与根据计算假定得到的计算值相差较大，而造成危及结构安全的隐患。

网架的支座节点类型较多，具体选择哪种，应根据网架的跨度的大小、支座受力特点、制造安装方法以及温度等因素综合考虑。

根据支座受力特点，网架的支座节点分为压力支座节点和拉力支座节点两大类。以下介绍几种常用的网架支座节点形式。

1. 平板压力支座节点（图10-43）

由于支座底板与支承面间的摩擦力较大，支座不能转动、移动，与计算假定中铰接假定不太相符，因此只适用于小跨度网架。

2. 单面弧形压力支座节点（图10-44）

由于支座底板和柱顶板之间加设一弧形钢板，支座可产生微量转动和移动，与铰接的计算假定较符合，这种支座节点适用于中小跨度的网架。

3. 双面弧形压力支座节点（图10-45）

这种支座又称为摇摆支座，它是在支座底板与柱顶板间加设一块上下两面为弧形的铸钢块，因而支座可以沿钢块的上下两弧形面作一定的转动和侧移。

当网架跨度大，周边支承约束较强，且温度影响较显著时，其支座产生的转动和侧移对网架受力的影响就不能忽视，此前两种支座节点一般不能满足计算假定，对支座处既能产生自由转动，又能侧移的要求，而双面弧形压力支座节点比较适合。但这种支座节点构造较复杂，加工麻烦，造价高，而且只能在一个方向转动，不利于抗震。

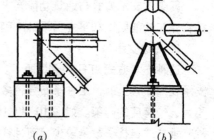

（a）   （b）

图10-43 平板压力或拉力支座

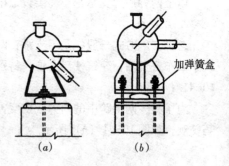

加弹簧盒

（a）   （b）

图10-44 单面弧形压力支座

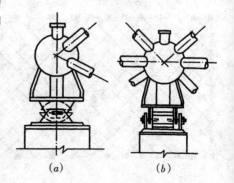

（a）   （b）

图10-45 双面弧形压力支座

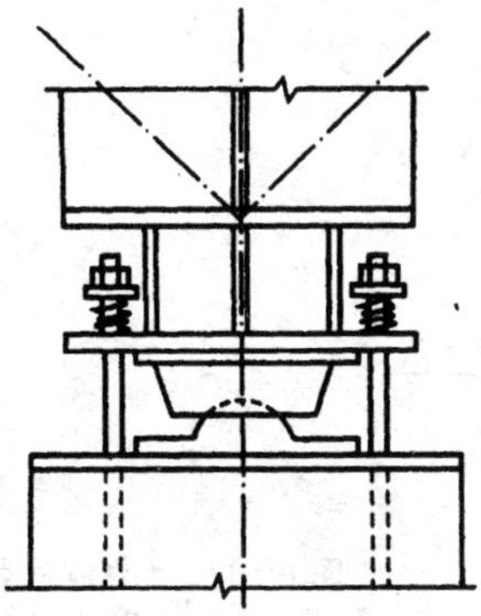

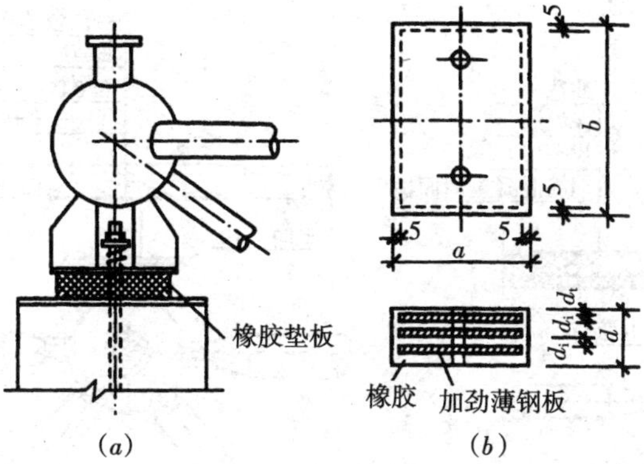

图 10-46　球铰压力支座（左）

图 10-47　板式橡胶支座（右）

4. 球铰压力支座节点（图 10-46）

这种支座节点是以一个凸出的实心半球嵌合在一个凹进半球内，在任意方向都能转动，不产生弯矩，并在 x、y、z 三个方向都不产生线位移，因而此种支座节点有利于抗震。此种支座节点比较适合于多点支承的大跨度网架，或带悬挑的四点支承网架。

5. 板式橡胶支座节点（图 10-47）

这种支座节点是在支座底板和柱顶板间加设一块板式橡胶支座垫板，它是由多层橡胶与薄钢板制成的。这种支座不仅可沿切向及法向移动，还可绕 N 向转动。其构造简单，造价较低，安装方便，适用于大中跨度网架。

6. 平板拉力支座节点（图 10-43）

此种支座节点连接形式同平板压力支座节点，支座的垂直拉力由锚栓承受，这种支座节点适用于较小跨度的网架。

7. 单面弧形拉力支座节点（图 10-48）

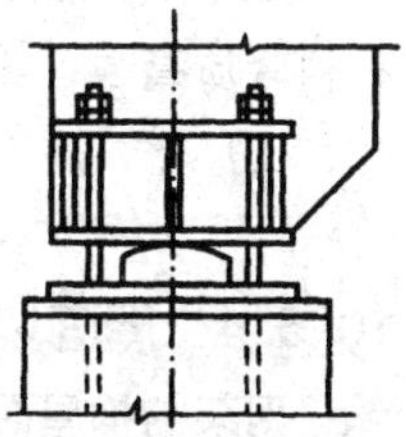

图 10-48　单面弧形拉力支座

此种支座节点与单面弧形压力支座节点相似，适用于中小跨度网架。

平板拉力支座节点和单面弧形拉力支座节点只适用于有些在角部支座处产生垂直拉力的网架，如斜放四角锥网架、两向正交斜放网架。

通常考虑到网架在不同方向自由伸缩和转动约束的不同，一个网架可以采用多种支座节点形式。

10.5.3　网架的屋面材料及构造

网架结构一般采用轻质、高强、保温、隔热、防水性能良好的屋面材料，以实现网架结构经济、省钢的优点。

由于选择屋面材料的不同，网架结构的屋面有无檩体系和有檩体系屋面两种。

1. 无檩体系屋面

当屋面材料选用钢丝网水泥板或预应力混凝土屋面板时，一般它们的尺寸较大，所需的支点间距较大，因而采用无檩体系屋面。通常屋面板的尺寸与上弦网格尺寸相同，屋面板可直接放置在上弦网格节点的戛托上，并且至少有三点与

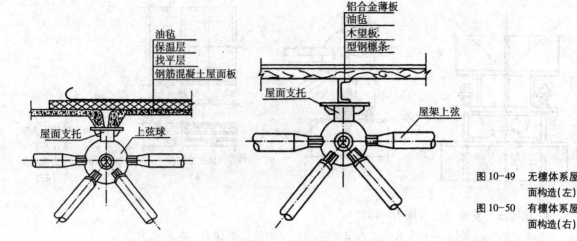

图 10-49　无檩体系屋
面构造(左)
图 10-50　有檩体系屋
面构造(右)

网架上弦节点的支托焊牢。此种做法即为无檩体系屋面，如图 10-49 所示。

无檩体系屋面零配件少，施工、安装速度快，但屋面板自重大，会导致网架用钢量增加。

2. 有檩体系屋面

当屋面材料选用木板、水泥波形瓦、纤维水泥板或各种压型钢板时，此类屋面材料的支点距离较小，因而采用有檩体系屋面。

有檩体系屋面通常做法如图 10-50 所示。

近年来，压型钢板作为新型屋面材料，得到较广泛的应用。由于这种屋面材料轻质高强、美观耐用，且可直接铺在檩条上，因而加工、安装已达标准化、工厂化，施工周期短，但价格较高。

10.5.4　屋面坡度

网架结构屋面的排水坡度较平缓，一般取 1% ~ 4%。屋面的坡度一般可采用下面几种办法：

(1) 上弦节点上加小立柱找坡；

(2) 网架变高；

(3) 整个网架起坡；

(4) 支承柱变高。

10.6　网架、网壳工程实例

由于网架、网壳结构具有很多的优点，在建筑工程中，国内外大量采用，如采用网架、网壳较多的国家有美国、日本、英国、法国、德国、俄罗斯等国家。网架、网壳结构除了应用于大跨度的体育馆、国际博览会馆、飞机库等建筑外，还广泛应用于工业与民用建筑中，除了用做屋盖结构外，还可用做多层建筑的楼盖。

国内外的实践和研究表明，网架、网壳结构是一种很有活力、适应性强、方兴未艾的空间结构。21世纪，网架结构将向着能跨越更大跨度、覆盖更大面积的方向发展，组合网架、预应力网架、新材料网架及网架与其他结构组合结构将会得到更广泛的应用。

10.6.1 国内外网架实例

国内外网架实例见表10-2。

网架工程实例　　　　　　　　　　　　表10-2

序号	工程名称	平面尺寸（m）	网架类型	提供资料单位及人员
1	肯尼亚体育馆	八边形对边68.87，柱距26.18，四周挑2.645	正交正放	中国建筑西南设计院 陈玉玉
2	秦俑博物馆二号坑展馆	96×96（变高）−28.7×48×4	正交正放	
3	大连体育馆	八支点、不等边，八角形74×74	正交正放	中国建筑东北设计院 苑振芳
4	贵州人民银行干部礼堂（钢筋混凝土网架）	14×18	正交正放	贵州工学院 马克俭
5	广州白云机场（高低整体网架）	80×69.6	正交正放（高强螺栓）	航空工业设计研究院 刘树屯
6	咸阳机库（相贯节点）	48×54	正交正放	航空工业设计研究院 高蕊芬
7	文登市米山路加油站	10×20×1	在交正放	文登市建筑设计院 周祥智
8	河北省体育馆	70.4×83.2	正交斜放	河北省建筑设计院 吕一心
9	北京大学生体育馆	76×76（四周挑6）	正交斜放	北京市建筑设计院 侯光瑜
10	约旦伊尔比德市郊哈桑体育馆	62.7×74.1（四周挑1.85）	正交斜放	徐州飞虹网架公司 刘锡霖
11	厦门太古飞机库	70×184	正交斜放	北京汇光建筑事务所 丁云孙
12	芜湖市委礼堂（空腹半球节点）	不等边六边形30.6×77.618	交叉斜放	芜湖建筑设计院 陈家福
13	广州天河体育馆	六点支承，边长61.85	三向	广州建筑设计院 梁少鹏
14	上海体育馆	$D=110$（周边支承）	三向	
15	上海银河宾馆	等边外凸三角形边，边长48	三角锥	华东建筑设计院 陆道渊
16	江西体育馆（拱下吊二片网架）	38.16（25.83+70.11）	三角锥	江西有色冶金设计院 吴东
17	天津塘沽车站候车室	$D=47.18$	跳格三角锥	

序号	工程名称	平面尺寸（m）	网架类型	提供资料单位及人员
18	南航风雨操场斜放	44×60.5×2.75	四角锥	马鞍山建筑设计院 江大魁
19	邯郸体育馆	60×75×4	斜放四角锥	天津大学 刘锡良
20	辽宁省体育中心击剑馆（组合网架楼盖）	39×39×2.5983	斜放四角锥	辽宁省建筑设计院 薛宏伟
21	江西省纺织大厦（预应力离心混凝土管式网架）	16×28.8	斜放四角锥	江西科学院 罗风麟
22	成都火车站	36（64.8＋36＋64.8） 四周挑5.4	斜放四角锥	四川省建筑设计院 徐蕴明
23	长春高尔夫轿车总装厂房	189.4×421.6 （12×21柱网）	正放抽空四角锥	陕西省机施公司 金虎根
24	空军网球馆（起脊网架）	36×49.5×1.2	正放四角锥	空军设计研究局 王天应
25	安庆石油化工总厂于煤库（三层网架）	68×72×3.556 （外挑2）	正放四角锥	航空工业设计研究院 丁芸孙
26	青岛第二橡胶厂内轮胎车间（3t悬吊）	72×84（12×24柱网）	正放四角锥	化工部北京橡胶设计研究院 陶庆林
27	天津无缝钢管厂管加工车间（有天窗）	3-36×564	正放四角锥	北京钢铁设计研究总院 李青芳
28	天津静海棉纺二厂	80×246 （20×22，18×20柱网）	正放四角锥	天津市纺织设计院 刘大宁
29	天津市纺织局原棉一库火车站罩栅	30×60	正放四角锥	天津市纺织设计院 刘智
30	西班牙1992年世界博览会	39.2×49.6×2.8	正放四角锥	空军设计研究局 王天应
31	山西体育中心体育场挑棚	39（115.9-145） 挑26.8	正放四角锥	山西省建筑设计院 赵发光
32	孝感体育场挑棚	2-23.185×104 挑17.185	正放四角锥	天津大学 程万海
33	徐州教育学院（组合网架楼盖）	20×30×2.2	正放四角锥	徐州建筑设计院 张澄亚
34	抚州体育馆（组合网架屋盖）	4S×58.5×3.2	正放四角锥	抚州地区建筑设计院 黄茂田
35	新乡百货大楼（组合网架楼盖）	34×34（四层）	正放四角锥	河南省网架厂 刘青文
36	约旦伊尔比德市郊哈桑体育馆挑棚	32×136		徐州飞虹网架公司 刘锡霖
37	厦门台湾工业园14号厂房	30×99	折板型	苏州网架厂 朱瑾
38	石家庄体委水上游乐中心	30×120	折板型	空军设计研究局 王天应
39	山西大同矿务局机电修配厂下料车间	21×78	单向折线形	

序号	工程名称	平面尺寸（m）	网架类型	提供资料单位及人员
40	石家庄体委水上游乐中心	30×120	单向折线形	
41	南开大学体育中心排球馆	15×24×0.6	装配式正放四角锥	天津大学 刘锡良
42	中国计量学院风雨操场	27×36	星形四角锥	
43	大同云岗矿井食堂	24×18	棋盘形四角锥	
44	上海国际购物中心	27×27 （缺12×12一角）	正交正放四角锥组合网架	上海建筑设计研究院 姚念亮
45	北京四机位机库	90×（153+153）	三层斜放四角锥	中国航空工业规划设计研究院 刘树屯
46	新加坡港务局（PSA）仓库	4-96×120； 2-70×96	四角锥斜拉网架	冶金建筑研究院 陈云波
47	长沙黄花机场机库	48×64×5	三层斜放四角锥	
48	瑞士苏黎世克洛滕大型喷气机机库	125×128×11.65	三层正交斜放	
49	美国科罗拉多州丹佛市库利根展览大厅	52×73×4.3（四个）	三层正放四角锥	
50	前苏联伊尔库次克体育馆	42×42×2.12	正方四角锥	

10.6.2 网架工程图例

网架工程图例，如图10-51～图10-57所示。

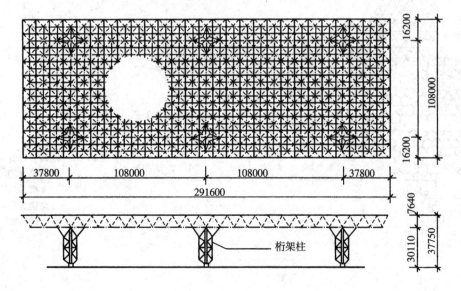

图10-51　日本大阪国际博览会75.6m×108m正放四角锥网架

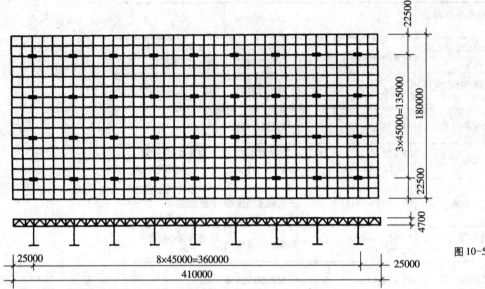

图 10-52 美国芝加哥
国会正交正
放网架

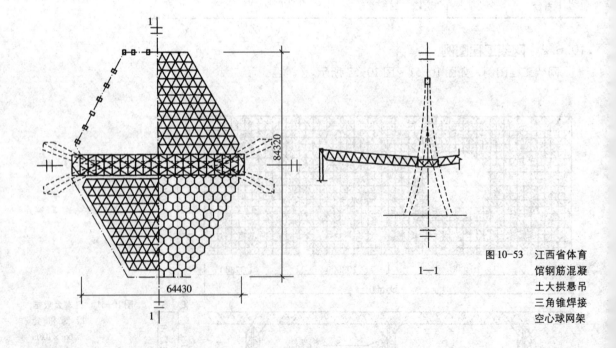

1—1

图 10-53 江西省体育
馆钢筋混凝
土大拱悬吊
三角锥焊接
空心球网架

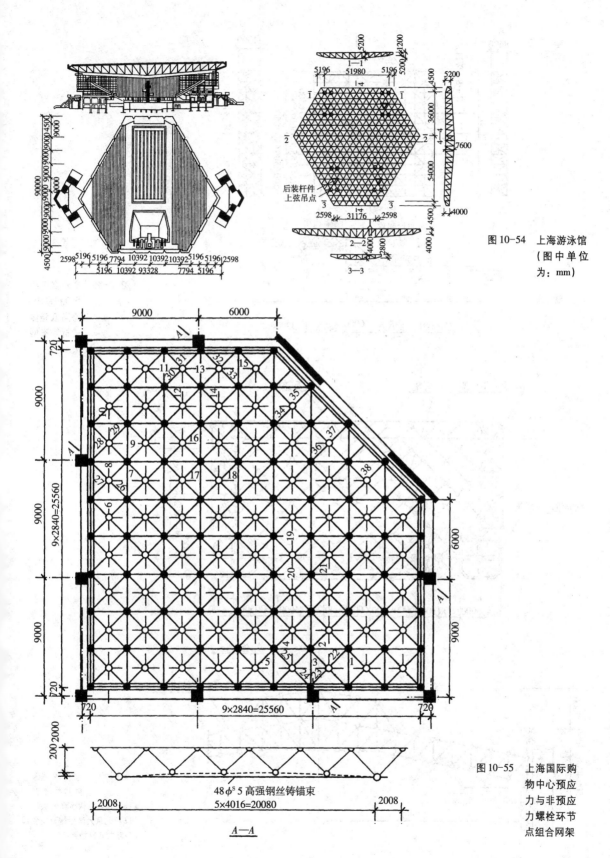

图 10-54　上海游泳馆
（图中单位
为：mm）

图 10-55　上海国际购
物中心预应
力与非预应
力螺栓环节
点组合网架

48 ϕ^s 5 高强钢丝铸锚束
5×4016=20080

A—A

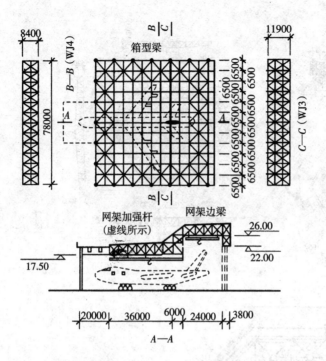

图 10-56 广州自云机场飞机库80m跨高低整体式折线形网架

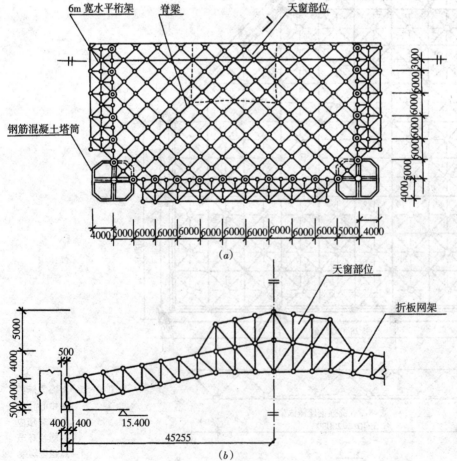

图 10-57 北京大学生体育管屋盖

(a) 屋盖结构平面布置图；
(b) 北京大学生体育馆斜放双向正交桁架

10.6.3 网壳工程实例

1. 北京石景山体育馆

北京石景山体育馆（图 10-58）的建筑平面为正三角形，每边长为 99.1m，屋盖采用了三片四边形的双层扭网壳，网壳曲面为非正交直纹曲面，由二组直线形的平行弦桁架和网格对角线方向的网片组成，网壳厚 1.5m，支承在由立体桁架组成的中央三叉拱上（图 10-59），节点为焊接空心球。

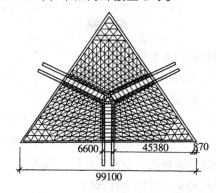

图 10-58　北京石景山
体育馆(左)
图 10-59　双层扭网壳
（右）

2. 北京体育学院体育馆

北京体育学院体育馆（图 10-60）是一座多功能建筑。其屋盖采用了四角带落地斜撑的双层扭面网壳（图 10-61），平面尺寸为 52.5m×52.5m，四周悬挑 3.5m，为了充分利用扭壳直纹曲面的特点，布置选用了两向正放桁架体系，网格尺寸为 2.9m×2.9m，网壳厚 2.9m，矢高 3.5m，格构式落地斜撑的支座为球铰，承受水平力和竖向力，边柱柱距为 5.8m，柱顶设置橡胶支座，节点为焊接空心球。该网壳将屋盖结构与支承斜撑合成一体，造型优美，受力合理，抗震性能好。

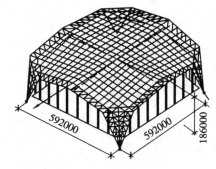

图 10-60　北京体育学
院体育馆
（左）
图 10-61　双层扭面网
壳（右）

3. 浙江黄龙体育中心主体育场

浙江黄龙体育中心体育场（图 10-62），观众席座数近 5.5 万座，总覆盖面积 2.1 万 m²，为一无视觉障碍的体育场。结构上首次将斜拉桥的结构概念运用于体育场的挑篷结构，为斜拉网壳挑篷式，由塔、斜拉索、内环梁、网壳、外环梁和稳定索组成。网壳结构支撑于钢箱形内环梁和预应力钢筋混凝土外环梁上，内环梁采用 1600mm×2200mm×30mm 的箱形钢梁，通过斜拉索悬挂在两端的吊塔上。吊塔为 85m 高的预应力混凝土筒体结构，筒体外侧施加预应力；外环梁支承于看台框架上的预应力钢筋混凝土箱形梁；网壳采用双层类四角锥焊接球节点形式；斜拉索与稳定索采用高强度钢绞线，由此形成了一个复杂的空间杂交结构。

图 10-62　浙江黄龙体育中心主体体育场

习　题

10.1　试述网架结构的主要特点。

10.2　网架结构主要有哪些类型？分别适用何种情况？

10.3　网架结构的选型一般应根据什么原则进行？

10.4　网架结构常用的杆件有哪几种？优先选用哪种？为何？

10.5　网架结构常用的一般节点和支座节点有哪几种形式？

10.6　网架结构的屋面坡度一般有哪几种实现方式？

10.7　简述网壳结构的主要优点和缺陷。

10.8　网壳结构分类方法主要有哪些？

10.9　网壳结构的选型一般应根据什么原则进行？

建 筑 结 构 选 型

第 11 章 悬索结构

本章介绍了悬索结构的特点和组成，结合实例着重分析了悬索结构的各种结构形式及其应用范围，指出了悬索结构的刚度问题不容忽视。

11.1　悬索结构的特点、组成和受力状态

11.1.1　悬索结构的特点

悬索结构是由一系列高强度钢索组成的一种张力结构，由于其自重轻，用钢量省，能跨越很大的跨度，悬索屋盖结构主要用于跨度在 $60 \sim 100m$ 的体育馆、展览馆、会议厅等大型公共建筑，目前悬索屋盖结构最大跨度已达 $160m$，是一种比较理想的大跨度结构形式。

悬索在工程上的应用最早是桥梁，我国建造最早的铁链桥是云南的兰津桥（公元 $57 \sim 75$ 年间）。1000 多年来我国建造的铁索桥，如云南元江铁索桥、澜沧江铁索桥、贵州盘江铁索桥、四川泸定桥等至今仍在使用。中国现代悬索结构之发展始于 20 世纪 50 年代后期和 80 年代。北京的工人体育馆和杭州的浙江人民体育馆是当时的两个代表作。北京工人体育馆建成于 1961 年，其屋盖为圆形平面，直径 $94m$，采用车辐式双层悬索体系，由截面为 $2m \times 2m$ 的钢筋混凝土圈梁、中央钢环，以及辐射布置的两端分别锚定于圈梁和中央钢环的上索和下索组成。中央钢环直径 $16m$，高 $11m$，由钢板和型钢焊成，承受由于索力作用而产生的环向拉力，并在上、下索之间起撑杆的作用。浙江人民体育馆建成于 1967 年，其屋盖为椭圆平面，长径 $80m$，短径 $60m$。采用双曲抛物面正交索网结构；长径方向主索垂度 $44m$，短径方向副索拱度 $2.6m$。

11.1.2　悬索结构的组成

悬索结构一般由索网、边缘构件和下部支承结构组成（图 11-1）。索网是悬索结构的主要承重构件，是一个轴心受拉构件，既无弯矩也无剪力，完全柔性，其抗弯刚度可完全忽略不计。利用高强钢材去做"索"，就最能发挥钢材受拉性能好的特点。索网一般由每根直径为 2.5、3、4、4.5、5mm 的高强碳素钢丝扭绞而成。

边缘构件是索网的边框，无边框则索网不能成型。应注意对边缘构件的处理，采用合理的边缘构件形式以承受索网的巨大拉力。

下部支承构件一般是钢筋混凝土立柱或框架结构，为保持稳定，有时还要采取钢缆锚拉的设施。

单悬索结构是平面结构体系。如果利用很多单悬索相互交叉组成"索网"（比如利用桁架交叉组成网架一样），就形成多向受力的悬索结构。

图 11-1　悬索结构的组成

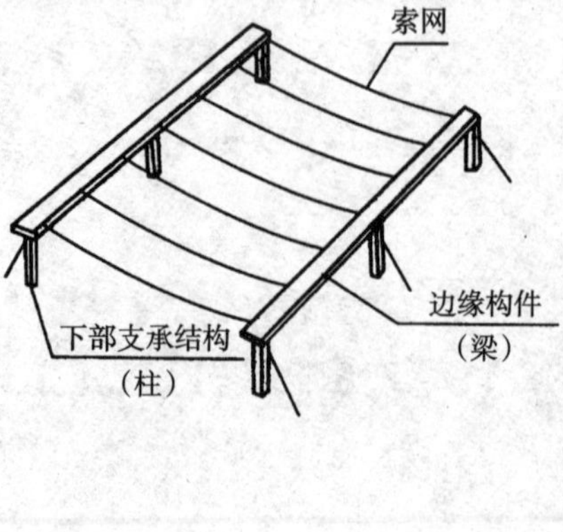

索网

边缘构件（梁）

下部支承结构（柱）

11.2　悬索结构的形式及实例分析

悬索结构的主要形式有：单曲面单层悬索结构、单曲面双层悬索结构、双曲面单层悬索结构、双曲面双层悬索结构和交叉索网悬索结构等。这些悬索结构的成型不同导致边缘构件的形式不一样，同时引起屋盖建筑造型的不同。不论何种形式，都必须采取有效措施以保证屋盖结构在风荷载、地震作用下具有足够的刚度和稳定性。

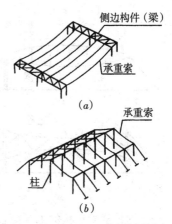

图11-2　单曲面单层拉索

11.2.1　单曲面单层悬索结构

这种结构形式由许多平行的单根拉索构成，表面呈反向圆筒形凹面，可向外排水，如图11-2所示。

单曲面单层拉索体系的优点是构造简单，传力明确，但屋面稳定性差，抗风能力小。为了克服这一不足，可采用重屋盖（一般为装配式钢筋混凝土屋面板）或在大跨度结构中，对屋面板施加预应力，使屋面最后形成悬挂薄壳等。

图11-3　德国乌柏特市游泳馆

建筑实例有德国乌柏特市游泳馆，该建筑兴建于1956年，可容纳观众2000人，比赛大厅面积为65m×40m。

根据两端看台形式，屋盖设计成纵向单曲单层悬索结构，跨度为65m。大厅看台建在斜梁上，斜梁间距3.8m，一直通到游泳池底部并托着游泳池。结构对称布置。屋盖索网的拉力经由边梁传给斜梁，传到游泳池底部。使得斜梁基底的水平推力得以相互抵消，成对地取得平衡，地基只承受压力，如图11-3（c）所示。这种屋盖形式不仅较好地适应了建筑内部平面布置，而且外形也比较美观，如图11-3（a）所示。结构形式不仅受力合理，而且结构的形体、总体布置与建筑的使用空间、外观形象完全结合起来，值得欣赏。

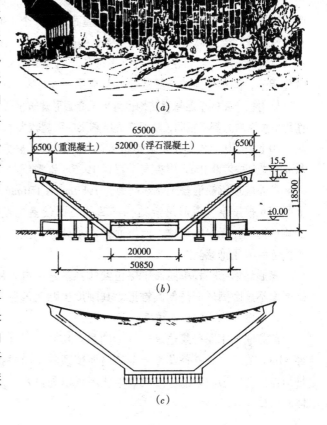

11.2.2　单曲面双层悬索结构

为了增强拉索本身的刚度，可将单层拉索体系改为双层拉索体系。双层拉索体系是由许多片平行的索网组成，每片索网均为曲率相反的承重索和稳定索构成，如图11-4所示。承重索与稳定索之间用圆钢或拉索联系，形式如同屋架的斜腹杆。

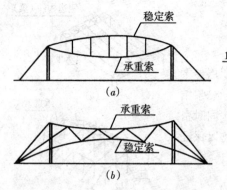

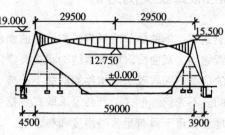

图 11-4 单曲双层拉索
体系（左）
图 11-5 吉林冰上运动
中心滑冰馆
（右）

这种悬索结构的主要特点是通过斜腹杆对上、下索施加预应力，提高了整个屋盖的刚度。上索拉索的垂度值（对下索称拱度）可取跨度的 1/20 ~ 1/17，下索则取 1/25 ~ 1/20。屋面板可以铺于上索或下索。

吉林冰上运动中心滑冰馆的屋盖采用了单曲预应力双层拉索体系，具有很好的稳定性和刚性。成对的承重索和稳定索位于同一竖直平面内，二者之间通过受拉钢索或受压撑杆联系，构成如同屋架形式的平面体系（图 11-5）。

11.2.3 双曲面单层悬索结构

前述的单曲面结构体系仍是平面结构，为了更好地提高结构整体刚度，可采用双曲面悬索结构。双曲面悬索结构又分单双层。双曲面单层索网体系，常用于圆形建筑平面，拉索按辐射状布置，使屋面形成一个旋转曲面，拉索的一端锚固在受压的外环梁上，另一端锚固在中心的受拉环上，形成碟形悬索结构，如图 11-6（a）所示。锚固在中心柱上形成的伞形悬索结构（图 11-6b），在均布荷载作用下，圆形平面的全部拉索内力相等，内力的大小随垂度的减小而增大。

辐射状布置的单层悬索结构也可用于椭圆形建筑平面，但其缺点是在均布荷载作用下拉索内力都不相同，从而在受压圈梁中引起较大的弯矩，因此很少采用。

20 世纪 50 年代乌拉圭蒙特维多体育馆的碟形悬索屋盖（图 11-7），直径 94m，拉索垂度 8.9m，中央有个直径 19.5m 锥形钢框架作天窗内环。外墙顶钢筋混凝土外环截面为 1980mm × 450mm，锚固着周围 256 根悬索。碟形悬索结构下凹的屋面使室内空间减小，音响性能好，无聚焦现象，但屋面排水难处理，室内空间处理不好会给人压抑感。

碟形悬索结构和单曲面单层拉索体系基本一样，所不同的是屋面不是圆筒形而是倒圆锥形。其刚度虽略有改善，但增强不多，刚度与稳定性仍然很差。

前苏联某水泥料浆池是一伞形的悬索结构（图 11-8），直径 44m，圆形池的中心设置一个高出池壁顶的中心柱，悬索从柱顶拉向池壁顶圈梁上，形成圆锥状屋顶以利排水。这种悬索体系对公共建筑不适合。

图 11-6 双曲面单层
拉索体系

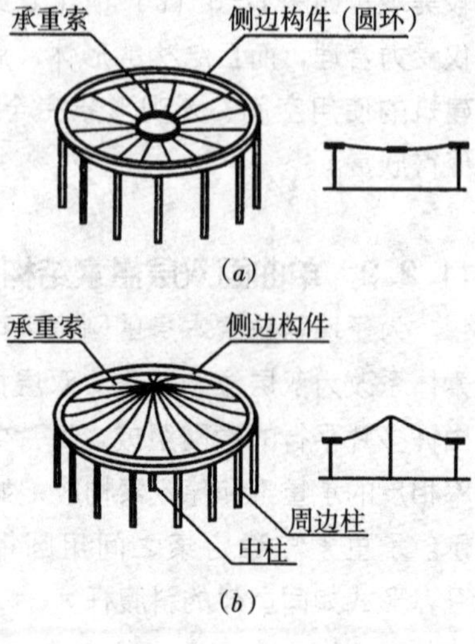

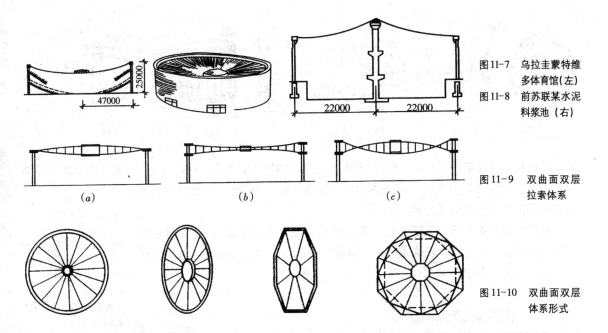

图 11-7 乌拉圭蒙特维
多体育馆(左)

图 11-8 前苏联某水泥
料浆池（右）

图 11-9 双曲面双层
拉索体系

图 11-10 双曲面双层
体系形式

11.2.4 双曲面双层悬索结构

这种悬索结构体系由承重索和稳定索构成，主要用于圆形建筑平面。拉索按辐射状布置，中心设置受拉环。屋面可为上凸、下凹或交叉形（图11-9），其边缘构件可根据拉索的布置方式设置一道或两道受压环梁。

图 11-11 北京工人体
育馆平剖面

双曲面双层拉索体系由于增加了稳定索，因而屋面刚度大，抗风和抗震性能好。可采用轻屋面，节约材料，广泛应用于圆形建筑平面。当然，这种悬索结构体系也可采用椭圆形、正多边或扁多边形（图11-10），外环形状也随之改变，可支承于墙或柱上。

工程实例有北京工人体育馆，建筑平面为圆形，能容纳15000人。比赛大厅直径为94m，大厅屋盖采用圆形双层悬索结构，由钢悬索、边缘构件（外环）和内环三部分组成（图11-11）。

钢悬索由钢绞线制成，悬索沿径向辐射状布置，索网分上索与下索两层，各为144根，其截面大小由各自承受的拉力确定。上索作为稳定索直接承受屋面荷重，它通过中央系环（内环）将荷载传给下索，并使上下索同时张紧，以增强屋盖刚度。下索为承重架，将整个屋盖悬挂起来。

外环为截面尺寸 2m×2m 钢筋混凝土环

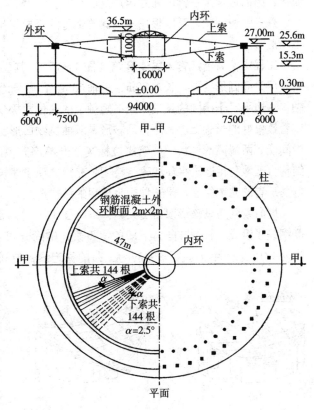

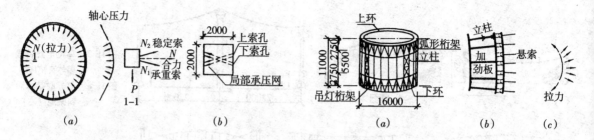

梁，支承在外廊框架的内柱上。圆形环梁承受悬索的拉力，如图 11-12（a）、（b）所示。稳定索拉力为 N_z，承重索的拉力为 N，两力合成为一径向水平力 N 和作用于框架柱上的垂直力 P。

内环又称中央系环，呈圆筒形（图 11-13），由上下环及 24 根工形组合断面立柱组成。内环主要为连接悬索用，承受环向拉力。因拉力较大，所以上环和下环均采用环形钢板架。

图 11-12　屋盖边缘构件——外环（左）
（a）外环受力平面；
（b）外环索孔示意图

图 11-13　屋盖边缘构件——内环（右）
（a）内环；（b）悬索与内环连接；（c）内环受力示意图

11.2.5　双曲面交叉索网结构

双曲面交叉索网体系由两组曲率相反的拉索交叉组成，其曲面为双曲抛物面，一般称之为鞍形悬索（图 11-14），适用于各种形状的建筑平面，如圆形、椭圆形、菱形等。曲率下凹的索网为承重索，上凸的为稳定索。通常对稳定索施加预应力，使承重索张紧，达到增强屋面刚度的目的。由于其外形富于起伏变化，因而近年来在国内外应用广泛。

悬索的边缘构件可以根据不同建筑造型的需要采用双曲环梁和斜向边拱等不同形式。

工程实例有浙江省人民体育馆（图 11-15），其屋盖为鞍形悬索结构。比赛大厅为椭圆形平面，长轴 80m，短轴 60m，比赛场地的长边平行于椭圆的短轴，短边平行于椭圆的长轴，坐在短轴上的座位数极少，绝大部分的座位处在观看效果好的长轴上。另外，马鞍形是双曲抛物面形状的，它在长轴方向是呈中间低而两端高的形状，可随座位标高的升高而升高（图 11-16）。马鞍形态结构合理地利用建筑平面和建筑空间，充分体现了建筑艺术、使用功能与结构效益三者的完美结合，是一种颇为理想的结构形式。

屋面索网为马鞍形双曲交叉索体系（图 11-17）。每根索用 6 股 7Φ12 高强度钢绞线组成。长轴方向为下凹的承重索，中间一根索的垂度为 4.4m，高跨比为 1/18，索距 1m。短轴方向为上凸的稳定索，中间一根索的拱度为 2.6m，

图 11-14　双曲面交叉索网体系（鞍形悬索）

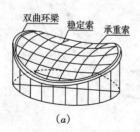

（a）

（b）

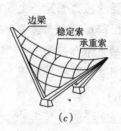

（c）

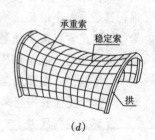

（d）

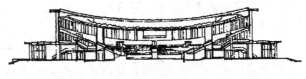

高跨比为 1/21，索间距 1.5m。承重索与稳定索均施加预应力，使互相张紧构成双曲鞍形索网，刚度大，稳定性好。

边缘构件是截面为 2000mm × 800mm 的钢筋混凝土空间曲线环梁，索网端部用锚具均锚固在环梁内。由于索网作用在环梁上的水平拉力很大，环梁本身又是椭圆形的，因此截面内产生很大弯矩。为了减少曲线环梁内的弯矩，阻止环梁在平面内的变形，在稳定索的支座处增设水平拉杆，直接承受水平拉力；在平面的地角方向增设了交叉索，增强环梁在水平面内的刚度。同时将环梁固定在柱子上，加强整体作用，这些措施在结构上取得了良好的效果。

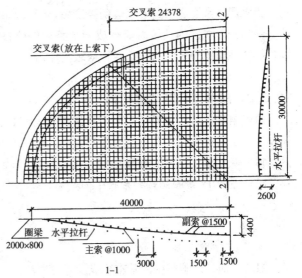

图 11-15 浙江省人民体育馆（左上）

图 11-16 浙江省人民体育馆剖面图（右上）

图 11-17 浙江省人民体育馆索网布置图（右下）

11.3 悬索结构的柔性和屋面材料

11.3.1 悬索结构的柔性

悬索结构是悬挂式的柔性索网体系，屋盖的刚度及稳定性较差。

首先，风力对屋面的吸力是一个重要问题。图 11-18 为某游泳池屋盖的风压分布图，吸力主要分布在向风面的屋盖部分，局部风吸力可能达到风压的 1.6～1.9 倍，因而对比较柔软的悬索结构屋盖有被掀起的危险。屋面还可能在风力、动荷载或不对称荷载的作用下产生很大的变形和波动，以致屋面被撕裂而失去防水效能，或导致结构损坏。

其次问题是风力或地震力的动力作用而产生共振现象。在其他的结构形式中，由于自重较大，在一般外荷载作用下，共振的可能性较小，但是，悬索结构却有由于共振而破坏的实例。例如 1940 年 11 月美国的塔考姆大桥，跨长 840m，在结构应力远远没有达到设计强度的情况下，由于弱风作用产生共振而破坏。因此，对悬索的共振问题必须予以重视。

为保证悬索结构屋盖的稳定和刚度，可采用的措施有：采用双曲面型悬索结构，因为它的刚度和稳定性都优于单曲面型；可以对悬索施加预应力，因为柔性的张拉结构在没有施加预应力以前没有刚度，其形状是不确定的，通过施加适当预应力、利用钢索受预拉后的弹回缩来张紧索网或减少悬索的竖向变形，给予一定的形状，才能承受外部荷载。

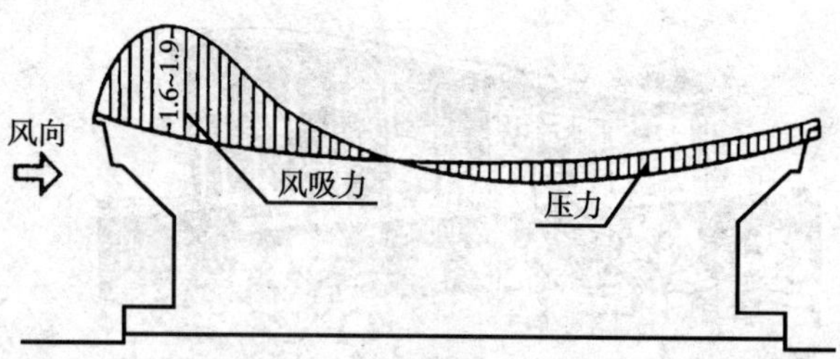

图 11-18 某游泳池屋盖风压分布图

再一个增加刚性屋面刚度的方法是：在铺好的屋面板上加临时荷载，使承重索产生预应力。当屋面板之间缝隙增大时，用水泥砂浆灌缝，待砂浆达到强度后，卸去临时荷载，使屋面回弹，从而屋面受到一个挤紧的预压力而构成一个整体的弹性悬挂薄壳，具有很大的刚性，能较好地承受风吸力和不对称荷载的作用。

11.3.2　悬索结构的屋面材料

悬索结构的屋面材料一般采用轻质屋面材料，在满足结构要求的前提下，还要满足正常使用要求及方便施工的要求，即热工性能要求、耐久性要求及不透水性能等要求。常见的悬索结构的屋面材料有轻质混凝土板材和各种膜材料，具体见第 12 章膜结构和索膜结构。

习　题

11.1　简述悬索结构的基本构成及其应用范围。

11.2　悬索结构的结构形式有哪些？各有何特点及其适用范围？请列举 1 ~ 2 个实例，分析悬索结构的建筑、结构及施工特点。

11.3　如何保证和加强悬索结构的屋面刚度？

11.4　试列举悬索结构 1 ~ 2 个实例，并述其结构组成、材料应用等特点。

建筑结构选型

第12章 膜结构和索膜结构

本章介绍了膜结构形式、膜结构材料及其使用特点，论述了膜结构设计的全过程，分析了五个膜结构工程实例。

12.1 薄膜结构的特点

膜结构是一种建筑与结构完美结合的结构体系，它是用高强度柔性薄膜材料与支撑体系相结合形成具有一定刚度的稳定曲面，能承受一定外荷载的空间结构形式。其造型自由轻巧、阻燃、制作简易、安装快捷且易于操作、使用安全。

膜结构是20世纪中期发展起来的一种全新的建筑结构形式，它集建筑学、结构力学、精细化工与材料科学、计算机技术等为一体，具有很高技术含量。其曲面可以随着建筑师的设计需要任意变化，结合整体环境，建造出标志性的形象工程。膜结构是由优良性能的高强薄膜材料和加强构件（钢索或钢架、钢柱）通过一定方式使其内部产生一定的预张应力以形成具有一定刚度并能承受一定外荷载、能够覆盖大空间的一种空间结构形式。

对于以索或骨架支承的膜结构，其曲面就可以随着建筑师的想象力而任意变化。富于艺术魅力的钢制节点造型，充满张力，成自然曲线的变幻膜体以及特有的大跨度自由空间，给人强大的艺术感染力和神秘感。20世纪70年代以后，高强、防水、透光且表面光洁、易清洗、抗老化的建筑膜材料的出现，加之当代电子、机械和化工技术的飞速发展，膜建筑结构已大量用于滨海旅游、博览会、体育场、收费站等公共建筑上（图12-1）。

膜结构的特点主要体现在以下几个方面：

艺术性：膜结构具有造型活泼优美，富有时代气息，可以充分发挥建筑师的想象力，又体现结构构件清晰受力之美。

经济性：膜结构价格相对低廉，施工速度快；膜材具有一定的透光率，白天可减少照明强度和时间，能很好地节约能源。同时夜间彩灯透射形成的绚烂景观也能达到很好的广告宣传效益。

大跨度：膜结构自重轻、结构抗震性能好，适合大跨度的建筑，膜结构可

图12-1 膜结构建筑

以从根本克服传统结构在大跨度（无支撑）建筑上实现所遇到的困难，可创造巨大的无遮挡可视空间，有效增加空间使用面积。

自洁性：膜建筑中采用具有防护涂层的膜材，可使建筑具有良好的自洁效果，同时保证建筑的使用寿命。

工期短：膜建筑工程中所有加工和制作均在工厂内完成，可减少现场施工时间，避免出现施工交叉，相对传统建筑工程工期较短。膜建筑可广泛应用于大型公共设施、体育场馆的屋顶系统、机场大厅、展览中心、购物中心、站台等，又可以用于休闲设施、工业设施及标志性或景观性建筑小品等。

随着现代科技的进一步发展，使人类面临着保护自然环境的使命，而膜结构具有易建、易拆、易搬迁、易更新、充分利用阳光和空气以及与自然环境融合等特长，在全球范围内膜结构无论在工程界还是在科研领域，膜建筑技术的需求有大幅度增长的趋势。它是伴随着当代电子、机械和化工技术的发展而逐步发展的，是现代高科技在建筑领域中的体现。天然材料和传统的古老建筑材料与技术必将被轻而薄且保温隔热性能良好的高强轻质材料所取代。膜建筑技术在这项变革中将扮演重要角色，其在建筑领域内更广泛的应用是可以预见的。

12.2　膜结构的形式

膜建筑的分类方式较多，从结构方式上简单地可概括为张拉式和充气式两大类。在张拉式中采用钢索加强的膜结构又称为索膜结构。

12.2.1　张拉膜结构

一种是采用钢索张拉成型，以膜材、钢索及支柱构成，利用钢索与支柱在膜材中导入张力以达安定的形式。这种结构除了可实践且具创意性，创新而美观的造型外，也是最能展现膜结构精神的构造形式，具有高度的结构灵活性和适应性，是索膜建筑结构的代表和精华。近年来，大型跨距空间也多采用以钢索与压缩材构成钢索网来支撑上部膜材的形式。因施工精度要求高，结构性能强，且具丰富的表现力，所以造价略高。

另一种是以钢结构或是集成材构成的屋顶骨架，在其上方张拉膜材的构造形式，称其为骨架式索膜结构。其下部支撑结构安定性高，因屋顶造型比较单纯，开口部不易受限制，且经济效益高等特点，广泛适用于任何大、小规模的空间。该类结构体系自平衡，膜体仅为辅助物，膜体本身的结构作用发挥不足。骨架式索膜体系建筑表现含蓄，结构性能有一定的局限性，常在某些特定的条件下被采用且造价低于前者。

骨架方式与张拉方式的结合运用，常可取得更富于变化的建筑效果。

12.2.2 充气膜结构

充气式膜结构是将膜材固定于屋顶结构周边，利用送风系统让室内气压上升到一定压力（一般在 10～30mm 汞柱）后，使屋顶内外产生压力差，以抵抗外力，且使屋盖膜布受到一定的向上浮力，构成较大的屋盖空间和跨度。因其利用气压来支撑，钢索作为辅助材，无需任何梁、柱支撑，可得更大的空间，施工快捷，经济效益高，但需维持进行 24h 送风机运转，在持续运行及机器维护费用的成本上较高。

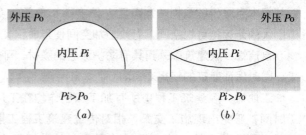

图 12-2　单层、双层充气膜结构内、外压示意图
(a) 单层结构；(b) 双层结构

充气膜结构有单层、双层、气肋式三种形式。充气膜结构一般需要长期不间断的能源供应，在低拱、大跨建筑中的单层膜结构必须是封闭的空间，以保持一定气压差。在气候恶劣的地方，空气膜结构的维护有一定的困难。

1. 单层结构

如同肥皂泡，单层膜的内压大于外压，如图 12-2 (a) 所示。此结构具有大空间，重量轻，建造简单的优点。但需要不断输入超压气体及需日常维护管理，如图 12-3 所示。

图 12-3　单层充气膜结构
(a) 结构外观 1；(b) 结构外观 2；(c) 结构内部

2. 双层结构

如图 12-2 所示，双层膜之间充入空气，和单层相比可以充入高压空气，形成具有一定刚性的结构，其双层膜之间的内压大于外压，如图 12-2 (b) 所示。双层充气膜结构的进出口可以敞开。

3. 气肋式结构

气肋式膜结构是在多个气肋中充入高压空气，形成具有一定刚性的结构，其气肋的内压大于外压，可以分为联体和独立两种，其中联体气肋式膜结构较为常用，如图 12-4 所示。

图 12-4　气肋式膜结构
(a)（联体）气肋式膜结构；(b)（独立）气肋式膜结构

充气式膜体系具有自重轻、安装快、造价低及便于拆卸等特点，在特定的条件下有其明显的优势。但因其在使用功能上有明显的局限性，如形象单一、空间要求气闭等，使其应用面较窄。20 世纪 80 年代后期至今，充气式膜建筑逐渐受到冷遇，其原因为充气膜结构需要不间断的能源供应，运行与维护

(a)　　　　　　(b)

费用高，室内的超压使人感到不适，空压机与新风机的自动控制系统和融雪热气系统的隐含事故率高。若目前进行的超压环境下人体的排汗、耗氧与舒适性研究得到较好解决，充气式膜建筑仍有广阔的前景。

12.2.3　膜结构的预张力

膜结构是一种双向抵抗结构，其厚度相对于它的跨度极小，因此它不能产生明显的平板效应（弯应力和垂直于膜面的剪应力）。索膜结构之所以能满足大跨度自由空间的技术要求，主要归功于其有效的空间预张力系统。空间预张力使索膜的索和膜在各种荷载下的内力始终大于零（永远处于拉伸状态），从而使原本软体材料的索膜成为空间整体工作的结构媒体。预张力使索膜建筑富有迷人的张力曲线和变幻莫测的空间，使整体空间结构体系得以协同工作；预张力使体系得以覆盖大面积、大跨度的无柱自由空间；预张力使体系得以抵抗狂风、大雪等极不利的荷载状况并使膜体减少磨损，延长使用寿命，成为永久的建筑。

应当指出，预张力不是在施工过程中可随意调整的"安装措施"，而是在设计初始阶段就需反复调整确定，需要经过精心设计适当的预张力措施，并贯穿于设计与施工全过程。

12.2.4　索膜结构的连接构造

索膜结构的连接必须要满足结构受力要求和耐久要求，具体连接构造如图12-5所示，节点其他构造如图12-6所示。

图12-5　索—膜连接构造

1. 索—膜连接

(a)　　　(b)　　　(c)　　　(d)

(e)　　　(f)　　　(g)　　　(h)

(i)　　　(j)　　　(k)　　　(l)

2. 其他构造

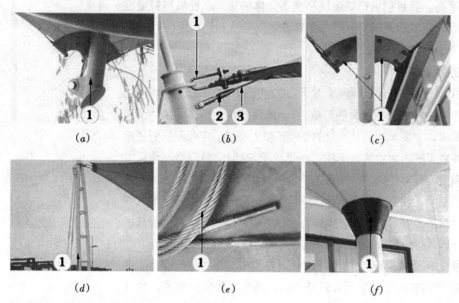

(a)　　　　　　　(b)　　　　　　　(c)

(d)　　　　　　　(e)　　　　　　　(f)

图 12-6　其他构造
(1. 不锈钢拉杆 2. 不锈钢锚头 3. 钢索)
(a) 柱头装饰；(b) 拉结连接；(c) 不锈钢膜夹板；(d) 梭形立柱；(e) 不锈钢索；(f) 收口装饰

12.3　膜结构材料和设计

膜结构采用的薄膜材料，大多是强度高、柔韧性好的一种涂层织物薄膜。它分为两部分（图 12-7），内部为基材织物，决定材料的抗拉强度、抗撕裂强度，体现膜材的力学性质；外层为涂层，体现材料的耐火、耐久性及防水、自洁性等膜材料的物理性质。

12.3.1　膜材料

膜材的力学性质根据其种类不同而异，膜材的弹性模量较低，这有利于膜材形成复杂的曲面造型。常用的建筑膜材内部材料有 PVC、加面层的 PVC 和聚四氟乙烯膜材。

1. PVC 膜材

由聚氯乙烯（PVC）涂料和聚酯纤维基层复合而成，应用广泛，价格适中，强度高。中等强度的 PVC 膜厚度仅 0.6mm，但其拉伸强度相当于钢材的一半，如图 12-8 (a) 所示。

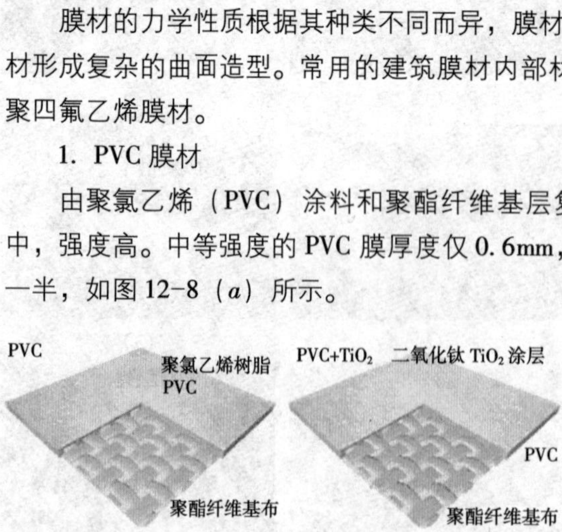

图 12-7　膜材料（左）
(a) PVC 膜材；(b) PVC + TiO₂ 膜材
图 12-8　PVC + PVDF 膜材（右） 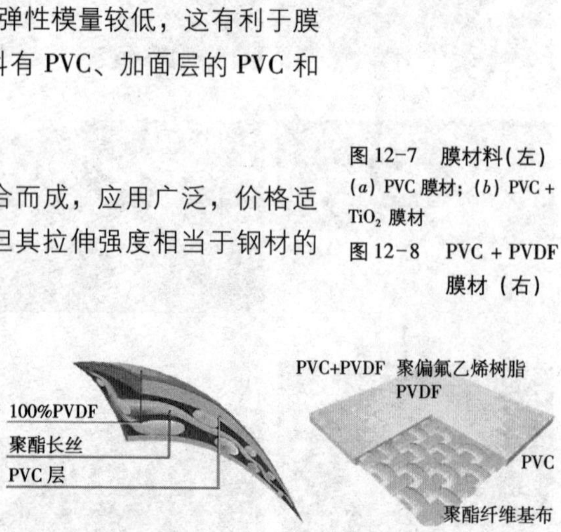

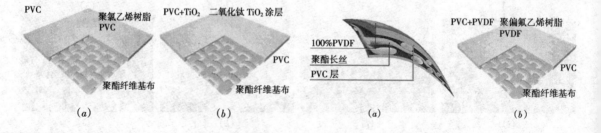

(a)　　　　　　　(b)　　　　　　　(a)　　　　　　　(b)

PVC 膜材料的特点：

①PVC 膜材料的强度及防火性与 PTFE 相比具有一定差距，PVC 膜材料的使用年限一般在 7～15 年。为了解决 PVC 膜材料的自洁性问题，通常在 PVC 涂层上再涂上 PVDF（聚偏氟乙酸树脂）称为 PVDF 膜材料。

②新型自洁膜材料—TiO₂ 膜材料，另一种涂有 TiO₂（二氧化钛）的 PVC 膜材料，具有极高的自洁性，如图 12-8（b）所示。

光触媒是一类以二氧化钛为代表的具有光催化功能的光半导体材料的总称。这种材料在紫外线的照射下可产生游离电子和孔穴，因而具有极强的光氧化还原功能，可以氧化分解各种有机化合物和部分无机化合物，同时具有极强的杀菌功能。近年来，这种光半导体材料已在防污、抗菌、脱臭、空气净化、水处理以及环境污染治理等方面得到了广泛应用。应用了光触媒技术的玻璃、陶瓷及金属建材制品、住宅设备、涂料等已成为产业化。

现在，在膜材料表面涂敷了一层二氧化钛光催化剂的新型自洁膜材料已开发研究成功，并正式商品化。经过了 3 年以上的使用，已证明二氧化钛（TiO₂）膜材料具有极显著的自洁去污效果。

2. 加面层的 PVC 膜材

在 PVC 聚酯织物的外层再加一面层聚氟乙烯（PVF，商品名 Tediar）或聚偏氟乙烯（PVDF）构成，不但能抵抗紫外线，自身不发粘，而且自洁性较好，使用年限长，其性能优于纯 PVC 膜材，如图 12-8所示。

3. 聚四氟乙烯膜材（PTFE）

聚四氟乙烯（PTFE，商品名称 Teflon）膜材料是指在极细的玻璃纤维（3mm）编织成的基布上涂上 PTFE（聚四氟乙烯）树脂而形成的复合材料，如图 12-9所示。

PTFE 膜材料的特点：

①强度高（中等强度的 PTFE 膜厚度仅 0.8mm，但其拉伸强度接近钢材）、耐久性好、防火难燃、自洁性好，而且不受紫外光的影响，其使用寿命在 20 年以上。

②具有高透光性，透光率为 13%，并且透过膜材料的光线是自然散漫光，不会产生阴影，也不会发生眩光。

③热工性能良好，对太阳能的反射率为 73%，所以热吸收量很少。即使在夏季炎热的日光的照射下室内也不会受太大影响。

④强耐久性，正是因为这种划时代性的膜材料的发明，膜结构建筑从人们想象中的帐篷或临时性建筑发展成现代化的永久性建筑。

12.3.2 膜材的外涂层

选用较好的外层涂料可以使膜材料获得良好的光学、保温、防火及自洁性等物理性质。膜材料光学性能表现在可滤除大部分紫外线，防止内部物品褪色。其自然光的透射率可达 25%，透射

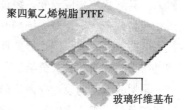

图12-9　聚四氟乙烯膜材（PTFE）

聚四氟乙烯树脂 PTFE

玻璃纤维基布

光在结构内部产生均匀的漫射光，无阴影，无眩光，夜晚在周围环境光和内部照明的共同作用下，膜结构表面发出自然柔和的光辉，良好的显色性令人陶醉。

单层膜材料的保温性能与砖墙相同，优于玻璃。与其他材料的建筑一样，膜建筑内部也可以采用其他方式调节其内部温度。

膜材料能很好地满足防火的需求，具有卓越的阻燃和耐高温性能。

膜材在雨水冲刷下其表面得到自然清洗。经过特殊表面处理的膜材自洁性能更佳。

膜材拼接的结构接缝多采用热焊，非结构接缝采用缝合。

12.3.3　膜结构的设计

目前膜结构找形分析的方法主要有动力松弛法、力密度法以及有限单元法等。

膜结构设计与一般结构物设计不同之处在于：一是它的变形要比一般结构形式大；二是它的形状是施工过程中逐步形成的。从初步设计阶段开始，结构工程师就要和建筑工程师一起确定建筑物的形状并不断进行计算，设计对象的平面、立面、材料类型、结构支撑以及预张力的大小都成为互相制约的因素。同时，一个完美的设计也就是上述矛盾统一的结果。

用曲面有限单元建立的膜结构分析理论，膜结构的设计可分为三个步骤：

（1）初始平衡形状分析；

（2）各种荷载组合下的力学分析以保证安全；

（3）裁剪制作。

发达国家从 20 世纪 60 年代起开始提出多种计算方法，到目前为止以有限元法为最先进、最普遍被采用的方法。

（1）初始平衡形状分析

初始平衡形状分析就是所谓的找形分析。通过找形设计确定建筑平面形状尺寸、三维造型、净空体量，确定各控制点的坐标、结构形式，选用膜材和施工方案。

由于膜材料本身没有抗压和抗弯刚度，抗剪强度也很差，因此其刚度和稳定性需要靠膜曲面的曲率变化和其中预张应力来提高。确定在初始荷载下结构的初始形状，即结构体系在膜自重（有时还有索）与预应力作用下的平衡位置时，可先按建筑要求设定大致的几何外形，然后对膜面施加预应力使之承受张力，其形状也相应改变，经过不断调整预应力，最后就可得到理想的几何外形和应力分布状态。对膜结构而言，任何时候都处在应力状态，因此膜曲面形状最终必须满足在一定边界条件和一定预应力条件下的力学平衡，并以此为基准进行荷载分析和裁剪分析。

早期的膜结构设计在确定形状时，往往借助于缩尺模型来进行，采用的材料有肥皂膜、织物或钢丝等。但由于小比例模型上测量有误差，不能保证曲面几何形的正确性，仅对建筑外形起着参考作用，为设计者提供一个直观的形象。

随着计算机技术的不断进步，膜结构的形状更多地依靠计算机来确定。为了寻求合理的几何外形，可通过计算机的迭代方法，确定膜结构的初始形状。

（2）荷载分析

膜结构设计考虑的荷载主要是风荷载和雪荷载。

因为膜材料比较轻柔，自振频率很低，在风荷载作用下极易产生风振，导致膜材料破坏，且随着形状的改变，荷载分布也在改变，材料的变形较大，因此要采用几何非线性的方法精确计算结构的变形和应力。

荷载分析的另一个目的是通过荷载计算确定索膜中初始预张力。要满足在最不利荷载作用下具有初始张应力，而此应力不会因为一个方向应力的增大造成另一方向应力减少至零，即不出现皱褶。如果初始预应力施加过高，就会造成膜材徐变加大，易老化、强度储备减少。

（3）裁剪分析

经过找形分析而形成的膜结构通常为三维不可展空间曲面，如何通过二维材料的裁剪、张拉形成所需要的三维空间曲面，是整个膜结构工程中最关键的一个问题。

膜结构的裁剪拼接过程总会有误差，这是因为首先用平面膜片拼成空间曲面就会有误差，其次膜布是各向异性非线性材料，在把它张拉成曲率变化多端的空间形状时，不可避免地与初始设计形状有出入而形成误差。总的来说，布置膜结构表面裁剪缝时要考虑表面曲率、膜材料的幅宽、边界的走向及美观等几个主要因素，尽量减少误差。

现代索膜建筑的设计过程是把建筑功能、内外环境的协调、找形和结构传力体系分析、材料的选择与剪裁等集成一体，借助于计算机的图形和多媒体技术进行统筹规划与方案设计，再用结构找形、体系内力分析与剪裁的软件，完成索与膜的下料与零件的加工图纸。

12.3.4 膜结构的裁剪

1. 裁剪方法简介

膜结构的裁剪拼接过程无论如何都是会有误差的，这是因为首先用平面膜片拼成空间曲面就一定会有误差，其次膜布是各向异性非线性材料，在把它张拉成曲率变化多端的空间形状时，不可避免的会与初始设计形状有出入。迄今为止，已建立了很多种方法来处理这一问题。很难评价哪个方法的精确度一定就高，但还是有几个标准可以用来判断这些裁剪方法是否实用。那就是可靠性、灵活性和完成时间。

2. 膜结构交互式裁剪过程

布置膜结构表面裁剪缝时要考虑以下几个因素：

①表面曲率　以前的裁剪方法都无法给出曲面任一点处的曲率。而本软件

因为采用的是曲面膜单元，所以可以得到每个单元的曲率。如果相邻单元曲率相差很大，说明在这个位置，曲面扭曲的很严重，如果裁剪缝在此处不切断重新开始，那么裁剪膜块的边界在此处就会有很大的弧形。从相邻单元曲率的变化趋势，可以判断出测地线的大致走向。

②膜材料的幅宽　找形分析过程中的平面网格划分时，就要考虑到膜材料的幅宽。尽量使一块膜布中包含的膜单元是完整的，否则还要通过插值计算确定膜块边界点的位置。

③边界的走向　如果边界比较平直，可以考虑用一个膜块的长边作为这条边界。否则只能用多个膜块的短边拼接成这条边界。

④美观　因为膜材料具有透光性，实际结构中可以清楚地看见焊缝，所以裁剪缝的布置一定要规则、合理，最好能形成一些漂亮的图案以增加结构的美感。如果膜表面设置有压索或脊索，那么最好使裁剪缝与压索或脊索重合，使索不至于打乱焊缝的图案布置。

12.4　工程实例

12.4.1　义乌市体育场

如图 12-10 所示，义乌市体育场遮阳篷是一种桅杆斜拉索膜结构体系，遮阳篷内环矢高 40m，覆盖面积 2 万 m²。

体系的构成为：四根立于体育场外高 60m 的桅杆，桅杆顶部的内斜拉索拉起场内的主内环索，桅杆顶部有两根外拉并锚在地锚上的钢索，有骨架支撑的遮阳篷膜面在场内挂在主内环索上，膜面的另一边锚固在看台后的混凝土圈梁上。

12.4.2　秦皇岛欢乐海洋公园开合式膜结构

如图 12-11 所示，秦皇岛欢乐海洋公园开合式膜结构是国内第一家开合式膜结构，依靠机械传动控制膜体开启关闭，设计施工要求都非常精确，体现膜结构领域的高科技应用。

流畅优美的造型使其犹如一枚久蕴珍珠的贝壳，怡然恬静的在东海之滨享尽秋日的阳光。充分体现了自然环境与人文环境的高度和谐统一。

图 12-10　义乌市体育场全景

12.4.3　江阴体育馆五顶双层膜结构

如图 12-12 所示，江阴体育馆为国内第一个双层膜结构，总面积达 3200m²。采用软硬边相结合的全封闭形式，节点新颖，施工难度大。

建筑师心目中的"梦幻材料"造就了独有的凹形槽结构，使其在众多体育场馆建筑中脱颖而出，带给人独特的视觉享受。

图 12-11 秦皇岛欢乐海洋公园开合式膜结构（左）

图 12-12 江阴体育馆五顶双层膜结构（右）

12.4.4 意大利巴里市圣·尼古拉体育场

如图 12-13～图 12-15 所示，意大利巴里市圣·尼古拉体育场是为 1990 年世界杯建造的八个体育场之一。整体呈椭圆形的观众席是通过现场组合 310 根新月状的预制钢筋混凝土梁而建成的。上层的观众席被划分成 26 块巨大的"花瓣"。"花瓣"间的空隙使建筑显得纤秀轻盈，同时留出了人员流动的空间，方便观众进场和退场，保证了观众的安全。计算机模拟试验确保所有座位的视线均不被遮挡。

观众席为使观众免受日晒雨淋，采用了一个带 PTFE 涂层的玻纤膜顶。膜顶由 26 块各自从上层观众席的钢筋混凝土框架延伸出来的大膜构成。26 个膜顶之间通过小块拱形膜连为一体，整个膜覆盖面积为 13250m^2。膜顶悬挑跨度介于 14～27m，每块膜均在四边连续固定，并通过膜的双向张力和位于拱肋间的膜上索的下压力与下部的拱肋紧密贴合，膜为几何意义上的双向等应力场，而每块膜安装是在两个方向上的应力均不超过 4.08kN。

膜顶的主要支撑构件是从上层观众席顶部悬挑出来的箱形梁；次要构件是膜顶前端的 U 形桁架、与箱形梁平行的弧形拱肋、连接弧形拱肋与索的侧向稳定杆，为使这些拱肋尽量细小，它们的空间刚度通过两端间的一系列拉杆加以强化。结构体系保证整个膜面处于张拉状态，膜上索保证在最恶劣的风荷载下膜也不会将拱肋扯起，避免强风对赛事或观众造成干扰。

图 12-13 意大利巴里市圣·尼古拉体育场全景（上）

图 12-14 观众席局部（左下）

图 12-15 箱形悬臂拱形梁仰视（右下）

12.4.5 日本熊本公园体育场

如图 12-16～图 12-17 所示，日本熊本公园体育场主屋盖采用了加劲索的双层气胀式膜结构，于 1997 年建造。

空间构成的基本构想是用一个直径 125m 的圆顶覆盖中心场地，实现"一个地球上浮云"的形象，在场地中央建造了巨大的圆形双层充气膜结构屋顶，不规则的周边

图 12-16 日本熊本公园体育场夜景（左）
图 12-17 充气膜内部（右）

部分则用单层框架膜结构覆盖。全部室内空间保持正常压力。由于仅在崖顶是充气膜结构，所以门窗可自由设置。

为保持双层充气膜的厚度和形状，在屋顶中央部位设计了一个直径107m、以锥台状框架为中央支撑的中心环，使屋顶中央开口，有利于自然通风和采光，同时开口后赋予顶棚表面一个自然的凸圆面形状，将声音朝四周分散，有效地降低了反射波。

结构上，在中央的锥台状框架与外围的环形桁架之间，上、下各有48根辐射状的索相连，拉住玻纤膜覆盖骨架和索网。同时，双层膜间充气达30mm汞柱的气压。由于穹顶充气和膜有索支撑，融合了车轮型双层圆形悬索和气胀式膜结构的特点，成为一种新型的杂交结构，即使漏气也不会有坠落损害的危险，从预防灾害角度看，这种布置非常有利。这种结构系统可称作"混合充气膜结构"。

习　题

12.1　试简述膜结构的应用范围及其特点。

12.2　膜结构的形式简要地可分为几类？各有何特点？

12.3　试列举膜结构采用的材料及其物理化学性能。

12.4　试列举膜结构1～2个实例。并述其建筑构思、材料应用、结构受力等特点。

参考文献

[1] 砌体结构设计规范（GB 50011—2001）. 北京：中国建筑工业出版社，2001.

[2] 建筑抗震设计规范（GB 50003—2001）. 北京：中国建筑工业出版社，2001.

[3] 周玉琴等. 浅谈新世纪"绿色建材"在国内外发展趋势. 天津墙改办. 墙改与节能，1999（2）.

[4] 戚豹，康文梅. 杆板式组合网架的自振特性分析. 牡丹江大学学报，2004（3）.

[5] 苑振芳. 混凝士砌块建筑发展现状及展望. 工程建设标准化，1998（6）.

[6] 苏小卒. 砌体结构设计. 上海：同济大学出版社，2002.

[7] 施楚贤主编. 砌体结构理论与设计. 北京：中国建筑工业出版社，1992.

[8] 苑振芳. 国际标准《配筋砌体结构设计与施工规范》简介. 工程建设标准化，1995（5）.

[9] 沈世钊. 中国悬索结构的发展. 工业建筑，1994（6）.

[10] 方鄂华等. 混凝土筒—组合墙及开洞组合墙模型试验及承载力研究. 建筑技术，1997（10）.

[11] 沈阳市建设标准《钢筋混凝土—砖组合墙结构技术规程》SYJB 2—95.

[12] 王绍豪等. 带混凝土筒大开间砖混结构灵活住宅结构设计建议. 建筑技术，1997.

[13] 江苏省地方标准《约束砖砌体建筑技术规程》DB 32/113—95.

[14] 甘肃省标准《中高层砖墙与混凝土剪力墙组合砌体结构设计与施工规程（试行）》DBJ 25—56—95.

[15] 罗福午，单层工业厂房结构设计. 北京：清华大学出版社，1992.

[16] 同济大学. 单层厂房设计与施工. 上海：上海科学技术出版社，1984.

[17] ［美］高层建筑和城市环境协会编著. 罗福午等译. 高层建筑设计. 北京：中国建筑工业出版社，1997.

[18] 东南大学等. 混凝土结构. 北京：中国建筑工业出版社，2001.

[19] 兰宗建. 混凝土结构. 南京：东南大学出版社，1997.

[20] 建设部. 高层建筑混凝土结构技术规程，JGJ 3—2002. 北京：中国建筑工业出版社，2002.

[21] 侯治国. 混凝土结构. 武汉：武汉工业大学出版社，2001.

[22] 慎铁刚. 建筑力学与结构. 北京：中国建筑工业出版社，2000.

[23] 林同炎等. 结构概念和体系. 北京：中国建筑工业出版社，1999.

[24] 吴承霞，吴大蒙等. 建筑力学与结构基础知识. 北京：中国建筑工业出版社，2002.

[25] 陈章洪主编. 建筑结构选型手册. 北京：中国建筑工业出版社，2000.

[26] 方普镐编. 多层与高层建筑结构. 南京：东南大学出版社，1998.

[27] 陈眼云，谢兆鉴，许典斌编. 建筑结构选型. 广州：华南理工大学出版社，1996.

[28] 张建荣主编. 建筑结构选型. 北京：中国建筑工业出版社，1999.

[29] 中华人民共和国行业标准. 高层建筑混凝土结构技术规程（JGJ 3—2002）. 北京：中国建筑工业出版社，2002.

[30] 张建荣. 建筑结构选型. 北京：中国建筑工业出版社. 1998.

[31] 赵西安. 高层建筑结构实用设计方法（第三版）. 上海：同济大学出版社，1998.

[32] 刘大海，杨翠如. 高层建筑结构方案优选. 北京：中国建筑工业出版社，1996.

[33] 郑廷银. 高层建筑钢结构. 北京：中国建筑工业出版社，2000.

[34] 徐永基等. 高层建筑钢结构设计. 西安：陕西科学技术出版社，1993.

[35] 丁大均. 高层建筑结构体系. 工业建筑，1997（9）.

[36] 包世华等. 高层建筑结构设计. 北京：清华大学出版社，1994.

[37] 赵西安. 钢筋混凝土高层建筑结构设计. 北京：中国建筑工业出版社，1993.

[38] 计学闰编著. 结构概念、体系和选型. 哈尔滨：黑龙江科学技术出版社，2000.

[39] 徐占发主编. 特殊砌体建筑结构设计及应用实例. 北京：中国建材工业出版社，2001.

[40] 雷春浓编著. 现代高层建筑设计. 北京：中国建筑工业出版社，1997.

[41] 清华大学土建设计研究院缩. 建筑结构形式概论. 北京：清华大学出版社，1982.

[42] Fuller Moore 著，赵梦琳译. 结构系统概论. 沈阳：辽宁科学技术出版社，2001.

[43] [美] 林同炎，S. D. 斯多台斯伯利著. 高立人，方鄞华，钱稼茹译. 结构概念和体系. 北京：中国建筑工业出版社，1999.

[44] 资料集编写组编. 高层钢结构建筑设计资料集. 北京：机械工业出版社，1999.

[45] 包世华编著. 新编高层建筑结构. 北京：中国水利水电出版社，2001.

[46] 虞季森编，中大跨建筑结构体系及选型. 北京：中国建筑工业出版社，1990232.

[47] 丁慎思，傅筠等编著. 力学·结构·选型. 武汉：武汉工业大学出版社，1995.

[48] 沈祖炎，陈荣毅. 巨型结构的应用与发展. 上海：同济大学学报，2001（3）.

[49] 惠卓，秦卫红，吕志涛. 巨型建筑结构体系的研究与进展. 南京：东南大学学报，2000（7）.

[50] 郑廷银，付光耀. 国外巨型钢结构工程实例与启示 [J]. 钢结构，1999（2）.

[51] 中国建筑科学研究院，浙江大学. 网架结构设计与施工规程. 北京：中国建筑工业出版社，1991.

[52] 刘锡良. 我国空间网架结构的发展现状. 天津：天津城市建设学院学报，1997（12）.

[53] 董石麟. 我国大跨度空间钢结构的发展与展望. 空间结构，2000（6）.

[54] 刘锡良. 平板网架结构设计与施工图集. 天津：天津大学出版社，2000.

[55] 何广乾等. 建筑结构优秀设计图集. 北京：中国建筑工业出版社，1997.

[56] 中国土木工程学会桥梁学会及结构工程学会空间结构委员会. 空间结构论文选集. 北京：中国建筑工业出版杜，1997.

[57] 董石麟，姚谏. 中国网壳结构的发展与应用. 空间结构（创刊号），1994.

[58] 空间网格结构分析理论与计算方法. 北京：中国建筑工业出版社，1999.

[59] 陈昕，沈世钊. 网壳结构稳定性. 北京：科学出版社，1998.

[60] 沈祖炎，陈扬骥. 网架与网壳. 上海：同济大学出版社，1997.

[61] 蓝天. 国内外悬索屋盖结构的发展. 全国索结构学术交流会论文集，1991.

[62] 尹德钰等. 网壳结构设计. 北京：中国建筑工业出版社，1996.

[63] 郝亚民. 建筑结构型式概论. 北京：清华大学出版杜，1982.

[64] 赵基达等. 网壳结构在大跨度体育建筑中的应用. 第四届空间结构学术交流会论文集，1988.

［65］李著民. 钢筋混凝土柱面网壳的设计与施工. 第一届空间结构学术交流会论文集，1982.

［66］丹东体育馆设计总结. 第三届空间结构学术交流会论文集，1986.

［67］慎铁刚. 建筑力学与结构. 北京：中国建筑工业出版社，1992.

［68］罗福午. 单层工业厂房结构设计. 北京：清华大学出版社，1990.

［69］刘锡良. 空间结构世界发展水平. 工程力学（增刊），1994.

［70］沈世钊，徐崇宝. 吉林滑冰馆预应力双层悬索屋盖. 建筑结构学报，第 6 期，1986.

［71］沈世钊，蒋兆基. 亚运会朝阳体育馆组合索网屋盖结构. 建筑结构学报，第 3 期，1990.

［72］周润珍等. 青岛体育馆索网结构屋盖及其施工. 第五届空间结构学术交流会论文集，1990.

［73］宋昌水. 索网结构和薄膜结构的形状确定分析. 哈尔滨建筑工程学院硕士论文，1991.

［74］蓝天. 膜结构的发展及其在中国的应用前景. 第八届空间结构学术会议论文集，1997.

［75］蓝天，郭璐. 膜结构在大跨度建筑中的应用，建筑结构，1992.

［76］李中立，吴健生. 国外膜结构在大跨度结构中的应用与发展趋势. 空间结构，1996（3）.

［77］彭一刚. 建筑空间组合论.（第二版）. 北京：中国建筑工业出版社，1998.

［78］成莹犀译. 现代建筑的结构与造型. 北京：中国建筑工业出版社，1981.

［79］苑振芳. 15 层配筋砌块住宅试点工程简介. 施工技术，1998（7）.

［80］蓝天，张毅刚. 大跨度屋盖结构抗震设计. 北京：中国建筑工业出版社，2000.

［81］魏潮文等. 轻型房屋钢结构应用技术手册. 北京：中国建筑工业出版社，2005.

［82］陈眼云等. 建筑结构选型（第二版）. 广州：华南理工大学出版社，2003.

［83］陈章洪. 建筑结构选型手册. 北京：中国建筑工业出版社，2000.

［84］林贤根. 土木工程力学. 北京：机械工业出版社，2002.

［85］戚豹，康文梅. 杆板式组合网架的静力试验与分析. 中国钢结构产业，2005.